Beta-Rezeptoren und Beta-Rezeptorenblocker

Beta-Rezeptoren und Beta-Rezeptorenblocker

Herausgegeben von
P. Grosdanoff · F. Kaindl · O. Kraupp · T. Lehnert
P. Lichtlen · J. Schuster · W. Siegenthaler

Band 2

Walter de Gruyter
Berlin · New York 1988

Dr. P. Grosdanoff
Bundesgesundheitsamt
Institut für Arzneimittel
Seestraße 10 · D-1000 Berlin 65

Prof. Dr. F. Kaindl
Universitätsklinik Wien
Garnisongasse 13 · A-1090 Wien

Prof. Dr. Dr. Dr. h. c. O. Kraupp
Pharmakologisches Institut
der Universität Wien
Währinger Straße 13 a · A-1090 Wien

Dr. T. Lehnert
Bundesgesundheitsamt
Institut für Arzneimittel
Seestraße 10 · D-1000 Berlin 65

Prof. Dr. P. Lichtlen
Medizinische Hochschule Hannover
Karl-Wiechert-Allee 9 · D-3000 Hannover 61

Dr. J. Schuster
Bundesgesundheitsamt
Institut für Arzneimittel
Seestraße 10 · D-1000 Berlin 65

Prof. Dr. W. Siegenthaler
Department für innere Medizin
Universitätsspital
Rämisstraße 100 · CH-8091 Zürich

Band 1 enthält 75 Abbildungen und 44 Tabellen.
Band 2 enthält 53 Abbildungen und 43 Tabellen.

CIP-Kurztitelaufnahme der Deutschen Bibliothek

Beta-Rezeptoren und Beta-Rezeptorenblocker / hrsg. von P. Grosdanoff ... – Berlin ; New York : de Gruyter, 1987.
ISBN 3-11-011427-5

NE: Grosdanoff, Peter [Hrsg.]

Satz und Druck: Arthur Collignon GmbH, Berlin. – Bindearbeiten: Dieter Mikolai, Berlin. – Umschlagentwurf: Rudolf Hübler, Berlin.

Inhalt

Band 2

IV Weitere Indikationen

W. Krawietz
Wirkungsmechanismus der Beta-Blocker bei hyperthyreoter Stoffwechsellage . 285

E. Gramer
Zur Beta-Blocker-Therapie des Glaukoms 319

H. Wetzel, O. Benkert
Beta-Blocker bei psychiatrischen Erkrankungen 339

V Therapeutische Probleme unter Beta-Blocker-Therapie

T. Meinertz
Beta-Rezeptorenblocker in der Behandlung der idiopathischen dilativen Kardiomyopathie 353

H. Just, G. Hasenfuß
Beta-Rezeptorenblocker bei Herzinsuffizienz: Beta-Rezeptorenblocker ohne negativ-inotrope Eigenschaften 359

H. U. Janka
Therapeutische Probleme der Beta-Blocker-Therapie bei Diabetes mellitus . . . 369

D. Seidel, P. Cremer, A. Stolle, H. Kreuzer
Lipid-, Lipoprotein- und Apoproteinkonzentrationen bei koronarangiographierten Patienten mit und ohne Beta-Blocker-Therapie 375

H. Matthys
Der Einfluß von Beta-Blockern auf die Atemwege 389

C. Diehm, H. Mörl
Beta-Rezeptorenblocker und periphere Durchblutung 401

P. Lichtlen
Derzeitiger Stand der Kombinationstherapie zur Behandlung der Angina pectoris bei Beta-Blockern als Grundsubstanz 411

T. Meinertz
Alternativen zu Beta-Rezeptorenblockern in der Therapie des akuten Myokardinfarktes: Thrombolysetherapie 429

M. Holz-Slomczyk
Alternativen in der Akuttherapie – weitere medikamentöse Maßnahmen . . . 435

VI Epidemiologie

P. Sleight
Ein Überblick über die Anwendung intravenös applizierter Beta-Blocker im frühen Stadium des akuten Myokardinfarktes 443

H.-D. Bolte, H. Löwel, J. Stieber, U. Keil
Beta-Rezeptorenblocker in der Sekundärprävention des Myokardinfarktes . . . 449

K. O. Stumpe
Morbidität und Mortalität bei Langzeittherapie der Hypertonie unter Beta-Blockern . . . 455

VII Toxikologische Probleme

T. Lehnert, W. Wendtlandt
Toxikologische Befunde bei Beta-Blockern (experimentell) . . . 467

K. H. Rahn
Unerwünschte Wirkungen von Beta-Blockern . . . 477

U. Eckerskorn, O. Hockwin
Spezielle Erfassung von Beta-Blocker-Nebenwirkungen am Auge . . . 481

VIII Nutzen-Risiko-Abwägung

J. Schuster
Nutzen-Risiko-Abwägungen bei Beta-Blocker-Therapie . . . 489

R. Mecklenburg
Aufbereitung von Beta-Blockern – ein Modell für eine Bewertung einzelner Vertreter einer Stoffgruppe im therapeutischen Gesamtspektrum . . . 495

K. Quiring
Zur Markttransparenz bei Beta-Rezeptorenblockern . . . 505

P. Schölmerich
Schlußbemerkung – Prinzipien therapeutischer Entscheidungsfindung, dargestellt am Beispiel der Beta-Blocker . . . 515

Autorenverzeichnis . . . 525

Band 1

Festvorträge

D. Neubert
Tierschutz – Menschenschutz, eine Herausforderung in der heutigen Zeit . . . 3

M. Alexander
Die Verantwortung des klinischen Prüfers bei der Entwicklung von Arzneimitteln . . . 15

J. C. Frölich
Ethik der Humanuntersuchung – ein Problem unserer Zeit . . . 21

B. Schnieders
Einführung . . . 29

I Physiologische und pathophysiologische Grundlagen

M. Göthert
Neue physiologische und pathophysiologische Aspekte der Beta- Adrenozeptoren des Kreislaufsystems: Rolle des vaskulären Renin-Angiotensin-Systems 35

W. Schütz, M. Freissmuth, V. Hausleithner, S. Nees
Verteilung von $Beta_1$- und $Beta_2$-Adrenozeptoren im Herzen 47

R. H. Strasser
Neue Wege zur Regulation beta-adrenerger Rezeptoren: Modulation der neu entdeckten beta-adrenergen Rezeptorkinase als möglicher therapeutischer Ansatzpunkt 55

P. G. Spieckermann
Herzstoffwechsel und seine Beeinflussung durch Beta-Rezeptorenblocker 73

II Pharmakologische Aspekte

G. Haeusler
Pharmakologische Aspekte und Theorien zur antihypertensiven Wirkung von Beta-Blockern 79

G. Raberger
Möglichkeiten zur Charakterisierung von Beta-Rezeptorenblockern: Wirkung von Beta-Rezeptorenblockern in Ruhe und während Belastung am wachen Hund 93

F. Follath
Pharmakokinetik der Beta-Blocker 111

A. Wellstein, D. Palm
Pharmakodynamik versus Pharmakokinetik – Wirkungsdauer versus Halbwertszeiten 117

U. Gundert-Remy
Wechselwirkungen von Beta-Blockern mit anderen Medikamenten 129

E. Erdmann, M. Nähbauer, D. Beuckelmann, M. Böhm, B. Kemkes
Veränderungen der kardialen Beta-Adrenozeptoren und der Adenylatzyklase bei Herzinsuffizienz 135

III Klinische Aspekte

K. H. Rahn
Einführung in die klinischen Probleme der Beta-Blocker-Therapie 145

B. Krämer, G. Krämer, W. Kübler
Beta-Blockade bei gesunden Probanden: Neue Gesichtspunkte zur sympathischen Gegenregulation bei ergometrischer Belastung 149

F. Dienstl
Die aktuelle Beta-Blocker-Therapie der koronaren Herzkrankheit 173

W. Rafflenbeul, C. Berger, P. Lichtlen
Einfluß von Beta-Rezeptorenblockern auf Koronargefäße 179

A. Schömig
Adrenerge Mechanismen im Herzinfarkt: Kardiale und systemische Katecholaminfreisetzung 187

H. Gülker, W. Meesmann
Experimenteller Herzinfarkt und Beta-Blocker 205

Å. Hjalmarson
Wirkungen der Beta-Blockade im frühen Stadium des akuten Myokardinfarktes 223

R. Schröder
Führt eine langdauernde Behandlung mit Oxprenolol nach Myokardinfarkt zu negativen myokardialen Wirkungen? 237

B. Lüderitz
Wirkungsspektrum der Beta-Rezeptorenblocker bei tachykarden Rhythmusstörungen 245

H. Scholz
Wechselwirkungen zwischen Beta-Rezeptorenblockern und Antiarrhythmika . . 255

A. Distler, J. Paßfall
Beta-Rezeptorenblocker bei arterieller Hypertonie 273

Autorenverzeichnis . . . . . nach 282

IV Weitere Indikationen

Wirkungsmechanismus der Beta-Blocker bei hyperthyreoter Stoffwechsellage

W. Krawietz

Abstract

The effect of thyroid hormone on the beta-receptor coupled adenylate cyclase in rat crude cardiac membranes was analyzed by measuring the number of DHA-binding sites, adenylate cyclase activity and the amount of cholera toxin catalyzed ADP-ribosylation of a protein with a molecular weight of 42 000 in cardiac and erythrocyte membranes. In crude rat cardiac membranes, the number of DHA-binding sites (78 ± 15 fmole/mg protein in the euthyroid state) is increased to 158 ± 20 fmole/mg protein in the hyperthyroid state and decreased to 51 ± 6 fmole/mg protein in the hypothyroid state; the affinity of the binding sites remained unchanged (K_D = 2.9 – 4.3 nM). L-Isoprenaline (10^{-4} M)-stimulated adenylate cyclase activity varied in parallel to the number of DHA-binding sites in hyper- and euthyroidism. Thyroid hormone, however, did not influence GppNHp (10^{-4} M)-stimulated adenylate cyclase activity. Cholera toxin catalyzed ADP-ribosylation of normal crude cardiac membranes resulted in a 1.8 fold increase in adenylate cyclase activity in the presence of GTP (10^{-4} M) and l-isoprenaline (10^{-4} M), presumably as a result of inhibition of GTPase. In crude cardiac membranes cholera toxin catalyses the ADP-ribosylation of one major protein, which comigrates on sodium dodecylsulfate-polyacrylamide gel electrophoresis with the putative regulatory component of adenylate cyclase (mol. wt 42 000). In different thyroid states the amount of the regulatory component (as determined by cholera toxin dependent labelling) was equal (112 fmole/mg protein in euthyroid crude cardiac membranes). Basal activity of adenylate cyclase showed a significant difference between activity in euthyroid (3.7 ± 0.2 pmole cAMP/mg protein/min) and hypothyroid (5.4 ± 0.2 pmole cAMP/mg protein/min), but not in hyperthyroid crude cardiac membranes (3.4 ± 0.2 pmole cAMP/mg protein/min).

Our results indicate that thyroid hormones regulate the number of DHA-binding sites and basal activity (in hypothyroidism) in crude cardiac membranes and thereby causes different results in l-isoprenaline-induced adenylate cyclase activity.

Auswirkungen der hyperthyreoten Stoffwechsellage auf das kardiovaskuläre System

Das klinische Syndrom, verursacht durch exzessive Schilddrüsenhormonsekretion, findet sich bei der Basedow-Erkrankung, dem dekompensierten toxischen Adenom, bei einigen Formen der Hashimoto-Thyreoiditis, nach exzessiver Schilddrüsenhormonsubstitution und seltener als paraneoplastisches Syndrom bei TSH-produzierenden Tumoren. Bereits Basedow erkannte, daß die kardiovaskulären Symptome bei der Thyreotoxikose das klinische Bild bestimmten: Tachykardie, unregelmäßiger Herzschlag und Herzinsuffizienz. Die Erklärungsmöglichkeiten für diesen Mechanismus sind weiterhin kontrovers. Erst während der letzten Jahre gelang es durch Untersuchungen molekularbiologischer Veränderungen bei der Hyper- und Hypothyreose, Erkenntnisse für einen möglichen pathogenetischen Mechanismus und einen daraus resultierenden Therapieansatz zu erarbeiten.

Auswirkungen einer Thyreotoxikose auf das Herz

Die Effekte eines Schilddrüsenhormonexzesses auf das kardiovaskuläre System, wie es in Tier- und Menschenuntersuchungen beobachtet wurde, lassen sich direkt oder indirekt herleiten; es zeigt sich 1. ein erhöhter Metabolismus und entsprechender Sauerstoffverbrauch, 2. eine gesteigerte Inotropie, 3. eine gesteigerte Chronotropie und 4. zeigen sich vermehrte periphere AV-Shunts. Herzkatheterisierungen [103] bei hyperthyreoten Patienten ergaben eine Erhöhung von Herzfrequenz, Schlagvolumen, Herzminutenvolumen, Auswurffraktion und myokardialem Sauerstoffverbrauch. Die Herzarbeit ist gesteigert als Ausdruck eines vermehrten myokardialen und körperlichen Metabolismus sowie zur Bedarfsdeckung des erhöhten peripheren Blutflusses bei gesteigertem Sauerstoffbedarf der Peripherie.

Hämodynamische Effekte bei der Thyreotoxikose

Die hämodynamischen Effekte bei der Thyreotoxikose sind seit Jahren bekannt. Gründe für das gesteigerte Herzminutenvolumen sind bisher allerdings unklar, aber periphere Vasodilatation und verminderter peripherer Widerstand, bedingt durch den notwendigen Wärmetransport bei exzessiv gesteigertem Metabolismus [103], gesteigerte Herzfrequenz und gesteigertes Schlagvolumen, scheinen mit der Thyreotoxikose vergesellschaftet zu sein. Es ist wichtig, dieses festzuhalten, da die Ruheindizes hoch sind bei Menschen und Tieren mit unkomplizierter Thyreotoxikose, sie sinken auf Normalniveau bei thyreotoxischen Menschen mit kongestiver Kardiomyopathie [41] und steigen nicht an bei Belastung [31]. Die letzte Kategorie von Patienten weist nur einen geringen Herzinsuffizienzgrad auf. Einige der hämodynamischen Effekte der Thyreotoxikose können auf die direkte Einwirkung des Schilddrüsenhormons auf die Herzmuskelkontraktilität zurückgeführt werden.

Auswirkungen der Thyreotoxikose auf die Erregungsleitung des Herzens

Die Neigung von thyreotoxischen Patienten, kardiale Arrhythmien zu entwickeln, wird seit Jahren beobachtet. Die bisher bekannten Daten zeigen eine verkürzte Vorhofleitungszeit und verkürzte Refraktärperiode als charakteristischen Effekt exzessiver Mengen an Schilddrüsenhormonen auf das Leitungssystem. Diese Wirkung kann nicht durch Katecholamine oder Atropin gesteigert werden.

Nach akuter Injektion von T_3 in Hunde haben His-Bündel-Ableitungen eine Verkürzung des A-H-Intervalls gezeigt, ohne Effekt auf das H-V-Intervall.

Einfluß der Thyreotoxikose auf bestehende Herzerkrankungen

Das wesentliche klinische Problem bei der Hyperthyreose in bezug auf das Herz sind kardiale Arrhythmien und dilative Kardiomyopathie. Obwohl es als gesichert angesehen werden kann, daß Schilddrüsenhormone einen direkten Effekt auf das Herz besitzen, wurde lange Zeit darüber diskutiert, ob die kardialen Manifestationen in thyreotoxischen Patienten ohne zugrundeliegender Herzerkrankung anderer Ätiologie, wie koronarer Herzkrankheit, Hochdruck, rheumatischem Fieber, Vaskulitis und ähnlichem, möglich sind. Dieses Problem ergibt sich aufgrund der Tatsache, daß keine eindeutige histopathologische Veränderung des Herzens mit dem klinischen Bild der Thyreotoxikose einhergeht, wohingegen die Herzen von hyperthyreoten Tieren gelegentlich Lymphozyten- und Eosinophileninfiltrate, Fibrose und Fetteinlagerungen aufweisen. Andererseits haben post-mortem-Studien kardiale Dilatation und Hypertrophie in Patienten gezeigt, bei denen keine weitere Herzerkrankung als Ursache hierfür vorlag. Kürzlich wurden in echokardiographischen Studien ähnliche Befunde bei hyperthyreoten Patienten erhoben, bei denen keine kardiale Erkrankung bekannt war.

Die Inzidenz der dilativen Kardiomyopathie und Thyreotoxikose ist im allgemeinen in höheren Lebensjahrzehnten gegeben, parallel mit der höheren Inzidenz der koronaren Herzkrankheit in diesem Lebensabschnitt. Obwohl eine kardiale Mitbeteiligung bei einigen Patienten ohne eine zugrundeliegende Herzkrankheit vorkommt, erscheint es doch wahrscheinlich, daß das Auftreten einer kongestiven Kardiomyopathie bei der Thyreotoxikose eine bisher unbekannte Herzerkrankung widerspiegelt, die durch den erhöhten Sauerstoffbedarf und die erhöhte Herzarbeit dekompensiert.

Interaktionen von Schilddrüsenhormonen und autonomem Nervensystem

In mancher Hinsicht entspricht der hyperdynamische Zustand bei der Hyperthyreose einer gesteigerten adrenergen Aktivität. Dies kann bedingt sein durch 1. eine gesteigerte Katecholaminproduktion, 2. eine gesteigerte Empfindlichkeit des Gewebes für Katecholamine oder 3. additive Effekte von Katecholaminen und Schilddrüsenhormonen auf das kardiovaskuläre System. Gegen die erste Annahme spricht, daß die totalen Plasmakatecholamine niedrig sind und Noradrenalin- und Adrenalinspiegel normal in thyreotoxischen Patienten [18, 100]. Die Urinausscheidung von Noradrenalin und Vanillinmandelsäure ist niedrig [36, 62]. Vor kurzem konnte gezeigt werden, daß die Dopamin-Beta-Hydroxylase in thyreotoxischen Patienten vermindert ist, und auch der verminderte Adrenalingehalt im Nebennierenmark von thyreotoxischen Tieren hat die Annahme unterstützt, daß die Katecholaminproduktion bei der Hyperthyreose vermindert ist [75, 76]. Im Gegensatz hierzu sind die Adrenalin- und Noradrenalinspiegel bei hypothyreoten Tieren sowie Plasmakatecholamine, Dopamin-Beta-Hydroxylase-Aktivität, Urinausscheidung von Vanillinmandelsäure in hypothyreoten Menschen gesteigert [92].

Die Frage, ob die gesteigerte sympathische Aktivität des kardiovaskulären Systems durch eine gesteigerte Gewebesensitivität gegenüber Katecholaminen bedingt ist, scheint teilweise geklärt. Untersuchungen vor 1968 [60] befürworteten eine gesteigerte Katecholaminsensitivität, während neuere Untersuchungen eher einen direkten Effekt der Schilddrüsenhormone für eine gesteigerte Inotropie und Chronotropie als einen Synergismus zwischen Schilddrüsenhormonen und Katecholaminen fanden. Die Untersuchungen haben nämlich gezeigt, daß weder Tiere noch Menschen, die durch T_3- oder T_4-Gaben in eine Thyreotoxikose gerieten, deutlich auf Noradrenalininfusion ansprachen [2, 91].

Darüber hinaus konnte durch Beta-Blockertherapie in diesen Untersuchungen die gesteigerte myokardiale Kontraktilität und Arrhythmieneigung nicht vermindert werden [32, 60]. In den wenigen Studien, in denen gesteigerte Sensitivität gegenüber Katecholaminen gezeigt werden konnte, wurde vermutet, daß der Effekt durch eine positive Kochsalzbilanz im Rahmen der Thyreotoxikose bedingt sei, einhergehend mit vergrößertem Plasmavolumen und verminderter Aldosteronsekretion [92].

Die Möglichkeit, daß Schilddrüsenhormone zu einer verminderten Katecholaminaufnahme im intersynaptischen Spalt des Nervengewebes führen, wurde als mögliche Erklärung für eine sympathische Manifestation der Thyreotoxikose angesehen [70, 92, 111]. Tatsächlich würde hierbei eine hohe Konzentration an Katecholaminen im synaptischen Spalt von Herzmuskelgewebe und anderen Geweben liegenbleiben. Der Nachweis einer verminderten Aufnahme von ^{3}H-Noradrenalin und Adrenalin durch das Nervengewebe beim thyreotoxischen Herzen und die gesteigerte Aufnahme und Turnover beim Hypothyroidismus unterstützen diese Theorie. Zum anderen wurde diskutiert, daß Thyroxin möglicherweise als Substrat für die Thyrosin-Hydroxylase dienen könnte, einem bedeutenden Enzym für die Katecholaminbiosynthese, und dadurch die Neurotransmitterproduktion und sympathische Aktivität steigert [24, 92]. Obwohl es zunehmend klarer wird, daß bei der Thyreotoxikose die Schilddrüsenhormone nicht synergistisch mit dem sympathischen Nervensystem zusammenarbeiten und nicht zu einer Steigerung der Katecholaminkonzentration führen, besteht kein Zweifel, daß die adrenerge Aktivität etwas mit diesem Zustand einer hyperdynamischen peripheren Zirkulation zu tun hat.

Dies könnte durch eine gesteigerte Zahl oder Affinität der beta-adrenergen Rezeptoren bedingt sein. In Tierversuchen konnte gezeigt werden, daß nach T_3-Applikation die Zahl der Beta-Rezeptoren ohne Änderung der Affinität zunahm [110].

Untersuchungen des kardialen Beta-Rezeptor-Adenylatzyklasesystems von euthyreoten Herzmuskelmembranen

Grundsätzlicher Aufbau und Wirkungsweise des Beta-Rezeptor-Enzymsystems

Durch radioaktiv markierte Beta-Blocker charakterisierbare Bindungsstellen [1, 3, 48, 63] können erst dann als Beta-Rezeptoren bezeichnet werden, wenn nach Bindung eines beta-adrenergen Pharmakons eine meßbare biologische Antwort intrazellulär erfolgt [8, 10, 12, 22]. Tatsächlich läßt sich nach Katecholaminbindung an spezifische Membranproteine eine Änderung der pro Zeiteinheit intrazellulär gebildeten Menge an cAMP bestimmen [25, 30, 73, 102].

Zyklisches Adenosinmonophosphat (cAMP), das durch die Adenylatzyklase aus ATP gebildet wird, vermag intrazellular als „second messenger“ zu wirken. In perfundierten Rattenherzen korreliert die Änderung der Kontraktionskraft durch Adrenalin mit einer Zunahme der intrazellulären cAMP-Konzentration [85]. Die Wirkung von cAMP beruht dabei auf einer akuten Zunahme der Ca^{2+}-Ionenkanäle in der Herzmuskelmembran [84]. Die dadurch ermöglichte Zunahme der intrazellulären Kalziumkonzentration führt ihrerseits zur Kontraktionskraftsteigerung.

Neben dieser Wirkung auf einen transmembranären Ionenfluß verändert cAMP über Proteinkinasen die intrazelluläre Aktivität von Lipasen und Gylkogensynthetasen und damit den zellulären Stoffwechsel (Abb. 1) [82].

Durch Solubilisierung läßt sich der beta-adrenerge Rezeptor aus der Membran entfernen, so daß eine Katecholamin-induzierbare Adenylatzyklaseaktivität nicht mehr nachweisbar ist. Fluorid und intrazelluläre Guaninnukleotide (z. B. GTP) können die Konzentration an intrazellulärem cAMP in solubilisierten Membranen aber weiterhin beeinflussen. Birnbaumer et al. [11] postulierten daher, daß das Rezeptor-Adenylatzyklasesystem aus drei Komponenten besteht (Abb. 1):

- dem Hormon- bzw. Pharmakonrezeptor,
- dem Guaninnukleotid- und Fluorid-bindenden Protein, auch regulatorische Untereinheit der Adenylatzyklase genannt,
- der katalytischen Einheit, an die ATP (Adenosintriphosphat), das Substrat zur Bildung von cAMP (zyklisches Adenosinmonophosphat), gebunden wird.

Durch Affinitätschromatographie ist solch ein Guaninnukleotid-bindendes Protein als Bestandteil der Adenylatzyklase aus Tauben- bzw. Truthahnerythrozytenmembranen isoliert worden [78, 95]. Das Guaninnukleotidbindungsprotein besitzt wegen seiner Mittlerfunktion zwischen Rezeptor und katalytischer Einheit (Abb. 1) eine Schlüsselfunktion für die hormonelle Wirkung auf die intrazelluläre cAMP-Konzentration.

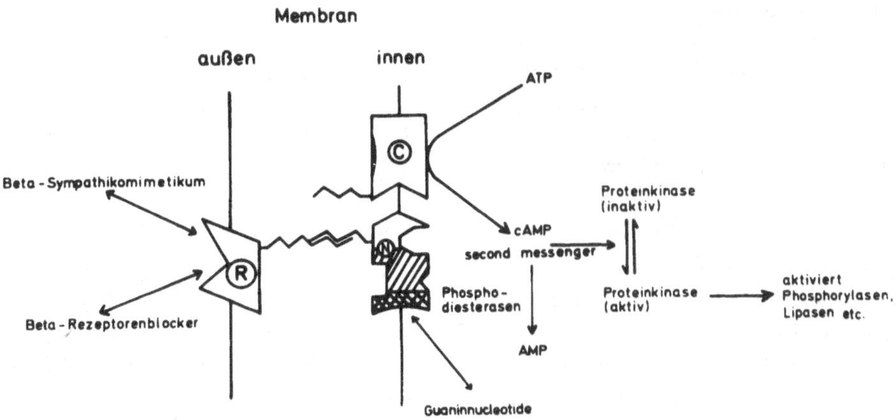

Abb. 1 Schematische Darstellung des Beta-Rezeptor-gekoppelten Adenylatzyklasesystems.
R = Beta-Rezeptor
N = Regulatorische Einheit (= Guaninnukleotid-Bindungsprotein)
C = Katalytische Einheit

Material

Radioaktiv markierte Nukleotide stammten von ICN Chemicals und Radioisotope Division (Irvine, Calif.), Choleratoxin von Schwarz/Mann (Orangeburg, NY). Alle anderen Chemikalien waren von analytischer Reinheit.

Methodik

Untersuchungen der drei Komponenten des Beta-Rezeptor-Adenylatzyklasesystems in Herzmuskelmembranen

Herzmuskelmembranpräparation

Herz: Die Tiere wurden durch Genickschlag getötet, die Herzen rasch entnommen und in gekühlter physiologischer Kochsalzlösung gespült, um das Blut zu entfernen. Die Herzen wurden dann in 10 mM Tris-HCl, pH 7.45, 4°C, sorgfältig von den Vorhöfen, dem Bindegewebe und den großen Gefäßen gesäubert, anschließend grob mit der Schere zerkleinert und mit dem Ultraturrax homogenisiert. Das Homogenat wurde dann bei 1500 × g (Sorvall RC-5, Rotor SS34, 3500 Upm) 15 min bei 4°C zentrifugiert. Das Sediment wurde, nachdem es jeweils während 30 sec in einem vorgekühlten Glas/Teflon-Potter homogenisiert worden war, noch zweimal im gleichen Volumen eines 10 mM-Tris-HCl-Puffers, pH 7.45, bei 1500 × g gewaschen. Zum Schluß wurde das Sediment in eisgekühltem 10 mM-Tris-HCl, pH 7.45, gelöst, wobei das Volumen dem 8 – 10fachen Feuchtgewicht der Herzen entsprechen soll. Die Proteinkonzentration lag im Bereich von 2 – 3 mg Protein/ml.

Messung der Beta-Rezeptorbindung in Herzmuskelmembranen

Frisch präparierte Membransuspension (0.2 – 0.7 mg Protein) wurden bei 37°C in 5.0 mM Tris-HCl, pH 7.4, 2.5 mM $MgCl_2$ mit 1.6 pMole ^{3}H-DHA und Substanzen, je nach Angabe, in einem Endvolumen von 1.0 ml inkubiert. Nach 10 Minuten, wenn nicht anders angegeben, wird membrangebundener und freier Ligand durch rasche Filtration und zwei folgende Spülungen mit 7.5 mM Tris-HCl, pH 7.4 (jeweils 10 ml) über Whatman-Fiberglasfilter (GF/C) getrennt. Die auf dem Filter befindliche Radioaktivität wurde durch einen Flüssigkeitsszintillationszähler bestimmt. Die unspezifische Bindung wurde, wie im nächsten Abschnitt beschrieben, in Anwesenheit von 10^{-5} M (–)Propranolol bestimmt.

Messung der Adenylatzyklaseaktivität in Herzmuskelmembranen

Die Enzymaktivität wird in einem zweistufigen Inkubationsverfahren gemessen. Zuerst inkubierten wir die Membransuspension (siehe oben) zusammen mit den jeweils angegebenen Substanzen 10 min bei 0°C. Anschließend fügten wir die Substanzen des Adenylatzyklaseassays hinzu und inkubierten das gesamte Reaktionsvolumen nochmals 10 min bei 37°C. Insgesamt wurden 60 µl eingesetzt, wobei das Reaktionsvolumen folgende Substanzen in der angegebenen Konzentration enthielt:

$MgCl_2$ 1 mM, Kreatinphosphat 8.7 mM, Kreatinphosphatkinase 50 U/ml, cAMP 1 mM, Isobutylmethylxanthin 5.4 mM, Tris-Puffer 50.5 mM, pH 7.8, ^{32}P-ATP 0.3 mM (25 – 50 cpm/pMol). Die Konzentration der eingesetzten Membransuspension lag zwischen 80 und 160 μg Protein/60 μl. Nach Ablauf der Inkubationszeit wurde die Reaktion gestoppt durch Zugabe von ATP und Na-Dodecylsulfat in einer Pufferlösung mit pH 7.5.

Zur Bestimmung der unspezifischen Filterbindung wurde die Membransuspension durch Tris-HCl, pH 7.5, ersetzt und die Proben im übrigen gleich behandelt.

Choleratoxinvorbehandlung von Herzmuskelmembranen

Die Behandlung von Herzmuskelmembranen mit Choleratoxin erfolgte nach der von Kaslow et al. [42] angegebenen Methode. Membranen (1.5 – 4.0 mg/ml) wurden mit 12 mM Kaliumphosphatpuffer, pH 7.5, 20 mM Thymidin, 5 mM ADP-Ribose, 20 mM Arginin-HCl, 100 U/ml Trasylol, 0.1 mM GTP, 100 μg/ml Choleratoxin (aktiviert mit 20 mM DTT bei 30°C für 10 min) und 1 mM NAD^+ (für Markierungsexperimente wurde ^{32}P-NAD^+ 10 μM, 5 – 30 Ci/nmol) eingesetzt. Kontrollmembranen wurden identisch behandelt, nur wurde Choleratoxin weggelassen. Die Reaktion wurde eingeleitet durch Zugabe von Membranen und über 30 min bei 30°C inkubiert. Die Reaktion wurde gestoppt durch Zugabe von einem 10fachen Volumen an eiskaltem 15 mM Kaliumphosphatpuffer, pH 7.5, und das Inkubationsgemisch anschließend dreimal gewaschen. Das endgültige Sediment wurde in 10 mM Tris-HCl, pH 7.45, gelöst, anschließend wurde der Adenylatzyklaseassay je nach Angaben oder aber eine SDS-Gel-Chromatographie mit anschließender Autoradiographie durchgeführt.

Durchführung der SDS-Gel-Chromatographie und Autoradiographie von Herzmuskelmembranen

Membranen (2 – 4 mg/ml), mit oder ohne Choleratoxin und ^{32}P-NAD inkubiert, wie vorhergehend beschrieben, wurden einer diskontinuierlichen Gelelektrophorese nach der Methode von Laemmli [55] in der Beschreibung von O'Farrell et al. [77] mit 10% Acrylamidgel bei 400 V für 7 Stunden unterzogen. Nach Färben, Entfärben und Trocknen wurden die Gele einem Röntgenfilm für 10 – 21 Tage ausgesetzt.

Messung der inkorporierten Menge an ^{32}P-NAD in Herzmuskelmembranen

Nach Behandlung der Membranen (Herzmuskelmembranen und Erythrozytenmembranen), wie zuvor aufgeführt, wurde die Bande entsprechend einem Protein mit dem MG 42K ausgeschnitten und die inkorporierte Radioaktivität im Flüssigkeitsszintillationszähler bestimmt. Die gemessene Radioaktivität wurde korrigiert durch Abzug der gemessenen Radioaktivität in Abwesenheit von Choleratoxin. Die Bande oberhalb und unterhalb der 42K-Bande zeigte wenigstens 38 – 61% weniger inkorporierte Radioaktivität. Die eingesetzte Proteinmenge betrug pro Streifen 0.33 mg.

Die Wirkung von Schilddrüsenhormonen auf das kardiale Beta-Rezeptor-Adenylatzyklasesystem in Ratten

Behandlung von Ratten zur Erzeugung einer hyperthyreoten bzw. hypothyreoten Stoffwechsellage

Männliche Ratten (250 – 400 g) von gleichem Alter und Gewicht wurden in drei Gruppen geteilt. Eine Gruppe wurde 65 Tage vor der Membranpräparation thyreoidektomiert. Wegen des gleichzeitigen Verlustes der Nebenschilddrüse wurde zusätzlich 1% Kalziumglukonat zum Trinkwasser gegeben. Diese Tiere wurden zur Bestimmung der ADP-Ribosilierung von Erythrozyten- und Herzmuskelmembranen sowie zur Messung der Adenylatzyklaseaktivität in Herzmuskelmembranen verwendet. Eine zusätzliche Gruppe wurde mit 0.1% Propylthiouracil (w/v) zum Trinkwasser für 21 Tage behandelt. Diese Ratten wurden zur Messung der Adenylatzyklaseaktivität und für Bindungsexperimente in Herzmuskelmembranen verwendet. Die Werte für die Adenylatzyklaseaktivität waren in beiden Gruppen identisch.

Die hyperthyreote Stoffwechsellage wurde durch subkutane Injektionen von Trijodthyronin (0.5 mg/kg Körpergewicht) erzielt. Die Ratten wurden einmal täglich über 5 Tage bis 24 h vor Versuchsbeginn behandelt. Diese, die Kontrollgruppe und die hypothyreote Gruppe wurden unter identischen Bedingungen gehalten mit Zugang zu Wasser und Futter, mit Ausnahme von jodfreiem Futter für die thyreoidektomierten Tiere.

Serumspiegelbestimmung für Trijodthyronin und Thyroxin

Verglichen mit den Werten in euthyreoten Ratten ($T_3 = 1.2 \pm 0.14$ ng/ml, $T_4 = 4.0 \pm 0.7$ ng/100 ml) waren die Trijodthyroninspiegel bei den T_3-behandelten Tieren 9.0 ± 1.4 ng/ml (T_3-RIA), und der Thyroxinspiegel in den thyreoidektomierten Tieren lag unterhalb der Nachweisgrenze (<2.0 ng/100 ml, T_4-Emit, Merck, Darmstadt).

Proteinbestimmung

Die Proteinbestimmung wurde nach Lowry et al. [64] mit Rinderserumalbumin als Standard durchgeführt.

Alle Experimente wurden mindestens dreimal durchgeführt, und jeder Einzelwert entsprach dem Mittelwert einer Dreifachbestimmung.

Charakterisierung eines spezifischen kardialen beta-adrenergen Rezeptors

Markierte Pharmaka und Hormone binden sich nicht nur an eine spezifische Bindungsstelle oder einen spezifischen Rezeptor. In eigenen Untersuchungen band sich ^{3}H-DHA an Glasfaserfilter (GF/C) und konnte konzentrationsabhängig aus dieser Bindung verdrängt werden (Weinsteiger, 1981). Obwohl in diesen Bindungsexperimenten Charakteristika einer spezifischen Hormon-Rezeptor-Bindung erfüllt waren (z. B. hohe Affinitätskonstanten, Abhängigkeit der Bindung von der Inkubationszeit und der zugeführten Konzentrationen sowie Hemmung der Bindung des radioaktiv markierten Pharmakons durch unmarkierte Pharmaka), muß diese Bindung als unspezifisch angesehen werden, da mit dieser „Hormon-Rezeptor-Bindung" keine biologische Antwort verbunden ist [83].

^{3}H-DHA und steigende Konzentrationen der unmarkierten (−)stereoisomeren und (+)stereoisomeren Form von Alprenolol wurden mit Herzmuskelmembranen von Meerschweinchen inkubiert und die Bindung des radioaktiv markierten Alprenolol an seine Bindungsstellen bestimmt (Abb. 2b). Die (−)isomere Form von Alprenolol zeigt gegenüber der (+)isomeren Form eine 100fache höhere Affinität zur Bindungsstelle, die damit also eine stereospezifische Bindungseigenschaft besitzt. Bei 10^{-5} M oder höheren Konzentrationen von (+)- oder (−)Stereoisomeren des Alprenolols wird der radioaktiv markierte Ligand aus Bindungsstellen verdrängt, die über keine stereospezifische Bindungseigenschaft verfügen.

Um zwischen diesen beiden Bindungsstellen (die eine, bei der eine stereospezifische Bindungseigenschaft in Anwesenheit von Konzentrationen $<10^{-5}$ M nachweisbar ist, und die andere, an der zwar eine Bindungshemmung für ^{3}H-DHA, aber keine Stereospezifität in Anwesenheit von Konzentrationen $>10^{-5}$ M mehr nachweisbar ist) unterscheiden zu können, wurden Herzmuskelmembranen bei 37°C für 23 Stunden inkubiert (Abb. 2a). Unter diesen Bedingungen nimmt der Anteil des gebundenen ^{3}H-DHA stetig ab, wohingegen die Bindungskapazität in Anwesenheit von 10^{-5} M (−)Alprenolol über 23 h gleich bleibt. Bindungsexperimente mit (+)- und (−)Alprenolol an frisch präparierten Herzmuskelmembranen zeigt die Abb. 2b.

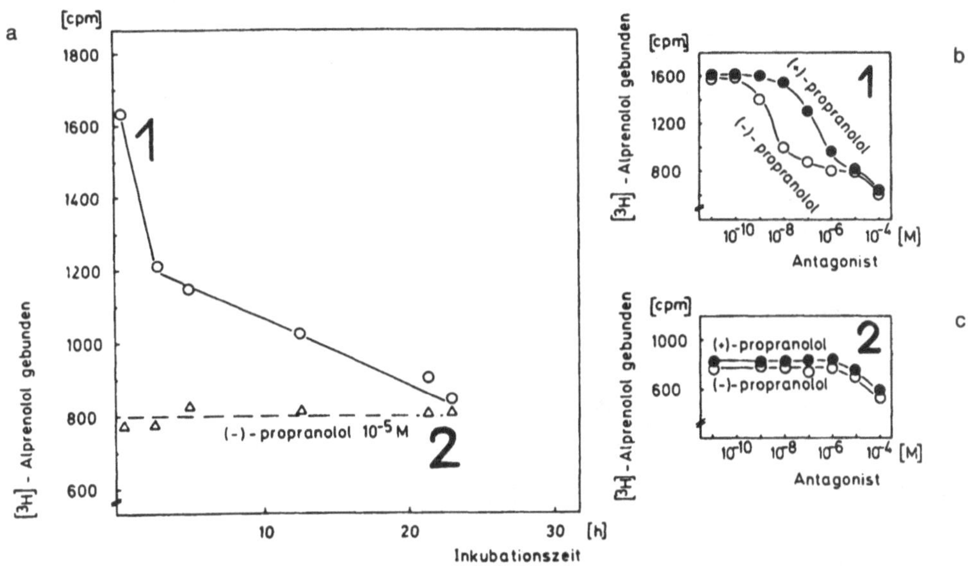

Abb. 2a Bindung von ^{3}H-DHA an unterschiedlich lang vorinkubierte Herzmuskelmembranen bei 37°C. Die Herzmuskelmembranen wurden zu unterschiedlichen Zeiträumen (○ − ○) mit ^{3}H-DHA (1.6×10^{-12} mol/ml) und in einer parallelen Serie zusätzlich mit Alprenolol 10^{-5} M (△ − △) inkubiert. Die ^{3}H-DHA Bindungskapazität nahm stetig ab bis zur Bindungskapazität für unspezifische Bindung nach 23 h.

Abb. 2b Konzentrationsabhängige Bindungshemmungskurven von ^{3}H-DHA an Herzmuskelmembranen in Anwesenheit von (−) und (+)Alprenolol.
Das Inkubationsmedium enthielt frisch präparierte Herzmuskelmembranen, ^{3}H-DHA und steigende Konzentrationen von unmarkiertem (−)- und (+)Alprenolol. Konzentrationsabhängige Verdrängungskurven zeigen eine 100fach vergrößertere Verdrängung durch das (−)Isomer als durch das (+)Isomer.

Abb. 2c In diesem Experiment waren die Herzmuskelmembranen über 23 h bei 37°C vorinkubiert und dann erst mit ^{3}H-DHA und steigenden Konzentrationen von (−)- und (+)Alprenolol inkubiert. In dem Konzentrationsbereich zwischen $10^{-9}-10^{-5}$ M und größer als 10^{-5} M war kein stereospezifischer Effekt erkennbar.

Das gleiche Experiment wurde an Membranen durchgeführt, die über 23 h bei 37°C (Abb. 2c) inkubiert wurden. Konzentrationen kleiner als 10^{-5} M (+)- oder (−)Alprenolol beeinflussen nicht die Bindung von ^{3}H-DHA. Erst Konzentrationen größer als 10^{-5} M hemmen die Bindung, allerdings nicht stereospezifisch. 50% des total gebundenen ^{3}H-DHA werden an nicht stereospezifische Bindungsstellen gebunden. Dieser nicht stereospezifisch gebundene Anteil wird daher von uns auch als „unspezifische Bindung" definiert.

Abb. 3 zeigt das Ergebnis der Bindung von ^{3}H-DHA und steigender Konzentration unmarkierten Alprenolols an frisch präparierte Herzmuskelmembranen. Die Auftragung der Daten zeigt einen linearen Scatchard Plot [90] nach Abzug der gebundenen Menge von ^{3}H-DHA in Anwesenheit von 10^{-5} M (−)Alprenolol, also der unspezifischen Bindung. Die Dissoziationskonstante (K_D), die aus der Steigung der Geraden bestimmt wird, beträgt 7×10^{-9} M. Der Schnittpunkt der Ordinaten mit der Geraden gibt die maximale Zahl an Rezeptoren an (0.07 pMole/ml = 0.15 pMole/mg Protein). Das gleiche Experiment wurde durchgeführt, nachdem die Membranen 8 h bei 37°C erhitzt wurden. Bei Auftragung beider Daten in das gleiche Diagramm ergibt sich eine parallele Steigung als Hinweis für identische Dissoziationskonstanten ($K_D = 7 \times 10^{-9}$ M). Der Schnittpunkt der Geraden mit der Ordinaten entspricht

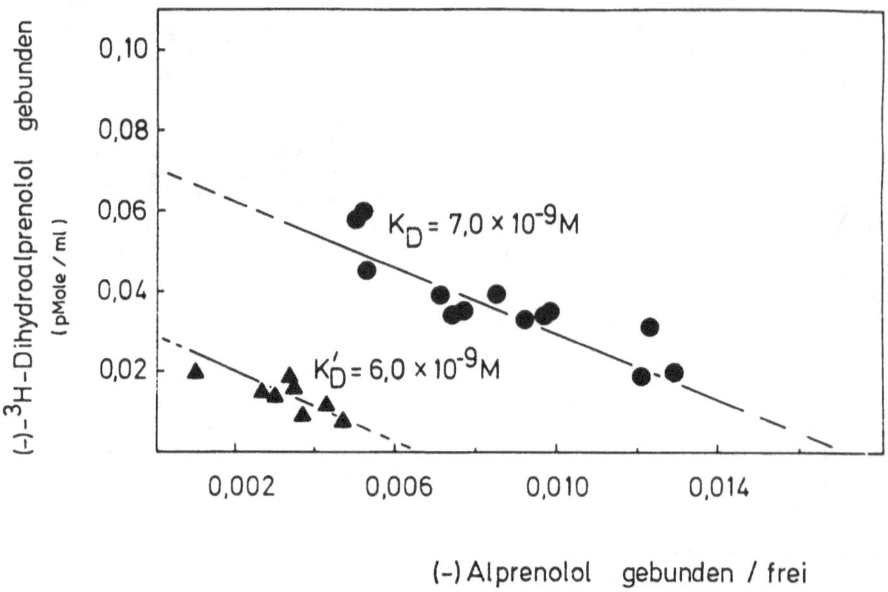

Abb. 3 Bestimmung spezifischer Bindungsstellen für ^{3}H-DHA an vorbehandelten (über 8 h bei 37°C) und nicht vorbehandelten Herzmuskelmembranen.
Frische Herzmuskelmembranen (● – ●) und über 8 h bei 37°C vorbehandelte Herzmuskelmembranen (▲ – ▲) wurden während 37°C mit 1.6 Picomolen ^{3}H-DHA, 5.0 mM Tris/HCl, 2.5 mM $MgCl_2$ und steigenden Konzentrationen an (−)- und (+)Alprenolol über 10 min bei 37°C inkubiert. Die Auftragung nach Scatchard [90] ergibt eine Bindungskapazität von 0.15 Picomolen/mg Protein und eine von 0.06 Picomolen/mg Protein an vorbehandelter Membran (über 8 h bei 37°C).

jedoch einer wesentlich kleineren Zahl an Rezeptoren (0.06 pMole/mg Protein). Bei Erhitzen von Herzmuskelmembranen nimmt also die Zahl spezifischer Bindungsstellen zeitabhängig ab; die Affinität der verbleibenden Bindungsstellen ist jedoch identisch.

Diese Experimente (Abbildg. 2 und 3) zeigen, daß radioaktiv markierte Pharmaka nicht nur an „spezifische" Bindungsstellen gebunden werden. Die Definition der „unspezifischen Bindung" ist daher wesentlich für die Wertung experimenteller Daten.

Aufgrund der von uns durchgeführten Untersuchungen (s. Abbildg. 2 und 3) kann der in Anwesenheit von 10^{-5} M (−)Alprenolol gebundene Anteil an ^{3}H-DHA aus folgenden Gründen als unspezifisch gebunden angenommen werden:

– die experimentellen Inhibitionskurven für die ^{3}H-DHA-Bindung in Anwesenheit von (−)- und (+)Alprenolol schneiden sich bei einer Konzentration von 10^{-5} M (Abb. 2b); die stereospezifischen Bindungsstellen sind also abgesättigt;

– der an vorinkubierten Membranen (Inkubation bei 37°C über 23 h) gebundene Anteil an ^{3}H-DHA entspricht genau dem Anteil, der in Anwesenheit von 10^{-5} M (−)Alprenolol noch gebunden wird (Abb. 2a);

– an vorinkubierten Membranen (Inkubation bei 37°C über 23 h) wird in einem Konzentrationsbereich von $10^{-9} - 10^{-5}$ M die Bindung von ^{3}H-DHA nicht inhibiert; dies geschieht erst bei Konzentrationen größer als 10^{-5} M (Abb. 2c).

Im Gegensatz zu unserem Ergebnis fanden Harden et al. [33] und Caron und Lefkowitz [13] keine weitere Bindungshemmung bei einer Ligandenkonzentration größer als 10^{-5} M. Alexander et al. [1] erreichten in ihren Untersuchungen am Hundeherzen einen 15- bis 30prozentigen Anteil an spezifischer Bindung, während der Anteil an spezifischer Bindung am Meerschweinchenherzen etwa 50% beträgt.

Cuatrecasas und Hollenberg [21] wiesen eine Verdrängung von verschiedenen markierten Hormonen durch unmarkierte Hormone an verschiedenen Materialien nach. Sie folgerten deshalb ebenfalls, daß die Reversibilität einer Bindung allein nicht als Nachweis für die Spezifität einer Hormon-Rezeptorbindung dienen kann. Das stereospezifische Unterscheidungsvermögen einer Bindungsstelle erweist sich damit aufgrund der aufgeführten Bindungsexperimente (Abbildg. 2 und 3) an Herzmuskelmembranen als das entscheidende Kriterium zur Unterscheidung spezifischer und unspezifischer Bindung [47] neben den bereits von anderen Arbeitsgruppen erarbeiteten und allgemein akzeptierten Kriterien: die Bindung muß rasch reversibel, endlich sein und sollte eine hohe Affinität für beta-adrenerge Pharmaka besitzen [17, 57, 67].

Charakterisierung einer kardialen Adenylatzyklase

Ein biologischer Rezeptor liegt dann vor, wenn durch Bindung eines Pharmakons oder Hormons eine biologische Antwort hervorgerufen wird. Die Adenylatzyklase ist das entsprechende Hormon, welches an den beta-adrenergen Rezeptor gebunden ist und ATP in zyklisches AMP umbaut.

Inkubation von homogenisierten Herzmuskelzellmembranen mit steigenden Konzentrationen von l-Isoprenalin (bis 50 µM) zeigen nur einen schwachen stimulatorischen

Effekt auf die Adenylatzyklaseaktivität (Basalaktivität 250 pMole cAMP/mg Protein × 10 min) bis auf 450 pMole cAMP/mg Protein × 10 min (Abb. 4). Werden Guaninnukleotide (GppNHp 10^{-4} M) dem Inkubationsmedium zugefügt, so kommt es zu einer 7fachen Steigerung der basalen Adenylatzyklaseaktivität als Ausdruck eines potenzierenden Effektes der Guaninnukleotide auf den Katecholamineffekt.

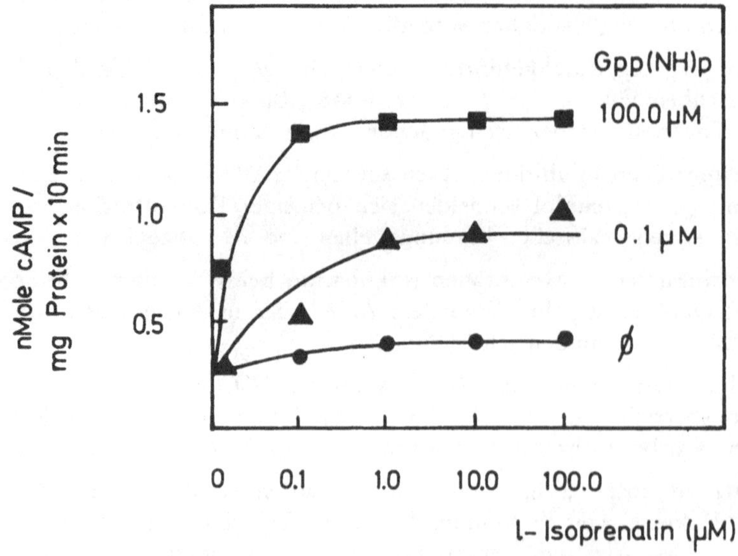

Abb. 4 Wechselseitige Abhängigkeit der Wirkung von GppNHp und l-Isoprenalin auf die Adenylatzyklase von Tris-Puffer gewaschenen Meerschweinchenherzmuskelhomogenaten. Herzmuskelmembranen (80 – 160 μg Protein/60 μl) wurden bei 0°C für 10 min mit GppNHp und Isoprenalin inkubiert, anschließend erfolgt über 10 min bei 37°C die Inkubation mit dem aufgeführten Adenylatzyklaseansatz. Gestoppt wurde die Reaktion mit ATP und Natriumdodecylsulfat im Überschuß. GppNHp vermag in Anwesenheit geringer Konzentrationen von l-Isoprenalin (1 μM) die Adenylatzyklase maximal zu stimulieren.

Durch Solubilisierung der Herzmuskelzellmembranen läßt sich der stimulatorische Effekt der Guaninnukleotide auf die Adenylatzyklaseaktivität unter Umgehung der Bindung an den Beta-Rezeptor nachweisen (Abb. 5). Eine zusätzliche Inkubation mit Katecholaminen zeigt keinen spezifischen Effekt auf die Enzymaktivität, womit gezeigt ist, daß bei der Präparation selektiv ein Verlust des Beta-Blockers aufgetreten ist. Andererseits wird die basale Aktivität durch GppNHp (10^{-4} M) und Fluorid (10^{-2} M) (Abb. 5) um ein Vielfaches gesteigert. Obwohl Fluorid das Enzym ebenfalls in Abwesenheit von Katecholaminen stimuliert, bleibt zu klären, ob Fluorid die Enzymaktivität über die gleiche Bindungsstelle stimuliert wie die Guaninnukleotide.

Um diesen Mechanismus aufzuklären, wurden Herzmuskelmembranen mit und ohne GMP (10^{-4} M) und l-Isoprenalin 10^{-4} M) (Tab. 1) inkubiert. Die basale Aktivität wies in beiden Experimenten keinen Unterschied auf. Zugabe von GppNHp (10^{-4} M) wies eine nahezu 4fache Stimulation verglichen mit einer 2fachen Stimulation in Kontrollmembranen auf. Kein weiterer Unterschied konnte bei gleichzeitiger Stimula-

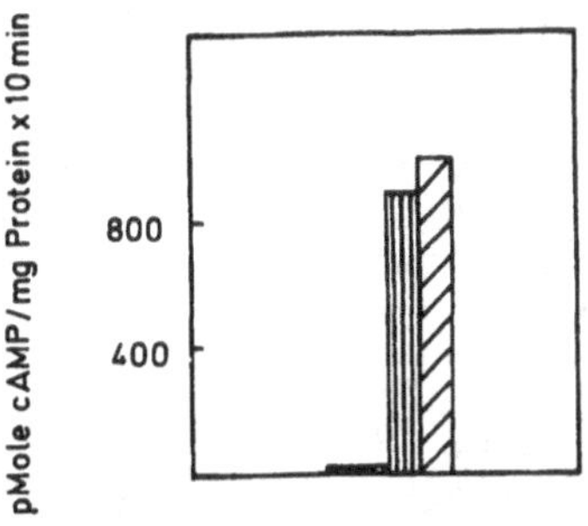

Abb. 5 Wirkung von l-Isoprenalin, GppNHp und Fluorid auf die Adenylatzyklaseaktivität in solubilisierten Herzmuskelmembranen. Herzmuskelmembranen wurden in 1% Lubrol PX solubilisiert [59], der Adenylatzyklaseassay wurde wie in Methodik erwähnt, durchgeführt. GppNHp und Fluorid demonstrieren einen deutlichen Anstieg der basalen Adenylatzyklase (26- versus 28 fach) in solubilisierten Herzmuskelmembranen, während l-Isoprenalin keinen stimulatorischen Effekt aufweist.

■ Basalaktivität ▧ l-Isoprenalin (10^{-4} M)
▥ GppNHp (10^{-4} M) ▨ Fluorid (10^{-2} M)

Tabelle 1 Wirkung einer Vorinkubation mit GMP 10^{-4} M und l-Isoprenalin 10^{-4} M auf die nachfolgende Stimulation der Adenylatzyklaseaktivität von Meerschweinchenherzmuskelmembranen (in pMole/mg Protein × min). Durch diese Vorinkubation wird eine höhere Stimulierbarkeit mit GppNHp allein erreicht als in der Kontrollmembran. Durch Anwesenheit von GTP wird der Fluorideffekt gehemmt.

Meerschweinchenherz muskelmembranen	Basal-aktivität	Gpp(NH)p 10^{-4} M	Gpp(NH)p 10^{-4} M l-Isoprenalin 10^{-4} M	F^- 10^{-2} M	F^- 10^{-2} M GTP 10^{-4} M
Kontrolle (ohne Vorinkubation	256	473	1280	814	706
Vorinkubation mit GMP 10^{-4} M und l-Isoprenalin 10^{-4} M	240	1088	1440	940	620

tion durch GppNHp (10^{-4} M) zusammen mit l-Isoprenalin (10^{-4} M) gemessen werden. In Anwesenheit von GMP (10^{-4} M) stimulierte Fluorid (10^{-2} M) die Adenylatzyklaseaktivität, aber der Effekt nahm ab in Anwesenheit von GTP (10^{-4} M).

Unsere Ergebnisse zeigen, daß Katecholamine die basale kardiale Adenylatzyklase 1,8fach stimulieren. In Anwesenheit von Guaninnukleotiden steigt die basale Aktivität um das 5 – 6fache, entsprechend eher eines experimentellen als eines additiven stimulatorischen Effektes der Guaninnukleotide auf den stimulatorischen Effekt der Katecholamine.

Experimentell konnte gezeigt werden, daß die stimulierenden Guaninnukleotide (^{3}H-GTP) an ein spezifisches Guaninnukleotidbindungsprotein nur in Anwesenheit von Katecholaminen gebunden werden [93]. Dissoziation dieses Komplexes ist nur in Anwesenheit von Katecholaminen möglich. Über 80% der durch l-Isoprenalin freigesetzten Guaninnukleotide sind GDP. Damit wird GTP nach Bindung an seine spezifische Bindungsstelle zu GDP hydrolysiert [96].

Hohe Konzentrationen an GTP vermindern den stimulatorischen Effekt von GppNHp auf die Adenylatzyklase [79, 88, 93]. Beide Guaninnukleotide müssen daher an dieselbe Bindungsstelle gebunden werden. GppNHp zeigt einen größeren stimulatorischen Effekt als GTP (hydrolysiert zu GDP), denn GppNHp verursacht einen dauerhaft aktivierenden Komplex des Enzyms.

Tab. 1 zeigt deutlich, daß eine gemeinsame Inkubation von Guaninnukleotiden und Fluoriden zu Interaktionen bei der Stimulation der Adenylatzyklase führt. Experimente in Truthahnerythrozytenmembranen zeigen einen hemmenden Effekt von GMP auf die Fluorid-induzierte Stimulation der Adenylatzyklase, während in Anwesenheit von GTP der gleiche Effekt wie ohne GTP meßbar war [93, 94]. Dies zeigt, daß in Truthahnerythrozytenmembranen der stimulatorische Effekt von Fluorid abhängig von dem jeweiligen Guaninnukleotid ist, welches an das Guaninnukleotidbindungsprotein gebunden ist.

Aufgrund der gegenseitigen Beeinflussung von Guaninnukleotiden und Fluoriden muß gefolgert werden, daß sowohl Guaninnukleotide als auch Fluorid die Adenylatzyklaseaktivität über dieselbe regulatorische Einheit beeinflussen. Der unterschiedliche Effekt von GMP oder GTP auf die fluoridbedingte Stimulation der Adenylatzyklase in Truthahnerythrozyten und Herzmuskelmembranen läßt eine unterschiedliche Zusammensetzung des regulatorischen Proteins vermuten [98].

Nachweis einer regulatorischen Untereinheit der kardialen Adenylatzyklaseaktivität

Bisher wurde gezeigt, daß durch Katecholamine nach Bindung an eine spezifische Bindungsstelle in Herzmuskelmembranen die Adenylatzyklaseaktivität stimuliert wird. Guaninnukleotide und Fluorid ihrerseits können die Adenylatzyklaseaktivität unter Umgehung des Beta-Rezeptors über ein eigenes Bindungsprotein, das Guaninnukleotidbindungsprotein (= regulatorische Einheit), beeinflussen [79]. Dieses Bindungsprotein besitzt ein Guaninnukleotid-spaltendes Enzym, die GTPase [15]. Durch dieses Enzym wird aktivierendes GTP zu GDP dephosphoriliert. GDP stimuliert nicht mehr die Adenylatzyklaseaktivität. Die Enzymaktivität der spezifischen GTPase kann durch Messung des abgespaltenen Phosphatmoleküls (P_i) direkt bestimmt werden.

$$\text{GTP} \xrightarrow[\text{GTPase}]{} \text{GDP} + \text{P}_i$$

Diese Wirkung der GTPase ist nun wiederum hemmbar durch Choleratoxin [16].

Wirkung von Choleratoxin auf die regulatorische Untereinheit der Adenylatzyklase

Choleratoxin hemmt in Anwesenheit von NAD (Nicotinamid-Adenin-Dinucleotid) die GTPase-Aktivität in verschiedenen Membranen [66, 74, 79, 94]. Durch Choleratoxin-induzierte Spaltung entsteht aus NAD eine ADP-Ribose. ADP-Ribose hemmt nach Bindung an die GTPase die Bildung von GDP aus GTP.

$$\text{NAD} + \text{N} \xrightarrow[\text{Choleratoxin}]{} \text{ADP-Ribose} - \text{N} + \text{Nicotinamid} + \text{H}^+$$

N = Regulatorprotein mit GTPase (= Guaninnukleotidbindungsprotein)

Diese Reaktion bezeichnet man auch als Choleratoxin-katalysierte ADP-Ribosilierung des Guaninnukleotidbindungsproteins.

In Herzmuskelmembranen (Abb. 6) ist die Basalaktivität der Adenylatzyklase in den Choleratoxin-vorbehandelten Membranen (14 pMole cAMP/mg Protein × min) und in den Kontrollmembranen gering unterschiedlich (18.5 pMole cAMP/mg Protein × min) (Abb. 6). GTP 10^{-4} M allein führt zu keiner Stimulation der Basalaktivität, erreicht aber in Choleratoxin-vorbehandelten Membranen eine Aktivität von 21.5 pMole cAMP/mg Protein × min (Abb. 6).

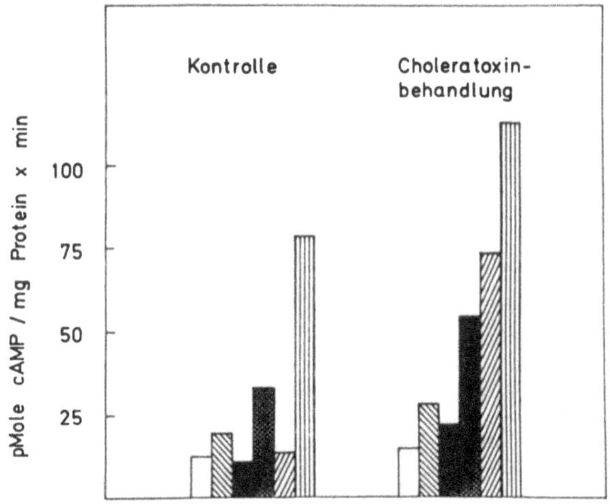

Abb. 6 Wirkung von l-Isoprenalin, GTP und GppNHp auf die Adenylatzyklaseaktivität in Choleratoxin-vorbehandelten Herzmuskelmembranen. Herzmuskelmembranen (1.5 – 4.0 mg Protein/ml) wurden mit 12 mM Kaliumphosphatpuffer, pH 7.5, 20 mM Thymidin, 5 mM ADP-Ribose, 20 mM Arginin-HCl, 100 IE/ml Aprotinin, 0.1 mM GTP, 100 µg/ml aktiviertes Choleratoxin und 1 mM NAD^+ über 30 min bei 30°C inkubiert. Kontrollmembranen wurden identisch behandelt ohne Verwendung von Choleratoxin. Die Reaktion wurde durch Überschuß an Kaliumphosphatpuffer gestoppt, anschließend die Adenylatzyklaseaktivität gemessen (s. Legende zu Abb. 8).

□ Basalaktivität;	▧ l-Isoprenalin 0.1 mM;
▦ GppNHp 0.1 mM;	▨ l-Isoprenalin und GTP;
▥ GppNHp und Isoprenalin;	■ GTP 0.1 mM

l-Isoprenalin und GTP stimulieren die Adenylatzyklase nicht in den Kontrollmembranen, während in den Choleratoxin-vorbehandelten Membranen die Wirkung mit der von l-Isoprenalin und GppNHp in den Kontrollmembranen vergleichbar ist.

GppNHp stimuliert in den Kontrollmembranen die Adenylatzyklaseaktivität auf 34 pMole cAMP/mg Protein × min und in den Choleratoxin-vorbehandelten Membranen auf 53 pMole cAMP/mg Protein × min (Abb. 6). Während Isoprenalin 10^{-4} M und GTP 10^{-4} M zusammen die Adenylatzyklase in den Kontrollmembranen nicht stimulieren, erreichen sie in Choleratoxin-vorbehandelten Membranen 72 pMole cAMP/mg Protein × min, die gleiche Aktivität wie sie durch Isoprenalin 10^{-4} M und

GppNHp 10^{-4} M in den Kontrollmembranen erreicht wird (Abb. 6). In Choleratoxin-vorbehandelten Membranen steigt die Adenylatzyklaseaktivität durch Isoprenalin und GppNHp auf 112 pMole cAMP/mg Protein × min (Abb. 6).

Den Effekt der Choleratoxinvorbehandlung auf die Fluorid-induzierte Adenylatzyklaseaktivität in Herzmuskelmembranen zeigt die Abb. 7. In Anwesenheit von Isoprenalin 10^{-4} M und GTP 10^{-4} M beträgt die Aktivität in Choleratoxin-vorbehandelten Membranen 75 pMole cAMP/mg Protein × min im Vergleich zum fehlenden Effekt in den Kontrollmembranen. Fluorid stimuliert dagegen in den Kontrollmembranen die Adenylatzyklaseaktivität deutlicher (87 pMole cAMP/mg Protein × min) als in den Choleratoxin-vorbehandelten Herzmuskelmembranen (53 pMole cAMP/mg Protein × min).

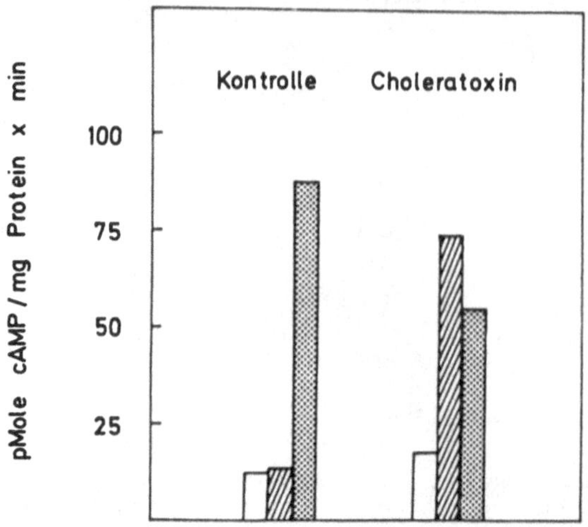

Abb. 7 Wirkung von Fluorid auf die Adenylatzyklaseaktivität in Choleratoxin-vorbehandelten Herzmuskelmembranen.
Die Wirkung von Fluorid wird in Choleratoxin-vorbehandelten Herzmuskelmembranen gehemmt.

□ Basalaktivität; ▨ l-Isoprenalin 0.1 mM und GTP 0.1 mM; ▩ Fluorid 10 mM

Choleratoxin besitzt eine NAD-spaltende Aktivität und transferiert die ADP-Ribose auf das Guaninnukleotidbindungsprotein [71, 72]. In Truthahnerythrozytenmembranen ist die hemmende Wirkung auf die GTPase-Aktivität direkt durch verminderte Phosphatbildung meßbar [16]. Diese direkt meßbare Choleratoxinwirkung kann dann mit der Adenylatzyklaseaktivität korreliert werden. Da in Herzmuskelmembranen mehrere unspezifische Nukleotidasen vorhanden sind, kann die spezifische (d. h. Katecholamin-stimulierbare) GTPase-Aktivität nicht bestimmt werden [15]. Auf die hemmende Wirkung von Choleratoxin auf die GTPase kann nur aus der gesteigerten Stimulation der kardialen Adenylatzyklaseaktivität durch GTP geschlossen werden, die in unseren Untersuchungen der von GppNHp entspricht (GppNHp wird nicht durch die GTPase dephosphoriliert).

Die verminderte Fluoridstimulation der kardialen Adenylatzyklase (Abb. 7) in Anwesenheit von Choleratoxin ist charakteristisch für die Choleratoxin-Wirkung auf die GTPase in den verschiedenen Membranen, ohne daß bisher der zugrundeliegende Mechanismus geklärt werden konnte [15, 96]. Der gehemmte Fluorideffekt kann nicht allein durch die Choleratoxin-bedingte GTPase-Hemmung erklärt werden.

Während der fluoridbedingte Effekt auf die Adenylatzyklaseaktivität in Choleratoxin-vorbehandelten Herzmuskel- und Truthahnerythrozytenmembranen vergleichbar ist, ist die Wirkung von Isoprenalin und GppNHp unterschiedlich. In Truthahnerythrozytenmembranen wird in Kontroll- und Choleratoxin-vorbehandelten Membranen die gleiche maximale Aktivität erreicht [96], während in Herzmuskelmembranen eine unterschiedliche Aktivität erreicht wird (Kontrollmembranen 72 pMole cAMP/mg Protein × min, Choleratoxin-vorbehandelte Membranen 112 pMole cAMP/mg Protein × min) (Abb. 6). Möglicherweise ist dieser Befund auf die unterschiedliche Zugänglichkeit des Guaninnukleotidbindungsproteins für GppNHp in Herzmuskel- und Truthahnerythrozytenmembranen zurückzuführen. Am Guaninnukleotidbindungsprotein von Truthahnerythrozytenmembranen ist ein Guaninnukleotidwechsel nur in Anwesenheit von Katecholaminen oder nach Vorinkubation mit GMP möglich, während in Herzmuskelmembranen die Katecholamine den Austausch nur beschleunigen, aber ihn nicht erst ermöglichen.

Es wäre also denkbar, daß durch Choleratoxin nur die Guaninnukleotidbindungsproteine beeinflußt werden, die in Verbindung mit einem Beta-Rezeptor stehen. Bei der Vorbehandlung der Herzmuskelmembranen mit Choleratoxin befindet sich bereits l-Isoprenalin/GTP im Ansatz, so daß nach der Vorbehandlung der Membranen für die Untersuchung der Adenylatzyklasestimulierbarkeit die hohe GppNHp-Konzentration ausreichen könnte, über Guaninnukleotidbindungsproteine zu stimulieren, die nicht über Beta-Rezeptoren mit dem Enzym verbunden sind.

Markierung der regulatorischen Untereinheit der Adenylatzyklase mit radioaktivem NAD

In Taubenerythrozytenmembranen gelang erstmals durch Verwendung von radioaktivem NAD (^{32}P-NAD) in Anwesenheit von Choleratoxin durch SDS-Gelelektrophorese im Autoradiogramm der Nachweis eines Proteins, an das sich markierte ADP-Ribose spezifisch bindet (die Reaktion entspricht der Choleratoxin-katalysierten ADP-Ribosilierung) [28, 29]. Auf die Identität dieses Proteins mit dem Guaninnukleotidbindungsprotein wird im Rahmen der Diskussion eingegangen. Der gleiche experimentelle Ansatz ermöglicht den Nachweis des Guaninnukleotidbindungsproteins in menschlichen Erythrozytenmembranen [42, 43] und in Truthahnerythrozytenmembranen [94].

An Herzmuskelmembranen sind derartige Verfahren u. W. noch nicht publiziert worden.

Herzmuskelmembranen werden, wie zuvor unter Methodik beschrieben, mit Choleratoxin und radioaktiv markiertem NAD inkubiert, um die ADP-Ribosilierung des Regulatorproteins zu erreichen.

Im Autoradiogramm der SDS-Gelelektrophorese kommen in den Membranen, die mit Choleratoxin inkubiert wurden, deutliche Proteinbande zur Darstellung: in Erythrozytenmembranen von Menschen und Ratten jeweils eine Bande mit einem Molekulargewicht von 42 000; in Rattenherzmuskelmembranen finden sich zwei spezifische ADP-ribosilierte Banden, entsprechend einem Molekulargewicht von 42 000 und 46 000 (Abb. 8).

In Erythrozytenmembranen von Menschen und Ratten erfolgt eine spezifische Choleratoxin-katalysierte ADP-Ribosilierung an einem Protein mit dem Molekulargewicht 42 000 (Abb. 8). Die Erklärung dafür, daß dieses Protein dem Guaninnukleotidbindungsprotein entspricht, ist folgende:

Choleratoxin hemmt die GTPase-Aktivität, wodurch GTP nicht gespalten wird und die Adenylatzyklase wie GppNHp stimuliert, das nicht durch die GTPase inaktiviert werden kann [15]. Taubenerythrozytenmembranen mit ^{32}P-NAD und Choleratoxin

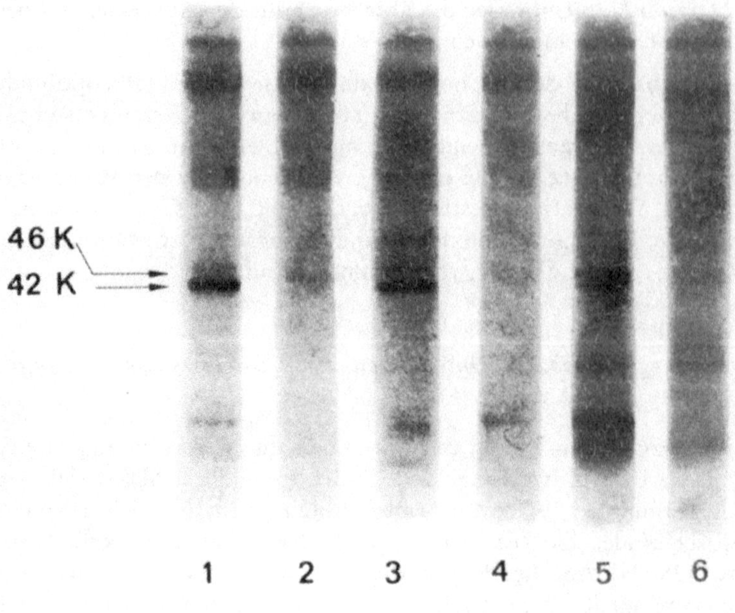

Abb. 8 Polyacrylamid-Analyse (Autoradiogramm) Choleratoxin-vorbehandelter menschlicher Erythrozytenmembranen, Rattenerythrozytenmembranen und Rattenherzmuskelmembranen.
Das Autoradiogramm zeigt in Anwesenheit von Choleratoxin eine deutliche Proteinbande (entsprechend einem Molekulargewicht von 42 000) in Erythrozytenmembranen von Menschen und Ratten. In Herzmuskelmembranen finden sich zwei gleiche Banden entsprechend einem Molekulargewicht von 42 000 und 46 000. Die 42K-Bande entspricht dem Guaninnukleotidbindungsprotein, während die 46K-Bande einer Untereinheit des Guaninnukleotidbindungsproteins entsprechen könnte.
Experimentelle Durchführung wie unter „Methodik“ beschrieben.

inkubiert, können einer GTP-Affinitätschromatographie unterzogen werden, und das spezifisch markierte Membranprotein (Molekulargewicht 42000) kann als Eluat zurückgewonnen werden [14, 79]. Transferiert man dieses spezifisch ADP-ribosilierte Guaninnukleotidbindungsprotein in unbehandelte Taubenerythrozytenmembranen, stimuliert GTP die Adenylatzyklaseaktivität entsprechend einer gehemmten GTPase-Aktivität [14]. Guaninnukleotidbindungsprotein und spezifisch ADP-ribosiliertes Membranprotein (MG 42000) in Anwesenheit von Choleratoxin sind damit identisch.

In Ratten- und Meerschweinchenherzmuskelmembranen finden sich im Gegensatz zur Erythrozytenmembranen zwei Banden, entsprechend den Molekulargewichten von 42000 und 46000. Die Bedeutung der 46K-Bande ist noch unklar. Die in die 46K-Bande inkorporierte Radioaktivität war mindestens 38% geringer als in die 42K-Bande.

Membranen von S49-Lymphomazellmembranen und Rattenhepatomazellmembranen (HTC-4) haben ebenfalls eine zusätzliche Choleratoxin-spezifische Proteinbande (MG 52000 – 53000) [37], ebenso menschliche Fibroblasten (MG 47000 [66]). In der gereinigten regulatorischen Einheit aus Leberzellmembranen dienen von 3 Proteinbanden mit den Molekulargewichten 52000, 45000 und 35000 nur die 52K- und 45-Bande als Choleratoxinsubstrat. Möglicherweise ist das Guaninnukleotidbindungsprotein aus Untereinheiten mit unterschiedlichen Molekulargewichten aufgebaut, die die stimulatorische oder inhibitorische Wirkung eines Guaninnukleotidbindungsproteins auf die Adenylatzyklase mitbestimmen [86]. Die Zusammensetzung der Untereinheiten könnte spezies- bzw. organspezifisch unterschiedlich sein.

In den letzten Jahren wurden Befunde erhoben, die zeigen konnten, daß die stimulatorische Einheit aus drei differenten Untereinheiten besteht, nämlich alpha, beta und gamma [97]. GTP bindet an die α-Untereinheit, und wenn die Bindung erfolgt, dissoziiert die α-Untereinheit von β- und γ-Untereinheit ab und aktiviert die katalytische Einheit.

Beeinflussung des Beta-Rezeptor-gekoppelten Adenylatzyklasesystems in Herzmuskelmembranen durch die Schilddrüsenstoffwechsellage

Nach Charakterisierung und Quantifizierung der Einzelkomponenten des Beta-Rezeptor-Adenylatzyklasesystems in den vorhergehenden Abschnitten soll nun untersucht werden, inwieweit die hyperthyreote Stoffwechsellage das Beta-Rezeptor-Enzymsystem beeinflußt.

Inzwischen weiß man, daß die Katecholaminspiegel bei der Hyperthyreose eher normal oder sogar gering erniedrigt sind [100]. Normale Katecholaminspiegel, aber Symptome eines gesteigerten adrenergen Antriebes, lassen eine erhöhte Sensitivität des Beta-Rezeptor-Adenylatzyklasesystems vermuten. Eine gesteigerte Sensitivität des Beta-Rezeptor-Adenylatzyklasesystems wurde kürzlich in Rattenherzmuskelgewebe aufgrund einer Zunahme an Beta-Rezeptoren nachgewiesen [109]. Darüber hinaus kommt es in Herzmuskelmembranen hyperthyreoter Tiere zu einer gesteigerten Adenylatzyklaseaktivität in Anwesenheit von Katecholaminen [19]. Diese Untersuchungsergebnisse sind aber nicht allgemein akzeptiert. Im Gegensatz zu den parallelen Veränderungen einer gesteigerten Zahl an Rezeptoren und erhöhter Enzymaktivität sahen Bilezikian et al. [9] bei der Hyperthyreose neben einer unveränderten Zahl an Rezeptoren eine katecholaminabhängige Zunahme der Enzymaktivität, während bei der Hypothyreose die Zahl der Beta-Rezeptoren und die katecholaminabhängige cAMP-Bildung vermindert sind.

Malbon und Gill [66] fanden keine erkennbare Veränderung der Zahl der Rezeptoren, aber Änderungen der Adenylatzyklaseaktivität in isolierten Fettzellmembranen in Abhängigkeit von der Schilddrüsenstoffwechsellage. Die Autoren diskutieren eine schilddrüsenhormonabhängige Modulation zwischen Beta-Rezeptor und Adenylatzyklase. Um diese mögliche „Modulator"-Rolle von Schilddrüsenhormonen aufzuklären, ist es notwendig, jede der einzelnen Komponenten des Beta-Rezeptor-Adenylatzyklasesystems bei verschiedenen Schilddrüsenstoffwechsellagen zu untersuchen. Es wurden daher die Zahl der Beta-Rezeptoren, die Menge der regulatorischen Einheiten (aufgrund der inkorporierten Menge an ADP-Ribose an die 42K-Bande) und die Adenylatzyklaseaktivität bestimmt [46, 49].

Wirkung der Schilddrüsenstoffwechsellage auf die Anzahl und Affinität der Beta-Rezeptoren

Die Untersuchungen des Beta-Rezeptor-Adenylatzyklasesystems wurden an Ratten durchgeführt, die eine hyperthyreote oder hypothyreote Stoffwechsellage aufwiesen. Tab. 2 zeigt die Behandlung der Ratten zur Erzeugung einer hyper- bzw. hypothyreoten Schilddrüsenstoffwechsellage. Zur Erzeugung einer hyperthyreoten Stoffwechsel-

Tabelle 2 Behandlung der Ratten zur Erzeugung unterschiedlicher Schilddrüsenstoffwechsellagen. Änderung des Trijodthyronin- und Thyroxinspiegels sowie des Körpergewichtes in den letzten 5 Tagen vor der Untersuchung hyper-, eu- und hypothyreoter Tiere.
T_3 – Ratten = hyperthyreote Ratten
PTU – Ratten = hypothyreote Ratten

Gruppe	Behandlung der Ratten	Serumspiegel T_3 ng/ml	T_4 γ/100 μl	Änderung des Körpergewichts über 5 Tage
T_3-Ratten	0.5 mg T_3/kg KG/d i. p. über 5 d	9.0 ± 1.4	–	–10%
Kontrollratten	0.9% NaCL s.c.	1.2 ± 0.14	4.0 ± 0.7	+7%
PTU-Ratten	0.1% Propylthiouracil p. o. (PTU) über 21 d	[1] –	<2 μg%	–4.5%

[1] Die bestimmten Serumspiegel lagen unterhalb der Nachweisgrenze

lage erhielten die Tiere über 5 Tage 0,5 mg Trijodthyronin/kg Körpergewicht s. c. injiziert. Diese Dosis wurde gewählt, weil auch andere Autoren [89, 109] ihre Untersuchungen damit durchgeführt hatten und die Vergleichbarkeit der Ergebnisse gewährleistet sein sollte.

Die hypothyreote Stoffwechsellage entstand durch 0,1% Propylthiouracil im Trinkwasser über 21 Tage. Als Kontrolltiere dienten 6 gleichaltrige Ratten, die NaCl-Injektionen statt Trijodthyronininjektionen erhielten. Trinkwasser stand allen 3 Gruppen ad libitum zur Verfügung. Die in der Trijodthyronin-behandelten Gruppe bestimmten Trijodthyroninspiegel im Serum zeigten im Vergleich zum Normalkollektiv (1.2 ± 0.14 ng/ml) deutlich erhöhte Werte (0.9 ± 1.4 ng/ml). Bei den hypothyreoten Tieren lag der Trijodthyroninspiegel unterhalb des Meßbereiches, und der Thyroxinspiegel lag jeweils unter 2 µg/100 µl im Vergleich zum Normalkollektiv mit 4.0 ± 0.7 µg/100 µl. Das Körpergewicht nahm in der Trijodthyronin-behandelten (– 10% des Ausgangsgewichtes) und in der Propylthiouracil-behandelten Gruppe (– 4,5% des Ausgangsgewichtes) ab, während in der Kontrollgruppe das Körpergewicht um etwa 7% des Ausgangsgewichtes innerhalb von 5 Tagen zunahm.

Eine geringere Abnahme des Körpergewichtes bei Thyroxin- und Propylthiouracil-behandelten Tieren gegenüber den Kontrolltieren fanden Ciaraldi und Marinetti [19]. Nach Meinung der Autoren verursacht die ausgeprägte Lipolyse bei der hyperthyreoten Stoffwechsellage die geringe Abnahme des Körpergewichtes.

Jeweils am gleichen Tag wurde die maximale Zahl der Bindungsstellen pro mg Herzmuskelprotein von jeweils einer Ratte mit hyperthyreoter, euthyreoter und hypothyreoter Stoffwechsellage bestimmt. Das Ergebnis solch eines Experiments ist in der Auftragung nach Scatchard abgebildet (Abb. 9). Die Zahl der Bindungsstellen beträgt bei der mit Trijodthyronin-behandelten Ratte 160 fMole/mg Protein, bei der Kontrollratte 84 fMole/mg Protein und bei der Propylthiouracil-behandelten Ratte 50 fMole/mg Protein. Die Steigung der Geraden und damit die Affinität des Rezeptors gegenüber (–)Alprenolol ist im Rahmen der experimentellen Fehlerbreite nicht unterschiedlich.

Die Bestimmung der maximalen Zahl an Bindungsstellen an 6 euthyreoten, 6 hyperthyreoten und 6 hypothyreoten Tieren ist in Tab. 3 aufgeführt. Die Zahl der DHA-Bindungsstellen nimmt bei der Hyperthyreose (158 ± 20 fMole/mg Protein) gegenüber der Euthyreose (78 ± 15 fMole/mg Protein) zu, und bei der Hypothyreose auf 51 ± 6 fMole/mg Protein ab. Die Zunahme der DHA-Bindungsstellen beträgt das Zweifache ($p < 0.05$, signifikant) bei der Hyperthyreose und die Abnahme 30% (nicht signifikant) bei der Hypothyreose im Vergleich zur Euthyreose. Die Dissoziationskonstanten sind nicht signifikant verändert ($K_D = 2.9 - 4.3$ nM).

Wirkung der Schilddrüsenstoffwechsellage auf die Adenylatzyklaseaktivität

Die Messung der Adenylatzyklaseaktivität nach Bindung von Katecholaminen an den Beta-Rezeptor sowie durch das nicht hydrolysierbare Guaninnukleotid in hyper-, eu- und hypothyreoten Rattenherzmuskelmembranen ist in der Tab. 4 aufgeführt.

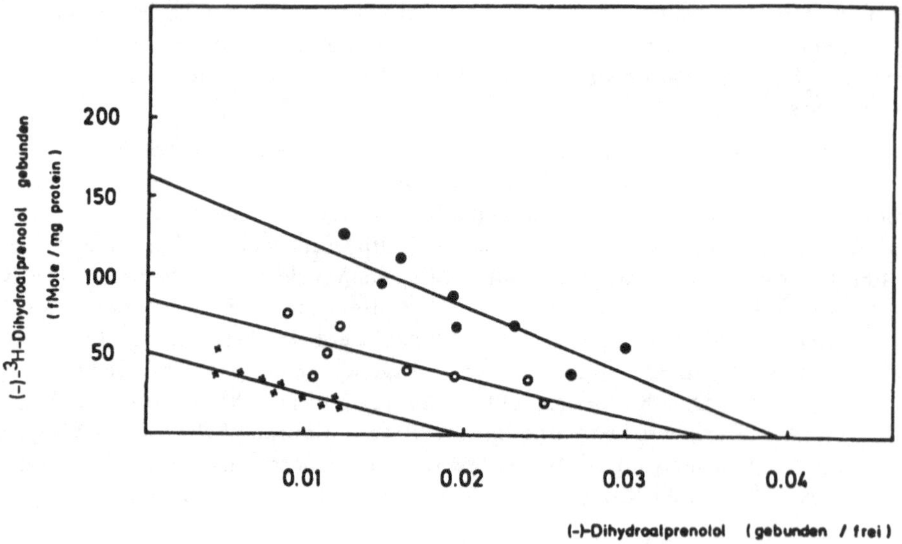

Abb. 9 Bestimmung der maximalen DHA-Bindungskapazität in Herzmuskelmembranen einer hyper-, eu- und hypothyreoten Ratte.
Die Herzmuskelmembranen wurden von den 3 Tieren mit unterschiedlicher Schilddrüsenstoffwechsellage am gleichen Tag präpariert und die Bindungsexperimente durchgeführt. 0.7 mg Membranprotein wurde mit 5.0 mM Tris-HCl, pH 7.4, 2.5 mM $MgCl_2$, 1.5 nM ^3H-DHA und steigenden Konzentrationen von (−)Alprenolol für 10 min bei 37°C inkubiert. Die Reaktion wurde durch rasche Filtration gestoppt. Die maximale Bindungskapazität ergibt sich aus dem Schnittpunkt der Geraden mit der Ordinate.
In hyperthyreoten Tieren (● – ●) liegt die Bindungskapazität mit 160 fMole/mg Protein deutlich über der in der Kontrollratte (○ – ○) (84 fMole/mg Protein) und in einer hypothyreoten Ratte (× – ×) (50 fMole/mg Protein). Die Steigerungen der Geraden entsprechen dem Affinitätsverhalten der Bindungsstelle.

Tabelle 3 Wirkung von hyperthyreoter und hypothyreoter Stoffwechsellage auf die DHA-Bindungskapazität und die Dissoziationskonstante in Rattenherzmuskelmembranen. Die Werte entsprechen den Mittelwerten ± SEM der jeweils angegebenen Zahl an Tieren. Die Experimente wurden jeweils in Dreifach-Bestimmung durchgeführt.

Gruppe	(−)DHA Bindungs-Kapazität (fMole/mg Protein)	Dissoziations-Konstante (K_D) (nM)
euthyreot (n = 6)	78 ± 15	3.0 ± 1.6
hyperthyreot (n = 6)	158 ± 20[1)]	2.9 ± 0.9[2)]
hypothyreot (n = 6)	51 ± 6[2)]	4.3 ± 2.9[2)]

[1)] $p < 0.05$, signifikant
[2)] nicht signifikant im Vergleich zur Euthyreose

Tabelle 4 Wirkung von hyperthyreoter und hypothyreoter Stoffwechsellage auf die Basalaktivität und die Katecholamin- und Guaninnukleotid-stimulierbare Adenylatzyklaseaktivität von Herzmuskelmembranen. Die Adenylatzyklasebestimmung wurde, wie unter „Methodik" beschrieben, durchgeführt. Die Werte entsprechen den Mittelwerten ± SEM der angegebenen Zahl an Experimenten, die jeweils in Dreifachbestimmung durchgeführt wurden.

Adenylatzyklase Assay	Adenylatzyklaseaktivität in Rattenherzmuskelmembranen					
	hyperthyreot		euthyreot		hypothyreot	
n = 6	*pMole cAMP* mg × min	prozentuale Stimulation	*pMole cAMP* mg × min	prozentuale Stimulation	*pMole cAMP* mg × mg	prozentuale Stimulation
basal	3.4 ± 0.2[2]	100	3.7 ± 0.2	100	5.4 ± 0.2[1]	100
l-Isoprenalin (10^{-4} M)	7.4 ± 0.3[1]	217	5.7 ± 0.4	154	7.0 ± 0.4	129
GppNHp (10^{-4} M)	19.6 ± 1.6[2]	–	16.6 ± 1.8	–	15.4 ± 1.9[2]	–

[1] $p < 0.05$, signifikant
[2] nicht signifikant im Vergleich zur Euthyreose

Die Basalaktivität ist bei hyperthyreoter (3.4 ± 0.2 pMole cAMP/mg × min) und euthyreoter Stoffwechsellage (3.7 ± 0.2 pMole cAMP/mg × min) nicht signifikant voneinander unterschiedlich, bei der hypothyreoten Stoffwechsellage aber signifikant höher (5.4 ± 0.2 pMole cAMP/mg × min) als die Kontrolle ($p < 0.05$). Die Absolutwerte der Katecholamin-stimulierten Adenylatzyklase sind bei der Hypothyreose höher (7.0 ± 0.4 pMole cAMP/mg × min) als bei der Euthyreose (5.7 ± 0.4 pMole cAMP/mg × min). Berechnet man diese Werte jedoch als prozentuale Steigerung der Basalaktivität, verursachen Katecholamine eine geringere Steigerung der Adenylatzyklaseaktivität bei der Hypothyreose (129%) als bei der Euthyreose (154%); bei der Hyperthyreose liegt eine Steigerung um 217% vor.

Das nicht hydrolysierbare Guaninnukleotid (GppNHp 10^{-4} M) wird an das Guaninnukleotidbindungsprotein gebunden und stimuliert die Adenylatzyklase unter Umgehung des Beta-Rezeptors unabhängig von der Schilddrüsenstoffwechsellage zwischen 15.4 und 19.6 pMole cAMP/mg Protein × min. Die gesteigerte l-Isoprenalin-stimulierte Adenylatzyklaseaktivität bei der Hyperthyreose könnte zusätzlich durch eine veränderte Zahl an regulatorischen Einheiten (= Guaninnukleotidbindungsstelle) bedingt sein.

Wirkung der Schilddrüsenstoffwechsellage auf die Zahl der regulatorischen Einheiten

In Herzmuskelmembranen und Erythrozyten von hyperthyreoten, euthyreoten und hypothyreoten Ratten wurde eine Choleratoxin-katalysierte ADP-Ribosilierung durchgeführt, um Änderungen des Guaninnukleotidbindungsproteins zu messen. Weder die durchgeführte SDS-Gelelektrophorese noch die anschließend durchgeführte Autoradiographie ließen auf eine unterschiedliche Proteinzusammensetzung schließen. Daher wurde in dieser Bande die inkorporierte Radioaktivität bestimmt, um die Menge an regulatorischen Einheiten (s. Methodik) bestimmen zu können. Die Menge der inkorporierten ADP-Ribose lag in Rattenherzmuskelmembranen zwischen 116 – 126 fMole/mg Protein und in Rattenerythrozytenmembranen zwischen 105 – 110 fMole/mg Protein (Tab. 5).

Tabelle 5 Bestimmung der inkorporierten ADP-Ribosemoleküle in die 42K-Bande von Herzmuskel- und Erythrozytenmembranen von hyper-, eu- und hypothyreoten Ratten. Experimentelle Durchführung wie unter „Methodik" beschrieben. Ein quantitativer Unterschied an regulatorischen Einheiten (= Menge inkorporierter ADP-Ribosemoleküle) ist bei unterschiedlicher Schilddrüsenstoffwechsellage nicht erkennbar.

	hyperthyreot	euthyreot	hypothyreot
Ratten-Herzmuskelmembranen	126	112	116
Ratten-Erythrozyten-membranen	107	110	105

Diskussion der Ergebnisse über den Einfluß der Schilddrüsenhormone auf das Beta-Rezeptor-Adenylatzyklasesystem in Herzmuskelmembranen

Die Befunde in der Literatur darüber, welche der drei Einheiten des Beta-Rezeptor-Adenylatzyklasesystems durch Schilddrüsenhormone beeinflußt werden und damit das System empfindlicher oder unempfindlicher machen, sind widersprüchlich [9, 19, 66, 109].

Einfluß von Trijodthyronin auf die DHA-Bindungskapazität

Die hier vorgelegten Befunde zeigen, daß das Schilddrüsenhormon Trijodthyronin in vivo die Zahl der Beta-Rezeptoren erhöht (Tab. 3), wie auch von Ciaraldi und Marinetti [19] gezeigt werden konnte. Die Zunahme der Beta-Rezeptorenzahl könnte

1. durch eine de-novo-Proteinsynthese von Rezeptoren bedingt sein. Tatsächlich nimmt unter der Wirkung von Schilddrüsenhormonen die Zahl verschiedener Rezeptoren zu, wie Glukagon- [65], Östrogen- [20], Glukokorticoid- [58], Vasopressin [34] oder Prolactinrezeptoren [7]. Diese Wirkung auf verschiedene Rezeptoren spricht unter Berücksichtigung einer ungerichteten Zunahme der Messenger-RNA für eine Zunahme der Proteinsyntheserate unter Schilddrüsenhormonen [45]. Kempson et al. [45] unterscheiden einen Langzeiteffekt (über 15 Stunden) von einem Kurzzeiteffekt (1,5 – 2 Stunden) von Trijodthyronin auf die Zunahme der DHA-Bindung an Herzmuskelmembranen. Die Zunahme der Beta-Rezeptorenzahl nach 15stündiger Inkubation von Herzmuskelschnitten mit Trijodthyronin ist hemmbar durch Cycloheximid, einem Proteinsynthesehemmer, nicht jedoch die innerhalb von 1,5 – 2 Stunden eintretende Zunahme der Beta-Rezeptorenzahl. Dieser akute Effekt von Trijodthyronin läßt auf eine extranukleäre Wirkung schließen. In unseren Untersuchungen dürfte es sich aufgrund der langen Behandlungsdauer der Tiere mit Trijodthyronin um eine de-novo-Synthese von Beta-Rezeptoren gehandelt haben. Eine rasche Änderung der Beta-Rezeptorenzahl könnte

2. durch Einbau präformierter Rezeptoren aus dem Zytosol in die Zellmembran erfolgen [45]. Der Nachweis von Bindungsproteinen im Zytosol menschlicher Leberzellen [35] für Trijodthyronin läßt einen Mechanismus möglich erscheinen, über den Trijodthyronin Beta-Rezeptoren aus Depots im Zytosol freisetzt. Andererseits benötigt Trijodthyronin keine spezifischen Zytosolbindungsproteine, um im Zellkern an spezifische Bindungsproteine gebunden zu werden [87]. Eine andere Möglichkeit wäre eine Änderung der Membranviskosität durch Trijodthyronin, wodurch „maskierte Rezeptoren“ [101] für Katecholamine zugänglich werden könnten. Katecholamine können die Membranviskosität durch Aktivierung eines der Enzymschritte verändern, bei der die Bildung von Phosphatidylcholin aus Phosphatidylethanolamin in der Zellmembran erfolgt [37]. Dieser Schritt geht möglicherweise der Adenylatzyklaseaktivierung voraus [37]. Der Nachweis eines solchen Mechanismus im Herzmuskelgewebe sowie seiner möglichen Empfindlichkeit auf Schilddrüsenhormone könnte dem Wirkort für Akuteffekte von Schilddrüsenhormonen auf die Katecholaminwirkung näherkommen.

3. Eine weitere Hypothese ist der Wechsel von Alpha- in Beta-Rezeptoren unter Einwirkung von Schilddrüsenhormonen [19, 51, 54]. Diese Möglichkeit eines Konformationswechsels von Alpha- in Beta-Rezeptoren (und umgekehrt) wurde erstmals von Kunos und Nickerson [53] durch Kälteinduktion am schlagenden Froschherzen gezeigt. Über diesen Konformationswechsel gibt es zwei Vorstellungen:

- Konformationsänderung der Rezeptormoleküleinheit
- Änderung der Rezeptorkopplung zwischen in der Membran befindlichen Molekülen und/oder dem Enzym.

Der von Kunos [50] geführte experimentelle Nachweis eines Wechsels von Alpha- $\rightleftharpoons$ Beta-Rezeptoren bei Temperaturänderungen ist allerdings nicht unwidersprochen geblieben. Benfey [4, 5] kritisierte die unphysiologisch hohen Phenoxybenzaminkonzentrationen, die zum Nachweis verwendet wurden.

Bei Untersuchungen an Rattenherzen konnte bei hyperthyreoter Stoffwechsellage eine deutliche Zunahme der Beta-Rezeptoren und geringere Zunahme der Alpha-Rezeptoren, bei der hypothyreoten Stoffwechsellage eine Abnahme der Alpha-Rezeptoren, aber eine Zunahme ihrer Affinität, sowie Abnahme der Beta-Rezeptoren gegenüber der euthyreoten Stoffwechsellage gemessen werden [19]. Damit dominieren bei der Hyperthyreose die Beta-Rezeptoren bei Abnahme der Alpha-Rezeptoraffinität und bei der Hypothyreose die Alpha-Rezeptoren aufgrund der erhöhten Rezeptoraffinität [51].

Einfluß des Schilddrüsenhormons auf die Menge an regulatorischen Einheiten (= spezifisch ADP-ribosilierte Proteine MG 42000)

Die veränderte Schilddrüsenstoffwechsellage könnte über eine Änderung der Menge an regulatorischen Einheiten zu einer veränderten Kopplung zwischen Beta-Rezeptor und Enzym führen. Da qualitativ kein Unterschied in den Autoradiogrammen von Herzmuskelmembranen (Abb. 8) bei unterschiedlicher Schilddrüsenstoffwechsellage erkenntlich ist, wurde eine Quantifizierung der regulatorischen Einheiten durchgeführt.

In Rattenherzmuskel- und Erythrozytenmembranen konnte eine spezifische Bande nach Choleratoxin-katalysierter ADP-Ribosilierung entsprechend einem Protein mit dem Molekulargewicht 42000 nachgewiesen werden (Abb. 8). Eine gesteigerte Adenylatzyklaseaktivität nach l-Isoprenalin und GTP gegenüber nicht Choleratoxin-vorbehandelten Membranen beweist die Identität zwischen Regulatorprotein und der spezifischen Proteinbande (Abb. 6) [14]. Eine zweite Proteinbande stellt sich in Herzmuskelmembranen mit einem Molekulargewicht von 46000 dar. Die Bedeutung dieser Bande ist noch unklar. Die in diese Bande inkorporierte Radioaktivität war mindestens um 38% geringer als die in der 42K-Bande. Membranen von S49-Lymphomazellen und Rattenhepatomazellen (HTC-4) haben ebenfalls eine zusätzliche Choleratoxin-spezifische Proteinbande (MG 52000–53000) [42], ebenso menschliche Fibroblasten (MG 47000) [107]. Die Tatsache, daß Schilddrüsenhormone die Menge an regulatorischen Einheiten nicht beeinflussen (Tab. 5), läßt sich an Erythrozytenmembranen nochmals überprüfen, die über keinen Beta-Rezeptor und keine katalytische Einheit, aber über eine regulatorische Einheit verfügen. 65 Tage nach Thyroidektomie mit Hypothyreose sollten ausreichend sein, um eine Änderung in der 42K-Bande von Erythrozytenmembranen hypothyreoter Tiere im Vergleich zu euthyreoten Tieren darzustellen (die Halbüberlebenszeit von Rattenerythrozyten beträgt 32 Tage [26]).

Die vorliegenden Untersuchungen erbrachten keinen Einfluß von Schilddrüsenhormonen auf die Zahl regulatorischer Einheiten (= Konzentration der Guaninnukleotidbindungsproteine) in Herzmuskelmembranen oder Erythrozytenmembranen. Ein ähnliches Ergebnis wurde von Malbon und Gill [66] in Fettzellmembranen erzielt. Nur Stiles et al. [99] berichteten kürzlich von einer Konzentrationsabnahme der Guaninnukleotidbindungsproteine, allerdings in Retikulozyten von hypothyreoten Ratten.

Einfluß der Schilddrüsenhormone auf die Adenylatzyklaseaktivität

Die Basalaktivität bei euthyreoter und hyperthyreoter Stoffwechsellage zeigt dieselben Absolutwerte, während bei der Hypothyreose (Tab. 4) die Basalaktivität erhöht ist. Die Basalaktivität der Adenylatzyklase entspricht jenem Zustand, bei dem Rezeptor und Enzym getrennt vorliegen. Das stimulierende Guaninnukleotid ist an die regulatorische Einheit gebunden, was einem steadystate von GTP-Bindung, GTP-Hydrolyse und -Freisetzung und damit einem Maß für die GTPase-Aktivität entspricht [80].

Höhere Basalaktivität in Herzmuskelmembranen hypothyreoter Tiere könnte auf eine verminderte GTPase-Aktivität hinweisen. Diese Möglichkeit müßte allerdings durch eine Messung der GTPase-Aktivität überprüft werden, was uns wegen der hohen unspezifischen Nukleosidtriphosphataseaktivität nicht gelang. Für die Basalaktivität der Adenylatzyklase fanden Stiles et al. [99] in Retikulozyten hypothyreoter Tiere eine geringere Aktivität als in euthyreoten Tieren, während in Herzmuskelmembranen hypothyreoter Ratten eine höhere Basalaktivität als in euthyreoten Tieren gemessen wurde [49]. Da auch die Zahl an regulatorischen Einheiten in Retikulozytenmembranen hypothyreoter Ratten vermindert war – im Gegensatz zu den Befunden an Herzmuskelmembranen – lassen die von Stiles et al. [99] vorgelegten Ergebnisse den Schluß zu, daß die Änderungen des Beta-Rezeptor-Adenylatzyklasesystems in Rattenretikulozyten sich von denen in Herzmuskelmembranen unterscheiden. Eine ebenfalls unterschiedliche Basalaktivität fanden Bhalla und Ashley [6] in Herzmuskelmembranen normotoner Ratten im Vergleich mit hypertonen, bei denen die basale Aktivität erniedrigt war. Die Autoren vermuten eine höhere GTPase Aktivität bei hypertonen Ratten.

Bei Hyperthyreose verglichen mit Euthyreose ist die l-Isoprenalin-induzierte Adenylatzyklaseaktivität signifikant erhöht (217%), entsprechend auch einer erhöhten Zahl an Beta-Rezeptoren. Bei der Hypothyreose findet sich eine l-Isoprenalin-induzierte Steigerung der Adenylatzyklaseaktivität nur um 129%, was auf eine verminderte Ansprechbarkeit hinweist, entsprechend einer verminderten Rezeptorenzahl. Das nicht-hydrolysierbare Guaninnukleotid (GppNHp) zeigt den gleichen stimulatorischen Effekt auf die Adenylatzyklase. Prozentuale Stimulation wurde nicht angegeben, da GppNHp an dieselbe Guaninnukleotidbindungsstelle bindet, die im Zustand der Basalaktivität durch das intrazellulär verfügbare GTP besetzt ist.

GppNHp ist ein nicht hydrolysierbares Guaninnukleotid, dessen Aktivierungsfähigkeit nicht durch die GTPase-Aktivität beeinflußt wird. Aufgrund der vorgelegten Ergebnisse ist die gesteigerte Empfindlichkeit des Herzens bei der hyperthyreoten Stoffwechsellage mit einer zahlenmäßigen Zunahme der Beta-Rezeptorenzahl vereinbar. Bei der hypothyreoten Stoffwechsellage wäre die verminderte Ansprechbarkeit gegenüber Katecholaminen auf eine, allerdings nicht signifikante Abnahme der Beta-Rezeptoren zurückzuführen, verbunden mit einer wahrscheinlich verminderten GTPase-Aktivität (als Ursache für die erhöht gemessene Basalaktivität der Adenylatzyklase).

Eine unterschiedliche Sensitivität könnte aber auch auf Veränderungen zurückgeführt werden, die die Wirkung der Katecholamine vor oder nach dem Beta-Rezeptor beeinflussen [61, 91].

Die Vorstellungen über die Wirkung der Schilddrüsenhormone auf die Enzyme (Monaminooxidase, MAO; Katecholortho-Methyltransferase, COMT), die die Katecholamine metabolisieren, sind gegensätzlich. Die mitgeteilten Ergebnisse weisen beträchtliche Variationen je nach Tierart, Gewebe, Alter oder Geschlecht auf. In der erwachsenen Ratte ist MAO unverändert [105] oder gering vermindert unter einer T_4-Behandlung [39]. Die Aktivität von COMT wird in Rattenherzen nicht durch T_4-Behandlung beeinflußt.

Andererseits wurde eine verminderte Gewebeaufnahme von Noradrenalin bzw. ein dadurch gesteigertes Angebot an das Myokard als Ursache für einen gesteigerten Noradrenalineffekt bei der Hyperthyreose vermutet [23]. Der Umsatz von Noradrenalin im Myokard ist bei der Hyperthyreose gesteigert [56]. Die gesteigerte Freisetzung des Neurotransmitters könnte indirekt den Effekt der hypothyreoten Stoffwechsellage auf das Endorgan durch eine „down-regulation“ der Beta-Rezeptoren verursachen [81]. Entleerung der Noradrenalinspeicher durch Reserpin bei hypothyreoten Ratten beeinflußt allerdings nicht die Abnahme der Beta-Rezeptorenzahl [52], was gegen den indirekten Effekt von endogenem Noradrenalin spricht. Ein mehr direkter Effekt von Schilddrüsenhormonen ließ sich bei Inkubation von isolierten Herzmuskelzellen mit Trijodthyronin durch Zunahme der Beta-Rezeptorensensitivität für Katecholamine messen [106, 108]. Dieser Befund beweist, daß ein vor dem Beta-Rezeptor gelegener Mechanismus für die gesteigerte Rezeptorsensitivität unter erhöhten Schilddrüsenhormonspiegeln ausgeschlossen ist.

Beeinflussung von Reaktionsabläufen nach Bindung von Katecholaminen durch die Schilddrüsenhormone könnte ebenfalls eine gesteigerte Sensitivität von Katecholaminen verursachen. Obwohl die Bedeutung von cAMP für die Kontraktilitätssteigerung des Herzmuskels nicht unwidersprochen ist [40], bildet die cAMP-abhängige intrazelluläre Enzymaskade ein Enzymsystem, welches erlaubt, Änderungen nach einer Hormon-Rezeptorbindung intrazellulär messen zu können. Auf die Wirkung von Trijodthyronin auf das Guaninnukleotidbindungsprotein, die Basalaktivität, die Guaninnukleotid- und Katecholamin-induzierte Aktivität wurde bereits eingegangen. Eine durch Adrenalin erhöhte cAMP-Konzentration konnte in isolierten Rattenherzmuskelzellkulturen in Gegenwart von Trijodthyronin bestimmt werden [106]. Die erhöhte cAMP-Konzentration bei der hyperthyreoten Stoffwechsellage kann nicht durch einen verminderten cAMP-Metabolismus erklärt werden, da keine Änderung der Phosphodiesteraseaktivität gefunden werden konnte [61]. Die Steigerung der kardialen Glykogenolyse durch Katecholamine in hyperthyreoten Tieren ist gesichert [38, 69]. Da einige Autoren den Effekt von Katecholaminen auf die kardiale Adenylatzyklase bei der Hyperthyreose unbeeinflußt fanden, erschien es durchaus möglich, daß Schilddrüsenhormone an Komponenten des cAMP-abhängigen Kaskadensystems wirken. Unterstützt wurde diese Annahme durch den Befund, daß die kardiale Phosphorylase durch Dibutyryl-cAMP in hyperthyreoten Ratten gesteigert war [68]. Andere Untersucher konnten diesen Befund jedoch nicht bestätigen; die hyperthyreote Stoffwechsellage beeinflußt nicht die Aktivität der kardialen Phosphorylase-b-Kinase [27] und steigert nicht die Aktivität der Proteinkinase in Anwesenheit von cAMP oder Noradrenalin [44].

Damit ist der wesentliche Wirkort für die Schilddrüsenhormone sicher vor dem Bildungsort von cAMP (der Adenylatzyklase) gelegen. Schilddrüsenhormone wirken auch nicht auf Mechanismen direkt vor dem Beta-Rezeptor oder nach dem Rezeptor gelegen. Als wesentlicher Mechanismus für das gesteigerte Ansprechen auf Katecholamine bei der Hyperthyreose bleibt die in den vorliegenden Untersuchungen aufgezeigte Zunahme der Beta-Rezeptorenzahl. Diese Zunahme dürfte durch eine de-novo-Proteinsynthese an Rezeptoren bedingt sein. Beta-Blocker besetzen und blockieren diese neugebildeten Rezeptoren und hemmen dadurch die Auswirkung der Thyreotoxikose auf das kardiovaskuläre System [104].

Literatur

[1] Alexander, R. W., L. F. Williams, R. J. Lefkowitz: Identification of cardiac β-adrergic receptors by $(-)^3$H-alprenolol binding. Proc. Natl. Acad. Sci. USA **72** (1975) 1564–1568.

[2] Aoki, V. S., W. R. WIlson, E. O. Theilen: Studies of the reputed augmentation of the cardiovascular effects of catecholamines in patients with spontaneous hyperthyroidism. J. Pharmacol. Exper. Ther. **181** (1967) 362.

[3] Aurbach, G. D., S. A. Fedak, C. J. Woodard, et al.: β-Adrenergic receptor. Stereospecific interaction of iodinated β-blocking agent with high affinity site. Sience **186** (1974) 1223–1224.

[4] Benfey, B. G.: Cardiac-adrenoceptors. Can. J. Physiol. Pharmacol. **58** (1980) 1145–1157.

[5] Benfey, B. G.: Cardiac adrenoceptors at low temperature and the adrenoceptor interconversion hypothesis. Can. J. Physiol. Pharmacol. **57** (1979) 771–777.

[6] Bhalla, R. C., T. Ashley: Altered function of adenylate cyclase in the myocardium of the spontaneously hypertensive rat. Biochem. Pharmacol. **27** (1978) 1967–1971.

[7] Bhattacharya, A., B. K. Vonderhaar: Thyroid hormone regulation of prolactin binding. Biochem. Biophys. Res. Commun. **88** (1979) 1405–1411.

[8] Bilezikian, J. P., G. D. Aurbach: β-Adrenergic receptor of the turkey erythrocyte. I. Binding of catecholamine and relationship to adenylate cyclase activity. J. Biol. Chem. **248** (1973) 5577–5583.

[9] Bilezikian, J. P., J. N. Loeb, D. E. Gammon: The influence of hyperthyroidism and hypothyroidism on the β-adrenergic responsiveness of the turkey erythrocyte. J. Clin. Invest. **63** (1979) 184–192.

[10] Birnbaumer, L.: Hormone sensitive adenylate cyclase: useful models for studying hormone receptor functions in cell-free systems. Biochim. Biophys. Acta **300** (1973) 129–158.

[11] Birnbaumer, L., S. L. Pohl, M. L. Krans, et al.: The actions of hormones on the adenyl cyclase system. Adv. Biochem. Psychopharmacol. **3** (1970) 185–208.

[12] Brown, E. M., G. D. Aurbach, D. Hauser, et al.: β-Adrenergic receptor interactions: characterization of iodohydroxybenzylpindolol as a specific ligand. J. Biol. Chem. **251** (1976) 1232–1238.

[13] Caron, M. G., R. J. Lefkowitz: β-Adrenergic receptors: solubilization of (−)-^{3}H-alprenolol binding sites from frog erythrocyte membranes. Biochem. Biophys. Res. Commun. **68** (1976) 315–322.

[14] Cassel, D., T. Pfeuffer: Mechanism of cholera toxin action: covalent modification of the guanyl nucleotide-binding protein of the adenylate cyclase system. Proc. Natl. Acad. Sci. USA **75** (1978) 2669.

[15] Cassel, D., Z. Selinger: Catecholamine stimulated GTPase activity in turkey erythrocyte membranes. Biochim. Biophys. Acta **452** (1976) 538–551.

[16] Cassel, D., Z. Selinger: Mechanism of adenylate cyclase activation by cholera toxin: inhibition of GTP hydrolysis at the regulatory site. Proc. Natl. Acad. Sci. USA **74** (1977) 3307–3311.

[17] Charness, M. E., D. B. Bylund, B. S. Beckmann, et al.: Independent variation of β-adrenergic receptor binding and catecholamine stimulated adenylate cyclase activity in rat erythrocytes. Life Sci. **19** (1976) 243–250.

[18] Christensen, N. J.: Increased levels of plasma noradrenalin in hypothyroidism. J. Clin. Endocrinol. Metab. **35** (1972) 359.

[19] Ciaraldi, T. P., G. V. Marinetti: Hormone action at the membrane level. VIII. Adrenergic receptors in rat heart and adipocytes and their modulation by thyroxine. Biochim. Biophys. Acta **541** (1978) 334–346.

[20] Cidlowski, J. A., T. G. Muldoon: Modulation by thyroid hormones of cytoplasmic estrogen receptor concentrations in reproductive tissues of the rat. Endocrinology **97** (1975) 59–67.

[21] Cuatrecasas, P., M. D. Hollenberg: Binding of insulin and other hormones to non-receptor materials: saturability, specificity and apparent „negative cooperativity". Biochem. Biophys. Res. Commun. **62** (1975) 31–41.

[22] DeLean, A., J. M. Stadel, R. J. Lefkowitz: A ternary complex model explains the agonist-specific binding properties of the adenylate cyclase-coupled β-adrenergic receptor. J. Biol. Chem. **255** (1980) 7108–7117.

[23] Dengler, H. J., H. E. Spiegel, E. O. Titus: Effects of drugs on uptake of isotopic norepinephrine by cat tissues. Nature **191** (1961) 816–817.

[24] Dratman, M. B.: On the mechanism of action of thyroxine and amino acid analogue of tyrosine. J. Theoret. Biol. **46** (1974) 255..

[25] Drummond, G. I., D. L. Severson: Preparation and characterization of adenylate cyclase from heart and skeletal muscle. In: Methods in Enzymology 38 (J. G. Hardman, B. W. O'Malley, Hg.), S. 143–149. Academic Press, New York-San Francisco-London 1974.

[26] Edmondson, P. W., J. R. Wyburn: The erythrocyte life-span. Red cell mass and plasma volume of normal guinea-pigs as determined by the use of ^{51}chromium, ^{32}phosphorus labelled di-isopropyl fluorophosphonate and ^{131}iodine labelled human serum albumin. Br. J. Exp. Pathol. **404** (1963) 72–80.

[27] Frazer, A., M. E. Hess, J. Shanfeld: The effect of thyroxine on rat heart adenosine 3',5'-monophosphate, phosphorylase b kinase and phosphorylase a activity. J. Pharmacol. Exp. Ther. **170** (1969) 10–16.

[28] Gill, D. M.: Involvement of nicotinamide adenine dinucleotide in the action of cholera toxin in vitro. Proc. Natl. Acad. Sci. USA **72** (1975) 2064–2068.

[29] Gill, D. M., R. Meren: ADP-ribosylation of membrane proteins catalyzed by cholera toxin: basis of the activation of adenylate cyclase. Proc. Natl. Acad. Sci. USA **75** (1978) 3050–3054.

[30] Glossmann, H., C. J. Struck, C. Konrad, et al.: Adenylate cyclase regulation and β-adrenergic receptors in guinea-pig myocardial tissue. In: Myocardial Failure (G. Riecker, A. Weber, J. Goodwin, Hg.), S. 132–152. Springer Verlag, Berlin-Heidelberg-New York 1977.

[31] Graettinger, J. S., J. J. Muenster, L. A. Selverstone, et al.: A correlation of clinical and hemodynamic studies in patients with hyperthyroidism with and without congestive heart failure. J. Clin. Invest. **38** (1959) 1316.

[32] Grossman, W., N. I. Robin, L. W. Johnson, et al.: The enhanced myocardial contractility of thyrotoxicosis. Role of the beta adrenergic receptor. Ann. Intern. Med. **74** (1971) 869.

[33] Harden, T. K., B. B. Wolfe, P. B. Molinoff: Binding of iodinated beta adrenergic antagonists to proteins derived from rat heart. Mol. Pharmacol. **12** (1976) 1 – 15.

[34] Harkcom, T. M., J. K. Kim, P. J. Palumbo, et al.: Modulatory effect of thyroid function on enzymes of the vasopressin sensitive adenosine 3′,5′-monophosphate system in renal medulla. Endocrinology **102** (1978) 1475 – 1484.

[35] Harmada, S., M. Fukase: Cytosol receptors for thyroxine (T_4) and triiodothyronine (T_3) in human liver. In: Thyroid Research (J. Robbins, Braverman, Hg.), S. 338 – 341. Excerpta Medica, Amsterdam-Oxford 1976.

[36] Harrison, T. S., J. H. Siegel, W. S. Wilson, et al.: Adrenergic reactivity in hyperthyroidism. Arch. Surg. **94** (1967) 396.

[37] Hirata, F., W. J. Strittmatter, J. Axelrod: β-Adrenergic receptor agonists increase phospholipid methylation, membrane fluidity, and β-adrenergic receptor-adenylate cyclase coupling. Proc. Natl. Acad. Sci. USA **76** (1979) 368 – 372.

[38] Hornbrook, K. R., P. V. Quinn, J. H. Siegel, et al.: Thyroid hormone regulation of cardiac glycogen metabolism. Biochem. Pharmacol. **14** (1965) 925 – 936.

[39] Ho-Van-Hap, A., L. M. Babineau, L. Berlinguet: Hormonal action of monoamine oxidase activity in rats. Can. J. Biochem. **45** (1967) 355 – 362.

[40] Hu, E. H., J. C. Venter: Adenosine cyclic 3′,5′-monophosphate concentrations during the positive inotropic response of cat cardiac muscle to polymeric immobilized isoproterenol. Mol. Pharmacol. **14** (1978) 237 – 245.

[41] Ikram, H.: Haemodynamic effects of beta-adrenergic blockade in hyperthyroid patients with and without heart failure. Br. Med. J. **1** (1977) 1505.

[42] Kaslow, H. R., Z. Farfel, G. L. Johnson, et al.: Adenylate cyclase assembled in vitro: cholera toxin substrates determine different patterns of regulation by isoproterenol and guanosine 5′-triphosphate. Mol. Pharmacol. **15** (1979) 472 – 483.

[43] Kaslow, H. R., G. L. Johnson, V. M. Brothers, et al.: A regulatory component of adenylate cyclase from human erythrocyte membranes. J. Biol. Chem. **255** (1980) 3736 – 3741.

[44] Katz, D., T. Hamilton, Tenner, et al.: Cyclic AMP-dependent protein kinase activations in heart from euthyroid and hyperthyroid rats. Res. Commun. Chem. Pathol. Pharmacol. **18** (1977) 777 – 780.

[45] Kempson, S., G. V. Marinetti, A. Shaw: Hormone action at the membrane level. VII. Stimulation of dihydroalprenolol binding to betaadrenergic receptors in isolated rat heart ventricle slices by triiodothyronine and thyroxine. Biochim. Biophys. Acta **540** (1978) 320 – 329.

[46] Krawietz, W.: Effect of thyroid hormone on β-receptor, regulatory protein and adenylate cyclase activity in cardiac tissue. Circulation **64** (1981) Suppl. IV, 286.

[47] Krawietz, W., E. Erdmann: Specific and unspecific binding of ^{3}H-(−)-dihydroalprenolol to cardiac tissue. Biochem. Pharmacol. **28** (1979) 1283 – 1288.

[48] Krawietz, W., D. Poppert, E. Erdmann, et al.: β-Adrenergic receptors in guinea-pig myocardial tissue. Naunyn-Schmiedeberg's Arch. Pharmacol. **295** (1976) 215 – 224.

[49] Krawietz, W., K. Werdan, E. Erdmann: Effect of thyroid status on β-adrenergic receptor, adenylate cyclase activity and guanine nucleotide regulatory unit in rat cardiac and erythrocyte membranes. Biochem. Pharmacol. **31** (1982) 2463 – 2469.

[50] Kunos, G.: Adrenoceptors. Ann. Rev. Pharmacol. Toxicol. **18** (1978) 291 – 311.

[51] Kunos, G.: Thyroid hormone-dependent interconversion of myocardial α- and β-adrenoceptors in the rat. Br. J. Pharmac. **59** (1977) 177 – 189.

[52] Kunos, G., L. Mucci, S. O'Regan: The influence of hormonal and neuronal factors on rat heart adrenoceptors. Br. J. Pharmac. 71 (1980) 371–386.
[53] Kunos, G., M. Nickerson: Temperature-induced interconversion of α- and β-adrenoceptors in the frog heart. J. Physiol. 256 (1976) 23–40.
[54] Kunos, G., M. Szentivanyi: Evidence favouring the existence of a single adrenergic receptor. Nature 217 (1968) 1077–1078.
[55] Laemmli, V. K.: Cleavage of structural protein during the assembly of the head of bacteriophage T_4. Nature 227 (1975) 680–685.
[56] Landsberg, L., J. Axelrod: Influence of pituitary, thyroid, and adrenal hormones on norepinephrine turnover and metabolism in the rat heart. Circ. Res. 22 (1968) 559–571.
[57] Lefkowitz, R. J.: Identification of adenylate cyclasecoupled beta-adrenergic receptors with radiolabeled beta-adrenergic antagonists. Biochem. Pharmacol. 24 (1975) 1651–1658.
[58] Lesney, A. M., J. J. Befort, N. Befort, et al.: Effects of thyroidectomy on glucocorticoid receptors in rat liver. FEBS Lett. 99 (1979) 239–241.
[59] Levey, G. S.: Solubilization of myocardial adenyl cyclase. Biochem. Biophys. Res. Commun. 38 (1970) 86–92.
[60] Levey, G. S.: The heart and hyperthyroidism: Use of beta-adrenergic blocking drugs. Med. Clin. N. Am. 59 (1975) 1193 (36 references)
[61] Levey, G. S., C. L. Skelton, S. E. Epstein: Decreased myocardial adenyl cyclase activity in hypothyroidism. J. Clin. Invest. 48 (1969) 2244–2250.
[62] Levine, R. J., J. A. Oates, A. Vendsalu, et al.: Studies on the metabolism of aromatic amines in relation to altered thyroid function in man. J. Clin. Endocrinol. Metab. 22 (1962) 1242.
[63] Levitzki, A., D. Atlas, M. L. Steer: The binding characteristics and number of β-adrenergic receptors on the turkey erythrocyte. Proc. Natl. Acad. Sci. USA 71 (1974) 2773–2776.
[64] Lowry, O. H., N. J. Rosenbrough, A. L. Farr, et al.: Protein measurement with the folin phenol reagent. J. Biol. Chem. 193 (1951) 265–275.
[65] Madsen, S. N., O. Sonne: Increase of glucagon receptors in hyperthyroidism. Nature 262 (1976) 793–795.
[66] Malbon, C. C., D. M. Gill: ADP-ribosylation of membrane proteins and activation of adenylate cyclase by cholera toxin in fat cell ghosts from euthyroid and hypothyroid rats. Biochim. Biophys. Acta 586 (1979) 518–527.
[67] Maquire, M. E., R. A. Wikling, J. H. Anderson, et al.: Binding ^{125}J-Jodohydroxybenzylpindolol to putative β-adrenergic receptors of rat glioma cells and other cell clones. J. Biol. Chem. 251 (1976) 1221–1231.
[68] McNeill, J. H.: Enhancement of the cardiac phosphorylase activating effect of dibutyryl cyclic AMP by thyroid hormone. Res. Commun. Chem. Pathol. Pharmacol. 16 (1977) 735–743.
[69] McNeill, J. H., T. M. Brody: The effect of triiodothyronine pretreatment of amine-induced rat cardiac phosphorylase activation. J. Pharmacol. Exp. Ther. 161 (1968) 40–46.
[70] Michaels, R., J. Cason, L. Sokoloff: Thyroxine: Effects on amino acid incorporation into protein in vivo. Science 140 (1963) 1417.
[71] Moss, J., S. J. Stanley, M. C. Lin: NAD glycohydrolase and ADP-ribosyltransferase activities are intrinsic to the A_1 peptide of choleragen. J. Biol. Chem. 254 (1979) 11993–11996.
[72] Moss, J., M. Vaughan: Activation of adenylate cyclase by choleragen. Ann. Rev. Biochem. 48 (1979) 581.
[73] Murad, F., Y. M. Chi, T. W. Rall, et al.: Adenyl cyclase III. The effect of catecholamines and choline esters on the formation of adenosine 3',5'-phosphate by preparations from cardiac muscle and liver. J. Biol. Chem. 237 (1962) 1233–1238.
[74] Nakaya, S., J. Moss, M. Vaughan: Effects of nucleoside triphosphate on choleragen-activated brain adenylate cyclase. Biochemistry 19 (1980) 4871.
[75] Nishizawa, Y., N. Hamada, S. Fujii, et al.: Serum dopamine-beta-hydroxylase in thyroid disorders. J. Clin. Endocrinol. Metab. 39 (1974) 599.

[76] Noth, R. H., S. W. Spaulding: Decreased serum dopamine-beta-hydroxylase in hyperthyroidism. J. Clin. Endocrinol. Metab. **39** (1974) 614.

[77] O'Farrell, P. Z., L. M. Gold, W. M. Huang: The identification of prereplicative bacteriophage T_4 protein. J. Biol. Chem. **248** (1973) 5499–5501.

[78] Pfeuffer, I.: GTP-binding proteins in membranes and the control of adenylate cyclase activity. J. Biol. Chem. **252** (1977) 7224–7243.

[79] Pfeuffer, T.: Guanine nucleotide-controlled interactions between components of adenylate cyclase. FEBS Lett. **101** (1979) 85–89.

[80] Pike, L. J., R. J. Lefkowitz: Activation and desensitization of β-adrenergic receptor-coupled GTPase and adenylate cyclase of frog and turkey erythrocyte membranes. J. Biol. Chem. **255** (1980) 6860–6867.

[81] Raff, M.: Self regulation of membrane receptors. Nature **259** (1976) 265–266.

[82] Rall, T. W., E. W. Sutherland, J. Berthet: The relationship of epinephrine and glucagon to liver phosphorylase. IV. Effect of epinephrine and glucagon on the reactivation of phosphorylase in liver homogenates. J. Biol. Chem. **224** (1957) 463–475.

[83] Randell, M. H., L. J. Altman, R. J. Lefkowitz: Structure and biological activity of $(-)$-^{3}H-dihydroalprenolol, a radioligand for studies of β-adrenergic receptors. J. Med. Chem. **20** (1977) 1090–1094.

[84] Reuter, H., H. Scholz: The regulation of calcium conductance of cardiac muscle by adrenaline. J. Physiol. **264** (1977) 49–62.

[85] Robison, G. A., R. W. Butcher, I. Øye, et al.: The effect of epinephrine on Adenosine 3′,5′-Phosphate levels in the isolated perfused rat heart. Mol. Pharmacol. **1** (1965) 168–177.

[86] Rodbell, M., P. M. Lad, T. B. Nielsen, et al.: The structure of adenylate cyclase systems. Adv. Cycl. Nucl. Res. **14** (1981) 3–14.

[87] Samuels, H. H., J. S. Tsai, R. Cintron: Thyroid hormone action: a cell-culture system responsive to physiological concentrations of thyroid hormones. Science **181** (1973) 1253–1256.

[88] Salomon, Y., M. C. Lin, C. Londons, et al.: The hepatic adenylate cyclase system. I. Evidence for transition states and structural requirements for guanin nucleotide activation. J. Biol. Chem. **250** (1975) 4239–4225.

[89] Scarpace, P. J., I. B. Abrass: Thyroid hormone regulation of β-adrenergic receptor number in aging rats. Endocrinology **108** (1981) 1276–1278.

[90] Scatchard, G.: The attractions of proteins for small molecules and ions. Ann. N. Y. Acad. Sci. **51** (1949) 660–672.

[91] Schott van der, J. B., N. C. Moran: An experimental evaluation of the reputed influence of thyroxine on the cardiovascular effects of catecholamines. J. Pharmac. Exp. Ther. **149** (1965) 336–345.

[92] Spaulding, S. W., R. H. Noth: Thyroid-catecholamine interactions. Med. Clin. N. Am. **59** (1975) 1123. (61 references)

[93] Spiegel, A. M., G. D. Aurbach: Binding of 5′-guanylylimidodiphosphate to turkey erythrocyte membranes and effects on β-adrenergic-activated adenylate cyclase. J. Biol. Chem. **249** (1974) 760–7636.

[94] Spiegel, A. M., R. W. Downs: Guanine nucleotides: key regulators of hormone receptor-adenylate cyclase interaction. Endocrine Rev. **2** (1981) 275–305.

[95] Spiegel, A. M., R. W. Downs, G. D. Aurbach: Separation of a guanine nucleotide regulatory unit from the adenylate cyclase complex with GTP affinity chromatography. J. Cyc. Nucl. Res. **5** (1979) 3–17.

[96] Spiegel, A. M., R. W. Downs, M. A. Levine, et al.: The role of guanine nucleotides in regulation of adenylate cyclase activity. Recent Prog. Horm. Res. **37** (1981) 635–665.

[97] Spiegel, A. M., P. Gierschik, M. A. Levine, et al.: Clinical implications of guaninenucleotide-binding protein as receptor-effector couplers. N. Engl. J. Med. **312** (1985) 26–33.

[98] Sternweis, P. C., J. K. Northup, E. Hanski, et al.: Purification and properties of the regulatory component (G/F) of adenylate cyclase. Adv. Cyc. Nucl. Res. **14** (1981) 23–36.

[99] Stiles, G. L., J. M. Stadel, A. DeLean, et al.: Hypothyroidism modulates beta adrenergic receptor-adenylate cyclase interactions in rat reticulocytes. J. Clin. Invest. **68** (1981) 1450–1455.

[100] Stoffer, S. S., N. S. Jiang, C. A. Gorman, et al.: Plasma catecholamines in hypothyroidism and hyperthyroidism. J. Clin. Endocrinol. Metab. **36** (1973) 587.

[101] Strittmatter, W. J., F. Hirata, J. Axelrod: Phospholipid methylation unmasks cryptic β-adrenergic receptors in rat reticulocytes. Science **204** (1979) 1205–1207.

[102] Sutherland, E. W., T. W. Rall, T. Menon: Adenyl cyclase. 1. Distribution, preparation, and properties. J. Biol. Chem. **237** (1961) 1220–1227.

[103] Theilen, E. O., W. R. Wilson: Hemodynamic effects of peripheral vasoconstriction in normal and thyrotoxic subjects. J. Appl. Physiol. **22** (1967) 207.

[104] Toft, A. D., W. J. Irvine, I. Sinclair, et al.: Thyroid function after surgical treatment of thyrotoxicosis: a report of 100 cases treated with propranolol before operation. N. Engl. J. Med. **298** (1978) 643–647.

[105] Tong, J. H., A. D'Iorio: Differential effects of l-thyroxine on cardiac and hepatic monoamine oxidase activity toward benzylamine and serotonin. Endocrinology **98** (1976) 761–766.

[106] Tsai, J. S., A. Chen: Effect of l-triiodothyronine on (–)^{3}H-dihydroalprenolol binding and cyclic AMP response to (–)adrenaline in cultured heart cells. Nature **275** (1978) 138–140.

[107] Watkins, P. A., J. Moss, M. Vaughan: Effects of GTP on choleragen-catalyzed ADP-ribosylation of membrane and soluble proteins. J. Biol. Chem. **255** (1980) 3959–3963.

[108] Wildenthal, K.: Studies of isolated fetal mouse hearts in organ culture. Evidence for a direct effect of triiodothyronine in enhancing cardiac responsiveness to norepinephrine. J. Clin. Invest. **51** (1972) 2702–2709.

[109] Williams, L. T., R. J. Lefkowitz: Thyroid hormone regulation of beta-adrenergic receptor number. J. Biol. Chem. **252** (1977) 2787–2789.

[110] Williams, L. T., R. J. Lefkowitz, A. M. Watanabe, et al.: Thyroid hormone regulation of beta-adrenergic receptor number. J. Biol. Chem. **252** (1977) 2787.

[111] Wurtman, R. J., I. J. Kopin, J. Axelrod: Thyroid function and disposition of catecholamines. Endocrinology **73** (1963) 63.

Zur Beta-Blocker-Therapie des Glaukoms

E. Gramer

Abstract

Different aspects of the glaucomatous disease as well as risk factors for the visual field damage in glaucoma are highlighted. A survey shows the various beta-blocker agents which are in use at present. The high acute and the decreasing long-term effect in pressure reduction are described. Local and systemic side effects, contraindications, and indications of beta-blockers in glaucoma therapy are summarized, with reference to current literature. The clinical consequences for intraocular pressure regulation are discussed.

Risikofaktoren glaukomatöser Gesichtsfeldschädigung

Die lokal am Auge angewandten Beta-Rezeptorenblocker haben sich in den letzten 10 Jahren zu den am häufigsten verordneten Wirkstoffen in der Behandlung des Weitwinkelglaukoms entwickelt [17].

Glaukom ist ein Oberbegriff für ätiologisch verschiedene Krankheitsbilder des Auges. Gemeinsames Kennzeichen dieser Krankheitsbilder ist eine Erhöhung des Augeninnendrucks auf Werte, die für eine langfristig ausreichende Durchblutung des Sehnervenkopfes zu hoch sind. Unterschreitet der arterielle Perfusionsdruck der Sehnervenpapille ein kritisches Maß, so kommt es zur Sehnervenschädigung mit Gesichtsfelddefekten, Exkavation und Atrophie der Papille (Abb. 1).

Diese glaukomatöse Schädigung ist im allgemeinen vorwiegend abhängig von der Höhe des intraokularen Drucks, aber auch von systemischen Faktoren wie Blutdruck, kardialer Leistungsfähigkeit oder dem Vorliegen einer lokalen Vasosklerose. Beim Glaucoma simplex ist somit ein erhöhter Augeninnendruck als Hauptschädigungsfaktor, aber auch ein vom intraokularen Druck unabhängiger, vaskulärer Faktor, der vor allem bei Glaukom ohne Hochdruck überwiegt, an der Gesichtsfeldschädigung in unterschiedlichem Ausmaß beteiligt [27, 28, 30, 31, 32]. Diese multifaktorielle Genese kann erklären, daß bei Glaucoma simplex das Gesichtsfeld auch nach Regulierung des Augeninnendrucks oder bei Glaukom ohne Hochdruck mit Druckwerten im statistischen Normbereich weiter verfallen kann [25, 26, 30, 31].

Wenngleich auch andere Faktoren als der gesteigerte Augeninnendruck bei Glaukom eine Rolle spielen können, so ist doch der erhöhte intraokulare Druck der entscheidende Ansatzpunkt operativer und konservativer Behandlungsmaßnahmen, die durch die Einführung der Beta-Blocker erheblich erweitert wurden. Das Risiko der Papillen- und Gesichtsfeldschädigung infolge Druckerhöhung korreliert mit der Dauer und der Höhe des gesteigerten Augeninnendrucks [52].

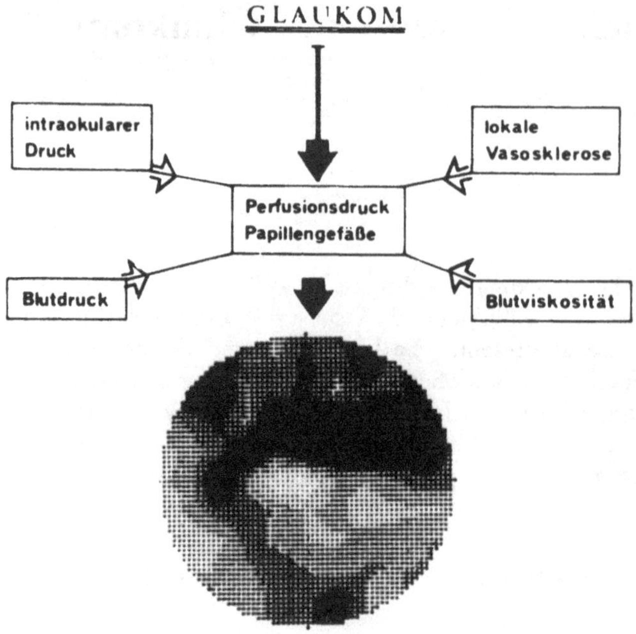

Abb. 1 Risikofaktoren glaukomatöser Gesichtsfeldschädigung. Neben der Erhöhung des Augeninnendrucks als wesentlichem Risikofaktor können auch kardiovaskuläre Ursachen an der Papillen- und Gesichtsfeldschädigung beteiligt sein, so z. B. ein niedriger Blutdruck beim Glaukom ohne Hochdruck [30, 31].

Vorkommen und Bedeutung der Glaukomerkrankung

Glaukom ist die zweithäufigste Erblindungsursache in den meisten industrialisierten Ländern, in denen infektiöse Augenleiden selten sind. Etwa 15–20% aller Blinden haben ihr Augenlicht durch das Glaukom verloren.

Glaucoma simplex ist bei Zwanzig- bis Dreißigjährigen selten und wird nach dem 40. Lebensjahr immer häufiger. Rund 2% der Bevölkerung haben nach dem 40. Lebensjahr Glaucoma simplex, viele, ohne von der Krankheit etwas zu ahnen. Etwa 0,5–0,7% haben Gesichtsfeldausfälle [29]. Auf ca. 10–20% der Patienten mit Weitwinkelglaukom entfällt ein akutes Glaukom, während das Vorkommen des angeborenen frühkindlichen Glaukoms in der Literatur nur mit 0,01–0,079% angegeben wird [52].

Man unterscheidet *primäre* Glaukomformen (Glaucoma chronicum simplex mit weitem Kammerwinkel; akutes Glaukom mit engem, verlegtem Kammerwinkel; kongenitales Glaukom) von *sekundären* Glaukomformen, bei denen die Augendrucksteigerung die Folge anderer Augenerkrankungen, z. B. einer Iritis, ist, oder Folge systemischer oder lokaler Cortisontherapie oder durch Gefäßneubildungen bei Diabetes u. a. eintritt.

Symptome

Beim *chronischen Weitwinkelglaukom* fehlen bei ca. 60% der Patienten subjektive Symptome völlig, so daß diese Erkrankung oft erst im Spätstadium erkannt wird, in dem bereits große Gesichtsfeldausfälle vorliegen. Ca. 20% der Patienten zeigen am Anfang atypische subjektive Symptome wie Brennen der Augen, Kopfschmerzen oder zeitweiliges Verschwommensehen. Diese in der Grunderkrankung liegenden Symptome müssen von ähnlichen lokalen Nebenwirkungen der Beta-Blocker-Therapie (vergl. Tab. 2) abgegrenzt werden. Von weiteren 20% der Patienten werden Symptome angegeben, die dem Winkelblockglaukom zugeordnet werden können: Nebelsehen, Stirnkopfschmerzen, Farbringe um Lichter.

Beim *akuten Winkelblock*, dem Glaukomanfall, kommt es durch eine anatomische Disposition zu einer plötzlichen Verlegung der engen Kammerwinkelbucht durch die Regenbogenhaut, wodurch der Kammerwasserabfluß unterbrochen wird. Dies führt zu plötzlichen Augeninnendruckanstiegen auf Werte von 60 – 80 mm Hg. Über 50% der Patienten berichten über Prodrome, die dem Anfall vorausgehen und in Sehstörungen oder Stirnkopfschmerzen bestehen.

Im Glaukomanfall haben fast 90% der Patienten heftigste Augen- und Stirnkopfschmerzen, 40% leiden zugleich an Erbrechen oder Übelkeit sowie Schmerzausstrahlung in den Leib, was öfters als Symptom eines akuten Abdomens fehlgedeutet wird. Bei Palpation des Auges durch das Oberlid findet man im Glaukomanfall ein „steinhartes“ Auge, was auch ohne Druckmessung auf die richtige Diagnose weist. Nur 8% der Patienten mit akutem Winkelblockglaukom haben unerhebliche Beschwerden und suchen erst im fortgeschrittenen Stadium den Augenarzt auf.

Der akute Glaukomanfall ist sehr gefährlich, da die Erblindung innerhalb von Tagen eintreten kann, wenn der Patient nicht behandelt wird, während bei Glaucoma simplex in Abhängigkeit von der Höhe des Augeninnendrucks und den sonst vorhandenen Risikofaktoren nicht selten bis zu 15 Jahren zwischen den ersten Drucksteigerungen und dem ersten manifesten Gesichtsfeldausfall liegen können. Beim akuten Glaukomanfall führen die starken Schmerzen den Patienten rasch zum Augenarzt [29].

Bei der Therapie des akuten Glaukoms hat die zusätzliche Gabe von Beta-Blockern mit der initial raschen und ausgeprägten Senkung des Augeninnendrucks als additive Therapie zur klassischen Pilocarpin-Augentropfenserie das Behandlungskonzept entscheidend verbessert.

Beim *kongenitalen Glaukom* (Hydrophthalmie) besteht die klassische Symptomentrias: Lichtscheu, Tränenträufeln und Lidschlußkrampf. Die Hornhaut zeigt einen vergrößerten Durchmesser und ist häufig eingetrübt. Auch hier fühlt sich der Augapfel bei Abtasten mit den Fingerspitzen durch das geschlossene Lid nicht selten steinhart an. Nach Sicherung der Diagnose durch Untersuchung des Säuglings in Narkose bestehen hier die augendrucksenkenden Maßnahmen ausschließlich in einer operativen Durchtrennung (Angulozision) des embryonalen Gewebes im Kammerwinkel, das den Kammerwasserabfluß verlegt.

Bei den *Sekundärglaukomen* liegen die Symptome in Abhängigkeit von der Höhe der Augeninnendruckwerte zwischen denen des Weitwinkelglaukoms und des akuten Glaukoms. Dabei stehen meist die subjektiven Symptome der Augengrunderkrankung, welche zu den erhöhten Druckwerten führte, im Vordergrund [45]. Da hier im Zuge von Entzündungen oder als Nebenwirkung einer Cortisontherapie oder nach Kataraktextraktion oft hohe Augendruckwerte vorliegen und eine Miotikatherapie wegen des bestehenden intraokularen Reizzustandes oft kontraindiziert ist, stellt die lokale Beta-Blocker-Therapie mit der anfangs ausgeprägten Senkung der Kammerwasserproduktion (vergl. Abb. 2) neben der Therapie mit Karboanhydrasehemmstoffen oft die situationsgerechteste augendrucksenkende Behandlung dar.

Ziel der Übersicht

In der vorliegenden Übersicht wird die Beta-Blocker-Therapie der Glaukome unter **klinischen** Aspekten betrachtet, wobei besonders die klinisch wichtigen Unterschiede in der Drucksenkung zu Beginn einer Behandlung und bei Langzeitgabe sowie die Indikationen und Risiken der Beta-Blockerbehandlung aufgezeigt werden sollen.

In einer Übersicht werden die verschiedenen, in der Ophthalmologie derzeit gebräuchlichsten Beta-Blocker, die zum Teil erst seit kurzem im Handel sind, zusammengestellt. Zum pharmakologischen Wirkungsmechanismus soll im Rahmen dieser Übersicht nur auf entsprechende weiterführende Literatur [43, 44] (mit weiteren Literaturangaben) verwiesen werden.

Verschiedene, noch ungeklärte Aspekte der Beta-Blocker-Therapie im Zusammenhang mit der Pathogenese des Glaukoms werden angesprochen.

Welche Beta-Blocker stehen zur Verfügung?

Phillips et al. [74] beschrieben als erste den augendrucksenkenden Effekt von Propranolol [20]. Die ersten Erfahrungen mit Propranolol waren wegen seiner anästhetischen Wirkung an der Hornhaut und den damit verbundenen Unverträglichkeitserscheinungen enttäuschend [49].

Günstiger waren die Erfahrungen dagegen mit dem Beta-Blocker Timolol. Obwohl bereits eine große Zahl beta-blockierender verschiedener Substanzen zur Behandlung des chronischen Glaukoms verwendet wird [43], liegen über Timolol die umfangreichsten klinischen Untersuchungen und Erfahrungen vor. Die ersten klinischen Prüfungen mit Timolol als lokalem Glaukomtherapeutikum erfolgten 1974, und bereits 1982 gab es über 600 Publikationen, die sich mit der Verwendbarkeit von Timolol in der Glaukomtherapie befaßten. Der größte Teil der Veröffentlichungen zeigte, daß dieser nicht selektive, wasserlösliche Beta-Rezeptorenblocker über eine starke augendrucksenkende Wirkung bei guter subjektiver und objektiver Verträglichkeit verfügt [11]. Er war damit der erste gut verträgliche und lokal anwendbare Beta-Blocker mit wenig Nebenwirkungen.

Tabelle 1 Übersicht der Beta-Blocker-Antiglaukomatosa, die derzeit im augenärztlichen Gebrauch sind. Die angegebenen Dosen sind Einzeldosen. Angaben zum pharmakologischen Profil nach Krieglstein [43].

Beta-Blocker	Handelsname	Hersteller	Einzeldosen (%)	Beta-Rezeptoren-blockierende Potenz	Plasmahalbwertszeit (h)	ISA	Kardioselektivität	lokalanästhetische Wirkung
Befunolol	Glauconex®	(Thilo)	0,25 – 0,5	2 – 6	1,5	(+)	–	(+)
Betaxolol	Betoptima®	(Alcon)	0,5	3 – 10	16	–	+ +	(+)
Carteolol	Arteoptic®	(Dispersa-Baeschlin)	1 – 2	30	5 – 7	+ +	–	–
Levobunolol	Vistagan®	(Allergan)	0,5	6		–	–	–
Metipranolol	Beta-Mann®	(Mann)	0,1 – 0,6	2	2,5	–	–	(+)
Pindolol	Glauco-Visken®	(Wander-Pharma)	0,5 – 1	20	3 – 4	+ +	–	+
Timolol	Timoptol®	(Chibret)	0,1 – 0,5	5 – 10	4 – 5	–	–	(+)

In den letzten Jahren sind nun weitere Beta-Blocker zur lokalen Anwendung am Auge entwickelt und in den Handel gebracht worden. Die bekanntesten sind in Tab. 1 zusammengefaßt. Die dort angegebenen Dosen sind Einzeldosen.

Der therapeutische Konzentrationsbereich für Beta-Blocker-Augentropfen hängt von der Wirkungsstärke der Substanz und der Permeabilität durch die menschliche Hornhaut ab [41].

Die pharmakologische Wirkung der verschiedenen Beta-Blocker kann differenziert werden nach ihrer Beta-Rezeptoren-blockierenden Potenz verglichen zum Propranolol, der Halbwertszeit im Plasma, der intrinsischen sympathomimetischen Aktivität (ISA), ihrer Selektivität und ihrer membranstabilisierenden, lokalanästhetischen Wirkung (vgl. Tab. 1).

Die augendrucksenkende Wirkung der verschiedenen Beta-Blocker-Präparate ist im allgemeinen nicht wesentlich verschieden [12, 43, 59]. Unterschiede bestehen jedoch unter anderem in ihrer Verträglichkeit [43, 53], in den systemischen Nebenwirkungen auf Herz, Lunge und Kreislaufsystem [61], in den lokalanästhetischen Nebenwirkungen [15, 16], im Einfluß auf die Tränenfilmaufreißzeit [81, 82] und im Einfluß auf die Tränensekretion [7].

Beta-Blocker mit ausgeprägter intrinsischer sympathomimetischer Aktivität (ISA) gelten als sicherer bei pulmonalen und kardialen Risikogruppen. Als positiver ISA-Effekt wird z. B. für Carteolol über eine vergleichsweise geringe Herabsetzung der Lungenfunktion berichtet [75], wobei bei einer Asthmaanamnese Anfälle trotz der ausgeprägten ISA auftreten können.

Auch selektive Beta$_1$-Blocker sollen keine Veränderungen des Atemwegswiderstandes bei obstruktiven Bronchialerkrankungen bewirken [4, 5, 18]. Trotz der hohen Beta$_1$-Selektivität des Betaxolol [2] sollte dieser Beta-Blocker bei bestehender Asthmaanamnese nicht angewendet werden, da auch geringste Stimuli Asthmaanfälle auslösen können. Für Pindolol und Befunolol wird über Herabsetzungen des systolischen Blutdrucks und der Herzfrequenz berichtet [43].

Untersuchungen zum Levobunolol beschreiben mit dem Timolol vergleichbare Wirkungen und Nebenwirkungen [19, 56].

Die Erfahrungen und klinischen Studien mit den erst seit kurzem im Handel befindlichen Beta-Blockern sind noch begrenzt.

Augendrucksenkende Wirkung zu Beginn der Behandlung

Die lokale, intravenöse oder orale Gabe eines Beta-Blockers [42, 43, 44] führt am gesunden wie am glaukomkranken menschlichen Auge innerhalb einer Stunde zu einer dosisabhängigen, signifikanten Augeninnendrucksenkung, z. B. bei Timolol mit einem Maximum des Effekts nach ca. 3 – 4 Stunden [14, 92, 93]. Der drucksenkende Effekt hält beim Glaukomauge nach einmaliger Applikation eines Beta-Blockers mehr als 24 Stunden an [92, 93] und führt auch zu einer Augendrucksenkung am nichtbehandelten Partnerauge des Patienten [71].

Bei der erstmaligen Anwendung eines Beta-Blockers bei Glaukom beträgt die relative Augendrucksenkung dosisabhängig (vergl. Tab. 1) zwischen 30% und 70% (im Mittel ca. 40%) des unbehandelten Druckniveaus. Hinsichtlich der Höhe der initialen Drucksenkung der verschiedenen neuen Beta-Blocker (vergl. Tab. 1) sei auf die Übersichtsarbeit von Krieglstein [43] verwiesen.

Augendrucksenkung bei Langzeitbehandlung

In der Langzeittherapie mit Beta-Blockern läßt die augendrucksenkende Wirkung in den ersten Tagen und Wochen nach Beginn der Behandlung schnell nach (vgl. Abb. 2).

Bei einem Drittel der Patienten ist das Nachlassen der drucksenkenden Wirkung so ausgeprägt, daß man von einer Tachyphylaxie sprechen kann [42] (Abb. 2a, 2b).

Bei fortgeschrittenem Glaukom ist die Augendrucksenkung auf die Dauer mit Beta-Blockern allein daher nicht ausreichend.

Im Mittel kann man bei Patienten mit erhöhtem Augeninnendruck, die aber noch keinen Glaukomschaden aufweisen, von einem Dauereffekt von 20–25% relativer Drucksenkung ausgehen.

Auch andere Antiglaukomatosa haben einen, wenn auch nicht so ausgeprägten Wirkungsverlust in der Langzeitbehandlung [39, 87]. Häufige Augeninnendruck-Kontrollen sind deshalb zu Beginn einer Beta-Blocker-Therapie angezeigt, um Druckanstiege rechtzeitig erkennen zu können. Die regelmäßige Anwendung (Compliance) der Beta-Blocker-Augentropfen ist weit höher als die bei Miotika [90], was für die Langzeittherapie [90] wichtig ist.

Vergleichende Untersuchungen über die Wirksamkeit von Beta-Blockern zeigen, daß sie auf längere Zeit ebenso wirksam sind wie etwa Pilocarpin, etwas stärker wirksam als Adrenalin alleine, jedoch schwächer als eine Kombinationsbehandlung mit Pilocarpin und Adrenalin zusammen.

Die Entwicklung einer Subsensitivität des Auges auf Beta-Blocker, die bei etwa einem Drittel der Patienten eintritt und sehr rasch oder erst im Langzeitverlauf eintreten kann, ist unspezifisch und gilt für chemisch verschiedene Beta-Blocker (vergl. Tab. 1) sowohl aus der Gruppe der $Beta_1$-Blocker als auch der $Beta_2$-Blocker und der nicht selektiven Beta-Blocker [40, 41].

Nach Absetzen der Beta-Blocker wird die ursprüngliche Empfindlichkeit nach 1–2 Monaten wieder hergestellt. Es verbleibt nach Absetzen der Beta-Blocker eine residuale Drucksenkung für die Dauer von 1–2 Wochen. Nach völligem Abklingen der Beta-Blocker-induzierten drucksenkenden Wirkung ist zuweilen ein Anstieg des Augendrucks über das ursprüngliche, unbehandelte Druckniveau hinaus (Rebound-Phänomen) zu beobachten (vgl. Abb. 2a).

Auch bei einer Kombination der Beta-Blocker mit Miotika ist ein deutliches Nachlassen des Beta-Blocker-Effekts zu beobachten [68], was im fortgeschrittenen Stadium der Erkrankung besonders ausgeprägt scheint [3]. Nielsen und Eriksen [64, 65]

a

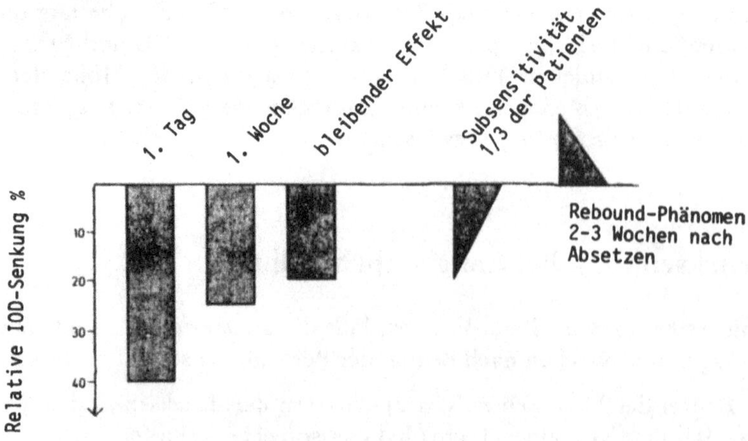

b

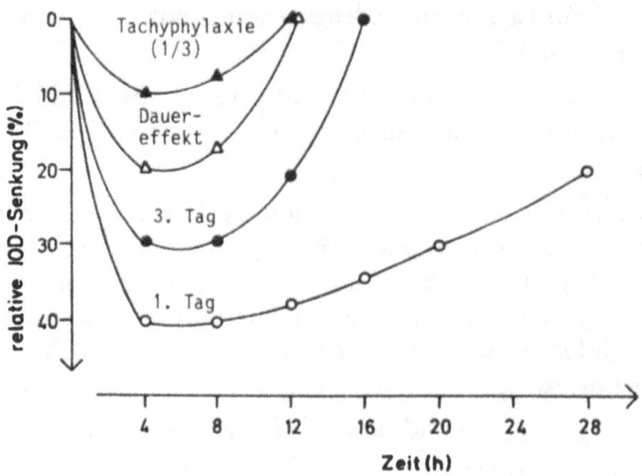

Abb. 2a Zeit-Wirkungs-Charakteristik von Beta-Blockern bei lokaler Applikation am Auge in Abhängigkeit von der Behandlungsdauer. Am 1. Tag der Behandlung besteht ein ausgeprägter augendrucksenkender Effekt mit einer relativen intraokularen Drucksenkung von im Mittel 40% des unbehandelten Druckniveaus. Der drucksenkende Effekt verringert sich bereits nach der 1. Woche der Behandlung und zeigt nach mehreren Wochen einen Dauereffekt von etwa 20% relativer Drucksenkung. Ein Drittel der Patienten zeigt eine Subsensitivität mit einer nur geringgradigen augendrucksenkenden Wirkung. 2 – 3 Wochen nach Absetzen der Beta-Blocker-Therapie am Auge kann es zu einem Rebound-Phänomen kommen mit einem Anstieg des Augeninnendrucks über das ursprüngliche unbehandelte Druckniveau hinaus (nach Krieglstein [41]).

Abb. 2b Zeit-Wirkungs-Charakteristik: Die Dauertherapie führt neben dem Nachlassen der relativen Augeninnendrucksenkung auch zur Verkürzung der Wirkungsdauer der Einzelapplikation (nach Krieglstein [41]).

fanden, daß bei unbehandeltem intraokularen Druck von 25 mm Hg die Beta-Blocker-Therapie allein gewöhnlich auf die Dauer nicht ausreicht, um einen Augendruck unter 20 mm Hg zu erreichen.

Kombinationstherapie

Zusammen mit Karboanhydrasehemmstoffen und zusammen mit Miotika ist ein additiver Effekt der Beta-Blocker-Therapie unbestritten. Über die Wechselwirkung der Adrenalintherapie zusammen mit Beta-Blockern beim chronischen Glaukom gehen jedoch die Meinungen weit auseinander. Während Keates und Stone [36] und Ober und Scharrer [69] über einen sicheren additiven Effekt beider Wirksubstanzen berichten, sehen Phillips et al. [73] und Thomas und Epstein [84] eine Abhängigkeit des additiven Effekts von der Reihenfolge der Medikamentenanwendung. Werden die Patienten zuerst mit Adrenalin für eine gewisse Zeit vorbehandelt und wird dann ein Beta-Blocker hinzugegeben, so zeigt sich ein zusätzlicher augendrucksenkender Effekt des Beta-Blockers. Bei Vorbehandlung mit dem Beta-Blocker und zusätzlicher Gabe von Adrenalin konnte der additive Effekt nicht beobachtet werden.

Öhrström und Pandolfi [70] fanden, daß die Adrenalin-induzierte Augeninnendrucksenkung durch die Gabe von Beta-Blockern aufgehoben wird.

Viele Autoren sehen in der Kombinationstherapie traditioneller Antiglaukomatosa zusammen mit Beta-Blockern den größeren Nutzen als in der Anwendung der Beta-Blocker allein bei manifestem Glaukom [41, 77, 78].

Dosierung

Lokale Beta-Blocker sollten nicht mehr als zweimal täglich angewendet werden. Man sollte im Gegenteil bei gut eingestellten Augeninnendruckwerten versuchen, ob es möglich ist, mit einer einmaligen Anwendung in 24 Stunden auszukommen, was durch eine Tagesdruckkurve zu überprüfen ist.

Dies gilt besonders für den Beta-Blocker Carteolol: Die initiale Wirkungsdauer eines einzelnen Augentropfens von 1%iger Konzentration beträgt 24 Stunden und die von 2%iger Konzentration sogar bis zu 48 Stunden.

Für klinische Gesichtspunkte ist diese lange Haftung der Beta-Blocker am Pigmentepithel wichtig. Bei den gebräuchlichen Miotika (z. B. Pilocarpin oder Carbachol) ist etwa 24 Stunden nach Absetzen keine Wirkung der Medikamente mehr nachweisbar.

Die relative Augeninnendrucksenkung durch Carteolol beträgt 40% [23]. Carteolol-2%-Augentropfen erreichen den Maximalwert im Ziliarkörper erst nach 24 Stunden und haben eine Halbwertszeit von 15 Tagen im Pigmentepithel. Diese Wirkungsdauer ist sehr lang, eine signifikante Druckreduktion kann bis zu 2 Wochen nach Absetzen der Therapie bestehen.

Diese langen Auswaschzeiten und zeitliche Unterschiede im Erreichen des Therapiemaximums müssen bei der medikamentösen Druckeinstellung besonders bei der Kombinationstherapie beachtet werden. Nach Umsetzen von Beta-Blockern auf ein anderes Medikament könnte die verbliebene Restdruckwirkung vermeintlich der neuen Substanz zugeschrieben werden. Bei der Druckeinstellung sind daher in diesen Übergangszeiträumen besonders engmaschige Augendruckkontrollen erforderlich.

Nebenwirkungen der Beta-Blocker-Therapie

Wenn man die medikamentöse Miosis und die akkomodative Myopie bei der klassischen Miotikatherapie des Glaukoms als Nebenwirkung auffaßt, so sind die Nebenwirkungen bei der Beta-Blocker-Therapie am Auge wesentlich seltener. Treten jedoch Nebenwirkungen auf, sind sie oft schwerwiegender.

Die meisten unerwünschten Nebeneffekte der lokalen Beta-Blocker am Auge erklären sich aus deren pharmakologischer Wirkungsweise. Da alle am Auge gegebenen Medikamente auch über die Tränenwege und die Nasenschleimhaut rasch resorbiert werden, ergeben sich systemische Nebenwirkungen und Nebenwirkungen am Auge (Tab. 2). Die Bestimmung von Plasmaspiegeln bei lokal am Auge appliziertem Timolol ergab, daß auch bei Gabe als Augentropfen systemisch wirksame Beta-Blocker-Spiegel im Blut erreicht werden [66, 67]. Diese systemische Wirkung des lokal am Auge applizierten Beta-Blockers wird im Falle von Timolol auch durch eine dosisabhängige Herabsetzung der Ruhepulsfrequenz deutlich [94].

Lokale Nebenwirkungen

Bedingt durch die lokalanästhetischen Eigenschaften der Beta-Blocker kann eine Anästhesie der Hornhaut mit trophischen Störungen des Hornhautepithels sowie eine Keratitis punctata auftreten [9, 33, 64, 65, 85]. Subjektive Symptome sind Brennen der Augen, Trockenheitsgefühl und Fremdkörpergefühl.

Eine allergische Blepharokonjunktivitis oder akute allergische Reaktionen können wie bei allen anderen Antiglaukomatosa auftreten. Kontaktallergien bei ophthalmologischen Beta-Blockerpräparaten können auch durch eine Sensibilisierung auf die Vehikelsubstanz oder Konservierungsstoffe erklärt werden [89].

Bei Dauergebrauch von Beta-Blockern zeigen sich quantitative und qualitative Änderungen der Tränensekretion. Im Tierexperiment wurde eine $beta_1$-adrenerge Innervation der Tränensekretion nachgewiesen [1]. Es kann zum Syndrom des trockenen Auges durch Verminderung des Lysozym-Gehalts der Tränen kommen [65, 67]. Die Möglichkeit einer Verminderung der Tränensekretion wurde mit dem Schirmer-Test nachgewiesen [7]. Wegen dieser qualitativen und quantitativen Einschränkung der Tränensekretion verbietet sich diese Therapieform bei „trockenem Auge" und sollte bei Kontaktlinsenträgern mit besonderer Vorsicht erfolgen.

Beta-Blocker ohne gleichzeitige Gabe von Miotika sind bei Engwinkelglaukom kontraindiziert, da der Sphinkter der Pupille $Beta_1$-Rezeptoren trägt und deren Blockierung eine relative Erschlaffung des Sphinktermuskels zur Folge hat, was zu einem Winkelblock führen kann.

Der Nahvisus kann beeinträchtigt werden durch eine geringe Reduzierung der Akkomodationsfähigkeit.

Irreversible Schäden an den vorderen Augenabschnitten sind von den bisher gebräuchlichen antiglaukomatösen Beta-Blockern nicht berichtet worden [41].

Tabelle 2 Mögliche lokale und systemische Nebenwirkungen der Beta-Blocker-Therapie

I. Lokale Nebenwirkungen:
– Bindehauthyperämie – Keratitis punctata – herabgesetzte Sensibilität der Hornhaut – Verringerung des Tränenflusses – Syndrom des trockenen Auges – Beeinträchtigung der Akkommodationsfähigkeit
II. Systemische Nebenwirkungen
1. Kardiovaskuläre: – Bradykardie – Arrhythmien – Blutdruckerniedrigung – Herzversagen 2. Pulmonale: – Asthmaanfall – Atemnot – Verschlechterung obstruktiver Bronchialerkrankungen 3. Zentralnervöse: – Depression – Angst – Verwirrtheit – Halluzination – Müdigkeit 4. Gastrointestinale: – Durchfall – Krämpfe – Übelkeit 5. Im Hautbereich: – Exantheme – Haarausfall (Alopexie) – allergische Blepharitis

Systemische Nebenwirkungen

Da die am Auge applizierten Beta-Blocker auch systemisch wirksam werden können (vgl. Tab. 2), sind sie bei Risikopatienten mit obstruktiven Atemwegserkrankungen [34] und bei kardialen Erkrankungen wegen der möglichen Kardiodepression [22, 86] kontraindiziert. Über Herzversagen und schwere Bradykardien durch lokal am Auge angewandte Beta-Blocker wurde berichtet [8, 35, 79] sowie über das Auftreten akuter Asthmaanfälle und Verschlechterung obstruktiver Bronchialerkrankungen [8]. An kardiovaskulären Nebenwirkungen können Bradykardie, Arrhythmie, Blutdruckerniedrigung und Herzversagen vorkommen.

Komplikationen seitens der Lunge sind Atemnot, Bronchialspasmus und Asthmaanfälle.

Seitens der Haut wurde über Exantheme und Alopezie berichtet, seitens des Magen-Darm-Trakts über Diarrhoe, Krämpfe und Übelkeit. Auch zentralnervöse Erscheinungen wie Depression, Angst, Verwirrtheit, Halluzinationen, Kopfschmerz und Müdigkeit wurden beobachtet [79].

Die wichtigsten Gegenindikationen sind somit: Asthma bronchiale, manifeste Herzinsuffizienz, Bradykardie sowie AV-Überleitungsstörungen II. und III. Grades. Vorsicht ist auch bei Kaliummangel durch Behandlung mit Karboanhydrasehemmern geboten sowie bei Patienten, die wegen Bluthochdrucks in allgemeiner Behandlung mit Beta-Blockern sind [53] (vergl. Tab. 2).

Um Risikopatienten von der Therapie mit Beta-Blockern auszuschließen, sollten vor der Verordnung von Beta-Blockern folgende 5 Fragen geklärt werden:

Besteht eine kardiovaskuläre Erkrankung?
Hat der Patient abnorm niedrige Blutdruckwerte?
Hat der Patient eine abnorm niedrige Pulsfrequenz?
Besteht eine Belastungsdyspnoe?
Besteht Asthma oder ein chronisches Bronchialleiden?

Zum Wirkungsmechanismus

Auf welche Weise Beta-Blocker am Auge die Kammerwasserproduktion mindern, ist noch weitgehend unklar. Neufeld [62] und Neufeld et al. [63] fanden, daß die Rezeptordichte am Ziliarkörper unter Beta-Blocker-Therapie zunimmt und die Augendrucksenkung wesentlich länger anhält als die Rezeptorbindung, so daß die augendrucksenkende Wirkung vermutlich über andere (oder zusätzliche) Mechanismen als die Blockade geschieht. Die Stereospezifität fehlt, da auch rechtsdrehendes Timolol den Augendruck senkt. Ungeklärt ist, warum die starke Wirkung nach wenigen Tagen oder Wochen nachläßt.

Auch die verschiedenen adrenergen Antiglaukomatosa hemmen wie die Beta-Blocker die Kammerwasserproduktion. Eine mögliche Erklärung ist, daß es sich um einen zellulären Effekt auf das nicht-pigmentierte Ziliarkörperepithel handelt. Mit großer Wahrscheinlichkeit wird durch die membranstabilisierende Wirkung des Beta-Blokkers der Ionentransport im nicht-pigmentierten Ziliarkörperepithel gehemmt, der für die Sekretion des Kammerwassers entscheidend ist. Daneben ist eine vaskuläre Minderperfusion des Ziliarkörpers über die durchblutungsreduzierenden Eigenschaften der Beta-Blocker denkbar. Ein weiterer, noch ungeklärter Aspekt sind die kalziumantagonistischen Eigenschaften der Beta-Blocker, die ebenfalls in den Sekretionsmechanismus am Ziliarkörperepithel eingreifen können [80]. Beta-Blocker ändern die Abflußleichtigkeit nicht [83] und wirken nur über eine Verminderung der Kammerwasserproduktion [43].

Beta-Blocker-Therapie und Glaukompathogenese

Mögliche Risiken der Beta-Blocker-Therapie, die viel diskutiert, aber bisher nicht abschließend geklärt werden konnten, sind zum einen der Einfluß der Beta-Blocker auf die Blutversorgung des Sehnervs, zum anderen der Einfluß der verminderten Perfusion des Trabekelwerks durch Medikamente, die die Kammerwasserproduktion senken.

Ziel der Glaukomtherapie ist es, über die Senkung des erhöhten Augeninnendrucks auch den Perfusionsdruck der Papillengefäße zu verbessern und so die Entstehung oder Zunahme von Gesichtsfeldausfällen zu verhindern. Vasoaktive Therapeutika wie die Beta-Blocker könnten den günstigen Effekt, den sie auf den Augeninnendruck haben, möglicherweise durch eine ungünstige Wirkung auf die Durchblutung der prälaminären Papille wieder ausgleichen. Hinsichtlich des arteriellen Perfusionsdrucks des Gewebes, das es zu schützen gilt, wäre dann möglicherweise wenig gewonnen.

Hypotone Blutdruckwerte oder kardiale Leistungsschwäche zählen, wie in der Einführung dargestellt, zu den Risikofaktoren einer glaukomatösen Gesichtsfeldschädigung [24, 30, 31]. Da an der glaukomatösen Gesichtsfeldschädigung druckbedingte, aber auch vaskuläre Faktoren in unterschiedlichem Ausmaß beteiligt und diese zusätzlichen, vaskulären Faktoren schwer quantifizierbar sind, ist eine schlüssige Beweisführung, daß Beta-Blocker den Glaukomschaden aufhalten können, schwierig [24], weil trotz Regulierung des Augeninnendrucks mit unterschiedlichen Medikamenten weitere Gesichtsfeldveränderungen auftreten können, wenn vaskuläre Schädigungsfaktoren im Vordergrund stehen.

So wird z. B. für Timolol-Augentropfen von vielen Autoren über eine Herabsetzung der Herzfrequenz ohne wesentliche Beeinträchtigung des Blutdrucks berichtet [6, 38, 94].

Abb. 3 zeigt den EKG-Befund eines 70jährigen Glaukompatienten mit Therapie von Timolol 0,5% (Pfeile) und den Befund 4 Wochen nach Absetzen der lokalen Beta-Blockergabe. Der Ruhepuls unterscheidet sich um 14 Schläge pro Minute. Über eine Reduktion der Herzfrequenz von 12% bei einem Beobachtungszeitraum von 2 Jahren berichten Merte und Merkle [60]; hier handelte es sich um kreislaufgesunde Patienten, die keine Kontraindikationen für eine Beta-Blocker-Therapie aufwiesen. Flammer und Barth [21] fanden unter lokaler Beta-Blocker-Therapie bei gesunden Probanden keine signifikante Veränderung der Ruhekreislaufparameter. Bei Belastung jedoch bestand eine deutliche Herabsetzung der Herzfrequenz und des arteriellen Mitteldruckniveaus. Sobald jedoch kardiale Risikofaktoren, wie z. B. eine vorbestehende Bradykardie, hinzukommen, könnten die Kreislaufwirkungen lokal applizierter Beta-Blocker größere Ausmaße erreichen [37].

Die aufgezeigten systemischen Nebenwirkungen der lokal am Auge applizierten Beta-Blocker auf Herzfrequenz, Blutdruck und peripheren Gefäßwiderstand im Zusammenhang mit den viel diskutierten, aber bisher nicht geklärten Wirkungen auf die Durchblutung des Sehnervs zeigen unter dem möglicherweise auch vaskulären Aspekt der Sehnervenschädigung die Notwendigkeit der strengen Beachtung der Kontraindikationen.

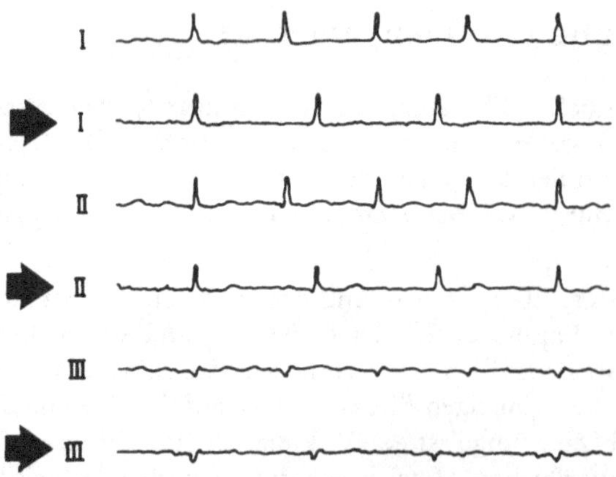

Abb. 3 Elektrokardiogramm eines 70jährigen Glaukompatienten unter der Therapie mit Timolol-Augentropfen 0,5% (durch Pfeile gekennzeichnet). Jeweils darüber aufgetragen das EKG 4 Wochen nach Absetzen der lokalen Beta-Blocker-Therapie am Auge. Während der Dauerbehandlung mit Beta-Blockern war die Herzfrequenz um 14 Schläge pro Minute langsamer als ohne Beta-Blocker-Therapie.

Eine Augendrucksenkung durch Beta-Blocker erfolgt, wie erwähnt, durch Herabsetzung der Kammerwasserproduktion [10, 91] und nicht durch eine Verbesserung des Kammerwasserabflusses wie bei der Miotikatherapie. Besonders interessant ist daher eine Arbeit von Lütjen-Drecoll [57], die für Karboanhydrasehemmer nachweist, daß die verminderte Perfusion des Trabekelwerks zu einer Ansammlung von Substanzen im Trabekelsystem führt, die den Abfluß weiter verschlechtert. Für Beta-Blocker ist dieser Effekt bisher nicht nachgewiesen, kann jedoch nicht von vornherein ausgeschlossen werden, da auch hier die Augendrucksenkung durch eine Drosselung der Kammerwasserproduktion im Ziliarkörper bewirkt wird.

Über Unterschiede in der blutdrucksenkenden Wirkung der in Tab. 1 aufgeführten neuen Beta-Blocker ist noch wenig bekannt; dies bedarf, da ein niedriger Blutdruck unter anderem als Risikofaktor der Gesichtsfeldschädigung angesehen werden kann [30, 31], weiterer Untersuchungen. Somit kann eine endgültige Bewertung der Beta-Blocker-Therapie bei Glaukom erst nach sicherer Klärung dieser Zusammenhänge gegeben werden [41].

Indikationen zur Beta-Blocker-Therapie

Eine alleinige Druckregulierung mit Beta-Blockern ist besonders indiziert im Frühstadium der Glaukomerkrankung oder bei okulärer Hypertension, bei jungen Patienten mit noch akkomodationsfähiger Linse und insbesondere bei jungen Patienten mit Myopie, bei denen eine Miotikatherapie von vornherein wegen der zu erwartenden Sehkraftbeeinträchtigung nicht sinnvoll erscheint (Tab. 3).

Es sollte versucht werden, mit anfangs möglichst geringen Dosierungen auszukommen bei einer Gabe 2mal täglich. Da die Nachteile der Pupillenverengung und der akkomo-

Tabelle 3 Indikationen für Beta-Blocker-Antiglaukomatosa

- Glaukom mit offenem Kammerwinkel
- Okuläre Hypertension (bei indizierter Augeninnendrucksenkung)
- Fehlende Compliance auf andere antiglaukomatöse Medikation wie:
  - Sehkraftbeeinträchtigung durch medikamentöse Miosis
  - Glaukompatient mit Katarakt
  - Unverträglichkeit auf Adrenalinpräparate oder Karboanhydrasehemmer
- Postoperative Augeninnendruckerhöhung (ausgenommen: nach filtrierender Glaukomoperation)
- In Kombination mit Miotika bei Engwinkelglaukom
- Zur maximalen drucksenkenden medikamentösen Therapie in Kombination mit anderen Antiglaukomatosa

dativen Myopie im Gegensatz zur Miotikatherapie bei den Beta-Blockern fehlen, ist die Regelmäßigkeit der Anwendung (Compliance) viel größer als bei den Miotika, die in der Regel 4mal täglich angewendet werden müssen.

Die Therapie bei okulärer Hypertension ohne Risikofaktoren der Patienten ist angezeigt, wenn der intraokulare Druck über 26 mm Hg beträgt [54]. Bei Druckwerten über 30 mm Hg ist durch alleinige Gabe von Beta-Blockern in der Regel keine dauerhafte Druckregulierung zu erreichen. Wegen der noch ungeklärten Wechselwirkungen zwischen der Beta-Blocker-Therapie und der Pathogenese des Glaukoms sollten bei älteren Patienten mit linsenhaltigem Auge die Beta-Blocker erst bei Versagen der Adrenalintherapie oder bei nicht ausreichender Miotikatherapie gegeben werden. Antiglaukomatosa, die die Abflußleichtigkeit des Kammerwassers verbessern, werden der Pathophysiologie der Erkrankung sehr viel mehr gerecht als Medikamente, die die Kammerwasserproduktion verringern.

Die gute Verträglichkeit der Beta-Blocker bei vielen jungen Patienten rechtfertigt noch nicht den Therapiebeginn, wenn eine Glaukomdiagnose noch unsicher ist [54, 79].

Eine weitere wichtige Indikation ist der zusätzliche Effekt der Beta-Blocker zu anderen Therapieschemata mit Miotika oder Adrenalinderivaten, wobei unter Beachtung der Kontraindikationen ein Therapieversuch mit der zusätzlichen Gabe von Beta-Blockern unternommen werden sollte, bevor man sich zu einer Operation entschließt. Bei Glaukompatienten mit Linsentrübungen sind ebenfalls oft die Beta-Blocker vorzuziehen, da hier eine medikamentöse Miosis oft störend ist.

Wegen der zu Therapiebeginn ausgeprägten, raschen Augendrucksenkung eignen sich die Beta-Blocker gut zur Behandlung kurzfristiger Sekundärglaukome, wenn eine Reduktion der Kammerwasserproduktion erwünscht ist. Dies gilt besonders bei Augendruckproblemen nach Kataraktextraktion. Aber auch die Behandlung von sekundären Augendruckerhöhungen, z. B. bei Steroidtherapie oder Iritis, die eine Gabe von Miotika verbieten, oder die Therapie bei hämorrhagischem Sekundärglaukom, sind Anwendungsbereiche für Beta-Blocker-Therapie.

Bei Engwinkelglaukom sollen Beta-Blocker nur zusammen mit Miotika verwendet werden, weil sie einen unterschwelligen mydriatischen Reiz darstellen [13].

Zur Durchbrechung eines akuten Glaukomanfalls zusammen mit einer Pilocarpin-Augentropfenserie zur akuten Drucksenkung und auch zur vorübergehenden Therapie bei juvenilen und kongenitalen Glaukomformen bis zur Ausführung der Operation können sie nützlich sein [41]. Beim Glaukom ohne Hochdruck, bei dem pathogenetisch die vaskuläre Komponente im Vordergrund steht, sollten Beta-Blocker möglichst nicht angewendet werden, da bei diesen Patienten häufig auch niedrige Blutdruckwerte vorliegen [30, 31, 88].

Unter sorgfältiger Beachtung von Nutzen und Risiken führt die Beta-Blocker-Therapie am Auge somit zu einer wesentlichen Erweiterung des konservativen Behandlungsspektrums der Glaukomerkrankung.

Zusammenfassung

Bedeutung und Symptomatik der Glaukomerkrankung sowie Risikofaktoren der glaukomatösen Gesichtsfeldschädigung werden aufgezeigt. Die derzeit gebräuchlichsten Beta-Blocker-Antiglaukomatosa werden in einer Übersicht dargestellt. Die Zeit-Wirkungs-Charakteristik der Beta-Blocker mit ihrer initial hohen, später nachlassenden augendrucksenkenden Wirkung wird besprochen. Dosierung, Wirkungsmechanismus, lokale und systemische Nebenwirkungen, Kontraindikationen und Indikationen werden in dieser Übersichtsarbeit mit ausführlichen Literaturverweisen unter dem Aspekt der klinischen Anwendung erläutert.

Literatur

[1] Aberg, G., G. Adler, J. Wikberg: Inhibition and facilitation of lacrimal flow by β-adrenergic drugs. Acta Ophthalmol. 57 (1979) 225–235.

[2] Berry, D. P., E. M. van Buskirk, M. B. Shields: Betaxolol and A timolol: A comparison of efficacy and side effects. Arch. Ophthalmol. **102** (1984) 42–45.

[3] Bischoft, P.: Langzeitresultate mit Timolol. Klin. Monatsbl. Augenheilk. **176** (1980) 551–554.

[4] Bleckmann, H., P. Dorow: Die Wirkung von Timolol- und Pindolol-Augentropfen auf den intraokularen Druck und den Atemwegwiderstand. In: Medikamentöse Glaukomtherapie (G. K. Krieglstein, W. Leydhecker, Hg.), S. 151–156. Bergmann Verlag, München 1982.

[5] Bleckmann, H., T. Pham Duy, O. Grajewski: Therapeutische Wirksamkeit von Metipranolol-AT 0,3%/Timolol-AT 0,25%. Eine Doppelblind-Crossover-Studie. In: Metipranolol: Pharmakologie der Beta-Blocker und ophthalmologische Anwendung von Metipranolol (H.-J. Merté, Hg.), S. 106. Springer-Verlag, Wien-New York 1983.

[6] Boger, W. P., R.. F. Steinert, C. A. Puliafito, et al.: Clinical trial comparing timolol ophthalmic solution to pilocarpine in open-angle glaucoma. Am. J. Ophthalmol. **86** (1978) 8–18.

[7] Bonomi, L., G. Zavarise, E. Noya, et al.: Effects of timolol maleate on tear flow in human eyes. A. v. Graefe's Arch. Clin. Exp. Ophthalmol. **213** (1980) 19–22.

[8] Britman, N. A.: Cardiac effects of topical timolol. N. Engl. J. Med. **300** (1979) 566.

[9] Calissendorff, B.: Corneal anaesthesia after topical treatment with timolol maleate. Acta Ophthalmol. **59** (1981) 347–349.

[10] Coakes, R. L., R. F. Brubaker: The mechanism of timolol in lowering intraocular pressure. Arch. Ophthalmol. **96** (1978) 2045–2048.

[11] Dausch, D., K. Schad: Eignet sich 0,1%ige Timolol-Maleat-Augentropflösung zur Therapie des chronischen Glaukoms?. Klin. Monatsbl. Augenheilk. **180** (1982) 141 – 145.

[12] Dausch, D., W. Görnich, H. Honegger: Eignet sich Pindolol zur Therapie des Glaukoms?. Klin. Monatsbl. Augenheilk. **184** (1984) 536 – 538.

[13] Demmler, N., G. Müller-Bardorff: Timolol-therapeutische Möglichkeiten in der Praxis bei Engwinkelglaukom (Langzeitbehandlung). Klin. Monatsbl. Augenheilk. 177 (1980) 94 – 96.

[14] Diamond, G. R., T. P. Werblin, R. Richter, et al.: Extended clinical studies using timolol in patients with ocular hypertension and chronic open-angle glaucoma. Glaucoma **1** (1979) 63 – 68.

[15] Draeger, J. H., H. Buhr-Unger, R. Winter: Die Wirkung von β-Blockern auf die Hornhautsensibilität. In: Medikamentöse Glaukomtherapie (G. K. Krieglstein, W. Leydhecker, Hg.), S. 195 – 199. Bergmann Verlag, München 1982.

[16] Draeger, J. H., B. Schneider, R. Winter: Die lokalanästhetische Wirkung von Metipranolol im Vergleich zu Timolol. Klin. Monatsbl. Augenheilk. **182** (1983) 210 – 213.

[17] Drance, S. M., A. H. Neufeld: Glaucoma: Applied pharmacology in medical treatment. Grune & Stratton, New York-London-Tokyo 1984.

[18] Dunn, T. L., M. J. Gerber, A. S. Shen, et al.: The Effect of Topical Ophthalmic Instillation of Timolol and Betaxolol on Lung Function in Asthmatic Subjects. Am. Rev. Respir. Dis. **133** (1986) 264 – 268.

[19] Duzman, E., M. Ober, A. Scharrer, et al.: A clinical evaluation of the effects of topically applied levobunolol and timolol on increased intraocular pressure. Am. J. Ophthalmol. **94** (1982) 318 – 327.

[20] Fechner, P. U., K. D. Teichmann: Medikamentöse Augentherapie. Bücherei des Augenarztes 67 S. 80. Ferdinand Enke Verlag, Stuttgart 1982.

[21] Flammer, J., D. Barth: Kardiovaskuläre Effekte bei lokal appliziertem Timolol. Klin. Monatsbl. Augenheilk. **176** (1980) 561 – 565.

[22] Fraunfelder, F. T.: Interim report: national registry of possible drug-induced ocular side effects. Ophthalmology **87** (1980) 87 – 90.

[23] Gorgone, G., F. Spina, L. Amantia: Carteolol: Preliminary study on ocular pressure-reducing action. Ophthalmologica **187** (1983) 171 – 173.

[24] Gramer, E.: Gesichtsfeldveränderungen bei Glaukom. In: Das chronische Glaukom – Zeitgemäße Diagnostik und Therapie. Symposiums-Band der Glaukomtagung in Rom, Mai, 1986. (G. K. Krieglstein, Hg). Augenspiegelverlag Ratingen, (im Druck).

[25] Gramer, E., G. Althaus: Zur Progredienz des glaukomatösen Gesichtsfeldschadens Eine klinische Studie mit dem Programm Delta des Octopus-Perimeters 201; Vortrag bei der 85. Tagung der Deutschen Ophthalmologischen Gesellschaft, Heidelberg, 20. – 23. 9. 1987.

[26] Gramer, E., G. Althaus: Quantifizierung und Progredienz des Gesichtsfeldschadens bei Glaukom ohne Hochdruck, Glaucoma simplex und Pigmentglaukom. Eine klinische Studie mit dem Programm Delta des Octopus-Perimeters 201. Klin. Monatsbl. Augenheilk. (1987) (im Druck).

[27] Gramer, E., G. Althaus, W. Leydhecker: Lage und Tiefe glaukomatöser Gesichtsfeldausfälle in Abhängigkeit von der Fläche der neuroretinalen Randzone der Papille bei Glaukom ohne Hochdruck, Glaucoma simplex, Pigmentglaukom. Eine klinische Studie mit dem Octopus-Perimeter 201 und dem Optic Nerve Head Analyzer. Klin. Monatsbl. Augenheilk. **189** (1986) 190 – 198.

[28] Gramer, E., G. Althaus, W. Leydhecker: Topography and progression of visual field damage in glaucoma simplex, low tension glaucoma, and pigmentary glaucoma with program delta of Octopus Perimeter 201. 7th International Visual Field Symposium, Amsterdam, September 1986. Doc. Ophthal. Proc. Series (E. L. Greve a. A. Heijl, Hg.) S. 349 – 363. Dr. W. Junk Publishers Dordrecht (im Druck) 1987.

[29] Gramer, E., G. K. Krieglstein, W. Leydhecker: Augeninnendruckmessung in der Praxis des niedergelassenen Arztes. Diganostik **13** (1980) 160 – 172.

[30] Gramer, E., W. Leydhecker: Glaukom ohne Hochdruck. Eine klinische Studie. Klin. Monatsbl. Augenheilk. **186** (1985) 262–267.

[31] Gramer, E., W. Leydhecker: Zur Pathogenese des Glaukoms ohne Hochdruck. Z. prakt. Augenheilk. **6** (1985) 329–333.

[32] Gramer, E., J. Mohamed, G. K. Krieglstein: Der Ort von Gesichtsfeldausfällen bei Glaucoma simplex, Glaukom ohne Hochdruck und ischämischer Neuropathie. Indikationen zur vasoaktiven Therapie. In: Medikamentöse Glaukomtherapie (G. K. Krieglstein, W. Leydhecker, Hg.), S. 59–72. Bergmann-Verlag, München 1982.

[33] Hockwin, O., H.-R. Koch: Arzneinebenwirkungen am Auge. Gustav Fischer Verlag, Stuttgart-New York 1977.

[34] Holtmann, H. W., J. P. Holle, K. Glänzer: Änderung des bronchialen Strömungswiderstandes bei Athma bronchiale durch einmalige lokale Applikation von Timolol-0,25%-Augentropfen. Klin. Monatsbl. Augenheilk. **176** (1980) 441–444.

[35] Jones, F. L.: Systemic betablockade by tymolol eye drops. N. Engl. J. Med. **301** (1979) 270.

[36] Keates, E. U., R. A. Stone: Safety and effectiveness of concomitant administration of dipivefrin and timolol maleate. Am. J. Ophthalmol. **91** (1981) 243–248.

[37] Kim, J. W., P. H. Smith: Timolol-induced bradycardia. Anesthesia and Analgesia **59** (1980) 301–303.

[38] Kosman, M. E.: Timolol in the treatment of open angle glaucoma. JAMA **241** (1979) 2301–2303.

[39] Krieglstein, G. K.: Zur Tachyphylaxie von β-Rezeptorenblockern am Glaukomauge. Ber. Dtsch. Ophthalmol. Ges. **75** (1978) 357–360.

[40] Krieglstein, G. K.: Response of the intraocular pressure to various β-blocking agents. In: Glaucoma Update (G. K. Krieglstein, W. Leydhecker, Hg.), S. 179–186. Springer-Verlag, Berlin-Heidelberg-New York 1979.

[41] Krieglstein, G. K.: Beta-Blocker-Therapie der Gaukome. In: Medikamentöse Glaukomtherapie (G. K. Krieglstein, W. Leydhecker, Hg.), S. 29–40. Bergmann-Verlag, München 1982.

[42] Krieglstein, G. K.: The Uses and Side Effects of Adrenergic Drugs in the Management of Intraocular Pressure. In: Applied Pharmacology in the Medical Treatment of Glaucomas (S. M. Drance, A. Neufeld, Hg.), S. 255–276. Grune & Stratton, New York 1984.

[43] Krieglstein, G. K.: Current Beta-Blocker Therapy. Suppl. Chibret Inter. J. Ophthalmol. (1985) 133–141.

[44] Krieglstein, G. K.: Klinisch-pharmakologische Grundlagen der Glaukomtherapie. Nova Acta Leopoldina NF **57** (1985) 185–194.

[45] Krieglstein, G. K.: Glaukom und Antiglaukomatosa. In: Aktuelle Pharmakologie. Fortbildungsreihe für Krankenhausapotheker, 5. Deutscher Apotheker-Verlag, Stuttgart 1986.

[46] Krieglstein, G. K.: Cholinergic drugs in the treatment of chronic open-angle glaucoma. Glaucoma Society Meeting Turin 1986 – Proceedings. In: New Trends in Ophthalmology Vol II – N.1 (1987) 29–37.

[47] Krieglstein, G. K., E. Gramer: The Response of Ophthalmic Arterial Pressure to Topically Applied Clonidine. A. v. Graefe's Arch. Clin. Exp. Ophthalmol. **207** (1978) 1–5.

[48] Krieglstein, G. K., E. Gramer: Allgemeine Nebenwirkungen augenärztlicher Medikamente. Intern. Praxis **23** (1983) 755–760.

[49] Krieglstein, G. K., B. Scoville: Eye irritation caused by topical beta-blocker therapy. A new methodological screening approach. Doc. Ophthalmol. Proc. Series. **43** (1985) 139–144.

[50] Krieglstein, G. K., E. Gramer, W. Leydhecker: The ocular responses of oral administration of Penbutolol in the glaucomatous patient. Acta Ophthalmol. **58** (1980) 608–616.

[51] Leopold, I. H.: Perspectives in drug therapy of glaucoma. In: Glaucoma: Applied pharmacology in medical treatment (S. M. Drance, Hg.), S. 1–22. Grune & Stratton, New York 1984.

[52] Leydhecker, W.: Glaukom. Ein Handbuch, 2. Auflage. Springer-Verlag, Berlin-Heidelberg-New York 1973.

[53] Leydhecker, W.: Nebenwirkungen von Medikamenten zur Glaukomtherapie. In: Medikamentöse Glaukomtherapie (G. K. Krieglstein, W. Leydhecker, Hg.), S. 41 – 48. Bergmann-Verlag, München 1982.

[54] Leydhecker, W.: Beta-Blocker bei okulärer Hypertension. In: Okuläre Hypertension (W. Leydhecker, G. K. Krieglstein, Hg.), S. 97 – 101. Kaden-Verlag, Heidelberg 1984.

[55] Leydhecker, W., G. K. Krieglstein: Die Früherkennung des Glaukoms als sozialmedizinisches Problem. Klin. Monatsbl. Augenheilk. **171** (1977) 265 – 271.

[56] Long, D., T. Zimmerman, G. Spaeth, et al.: Levobunolol: Minimum concentration required to control IOP in subjects with primary open-angle glaucoma or ocular hypertension. 2nd Symposium of the European Glaucoma Society, Hyvinkaa, Finland, 1984.

[57] Lütjen-Drecoll, E.: Morphologische Grundlagen der Glaukomtherapie. In: Medikamentöse Glaukomtherapie (G. K. Krieglstein, W. Leydhecker, Hg.), S. 3 – 11. Bergmann-Verlag, München 1982.

[58] McMahon, C. D., J. Hetherington, H. D. Hoskins, et al.: Timolol and pediatric glaucomas. Ophthalmology **88** (1981) 249 – 252.

[59] Merté, H.-J.: Metipranolol. Pharmakologie der β-Blocker und ophthalmologische Anwendung von Metipranolol. In: Beiträge zum 1. Metipranolol-Symposium (H.-J. Merté, Hg.). Springer-Verlag, Berlin 1983.

[60] Merté, H.-J., W. Merkle: Timolol-Augentropfen in der Glaukombehandlung. Ergebnisse einer Langzeitstudie. Klin. Monatsbl. Augenheilk. **177** (1980) 562 – 571.

[61] Merté, H.-J., J. R. Stryz: Weitere Erfahrungen mit dem β-Blocker Befunolol bei Glaukomen mit weitem Kammerwinkel von einem Jahr. Klin. Monatsbl. Augenheilk. **184** (1984) 316 – 317.

[62] Neufeld, A. H.: Experimental studies on the mechanism of action of timolol. Surv. Ophthalmol. **23** (1979) 363 – 370.

[63] Neufeld, A. H., K. A. Zawistowski, E. D. Page, et al.: Influences on the density of β-adrenergic receptors in the cornea and iris-ciliary body of the rabbit. Invest. Ophthalmol. Vis. Sci. **17** (1978) 1069 – 1075.

[64] Nielsen, N. V., J. S. Eriksen: Timolol in maintenance treatment of ocular hypertension and glaucoma. Acta Ophthalmol. **57** (1979) 1070 – 1077.

[65] Nielsen, N. V., J. S. Eriksen: Timolol transitory manifestations of dry eyes in long term treatment. Acta Ophthalmol. **57** (1979) 418 – 424.

[66] Nielsen, N. V., J. S. Eriksen: Timolol and metoprolol. A diurnal study of the ocular and systemic effects in glaucoma patients. Acta Ophthalmol. **59** (1981) 517 – 525.

[67] Nielsen, N. V., J. U. Prause, J. S. Eriksen: Lysozyme, alpha-1-antitrypsin and serum albumin in tear fluid of timolol-treated glaucoma patients with and without symptoms of dry eyes. Acta Ophthalmol. **59** (1981) 503 – 509.

[68] Ober, M., A. Scharrer: Timolol und Parasympathicomimetica bei der Behandlung des erhöhten intraocularen Druckes. A. v. Graefe's Arch. Clin. Exp. Ophthalmol. **211** (1979) 59 – 66.

[69] Ober, M., A. Scharrer: Timolol and Adrenalindipivalat bei der Behandlung des erhöhten intraocularen Druckes. A. v. Graefe's Arch. Clin. Exp. Ophthalmol. **213** (1980) 273 – 281.

[70] Öhrström, A., M. Pandolfi: Regulation of intraocular pressure and pupil size by β-blockers and epinephrine. Arch. Ophthalmol. **98** (1980) 2182 – 2184.

[71] Oye, R. van, E. de Sutter, S. de Bie: The effect of timolol maleate on the fellow eye. Bull. Soc. Belge Ophthalmol. **191** (1980) 69 – 74.

[72] Packer, A. J., A. J. Fraioli, D. L. Epstein: The effect of timolol and acetazolamide on transient intraocular pressure elevation following cataract extraction with alphachymotrypsin. Ophthalmologica **88** (1981) 239 – 243.

[73] Phillips, C. I., S. M. Gore, P. M. Gunn: Atenolol versus adrenaline eye drops and an evaluation of these two combined. Br. J. Ophthalmol. **62** (1978) 296 – 301.

[74] Phillips, C. I., G. Howitt, P. J. Rowlands: Propranolol as ocular hypotensive agent. Br. J. Ophthalmol. **51** (1967) 222 – 226.

[75] Sano, Y., T. Nakagawa, T. Miyamoto: Effect of carteolol eye drops on bronchial asthma-comparison with timolol (in press).
[76] Scoville, B., G. K. Krieglstein, E. Then, et al.: Measuring drug-induced eye irritation: A simple new clinical assay. J. Clin. Pharmacol. 25 (1985) 210–218.
[77] Smith, R. J., S. Nagasubramanian, R. Watkins, et al.: Addition of timolol maleate to routine medical therapy: a clinical trial. Br. J. Ophthalmol. 64 (1980) 779–781.
[78] Sonty, S., B. Schwartz: The additive effect of timolol on open angle glaucoma patients on maximal medical therapy. Surv. Ophthalmol. 23 (1979) 381–388.
[79] Spaeth, G. L.: Place of timolol in the treatment of glaucoma. Symposium on Glaucoma, Trans. New Orleans Acad. Ophthalmol., S. 368–378. Mosby, St. Louis-Toronto-London 1981.
[80] Stamper, R. L.: Mechanism of action of antiglaucomatous drugs. In: Perspectives on current glaucoma therapy. Excerpta Medica, Amsterdam-Oxford 1980.
[81] Strempel, I.: The influence of topical β-blockers on the breakup time. Ophthalmologica 189 (1984) 110–115.
[82] Strempel, I.: Immediatwirkung topischer β-Blocker auf die ‚Breakup time'. Ophthalmologica 192 (1986) 11–16.
[83] Thomas, J. V.: Ocular adrenergic receptor sites pertinent to aqueous humor dynamics. Ann. Ophthalmol. 12 (1980) 96 ff.
[84] Thomas, J. V., D. L. Epstein: Timolol and epinephrine in primary open angle glaucoma. Arch. Ophthalmol. 99 (1981) 91–95.
[85] Van Buskirk, E. M.: Corneal anaesthesia after timolol maleate therapy. Am. J. Ophthalmol. 88 (1979) 739–743.
[86] Van Buskirk, E. M.: Adverse reactions from timolol administration. Ophthalmology 87 (1980) 447–450.
[87] Wettrell, K., K. Wilke, M. Pandolfi: Topical Atenolol versus Pilocarpine: a double-blind study of the effect on ocular tension. Br. J. Ophthalmol. 62 (1978) 292.
[88] Wilson, R. P., N. Kanal, G. L. Spaeth: Timolol: its effectiveness in different types of glaucoma. Ophth. AAO 86 (1979) 43–50.
[89] Wind, C. A.: Acute allergic reaction to timolol. Glaucoma 3 (1981) 56–58.
[90] Worthen, D. M.: Patient compliance and the „Usefulness product" of Timolol. Surv. Ophthalmol. 23 (1979) 403.
[91] Yablonski, M. E., T. J. Zimmerman, S. R. Waltman, et al.: A fluorophotometric study of the effects of topical timolol on aqueous humor dynamics. Exp. Eye Res. 27 (1978) 135–142.
[92] Zimmerman, T. J., H. E. Kaufman: Timolol. Dose-response and duration of action. Arch. Ophthalmol. 95 (1977) 605–607.
[93] Zimmerman, T. J., H. E. Kaufman: Timolol. A β-adrenergic blocking agent for the treatment of glaucoma. Arch. Ophthalmol. 95 (1977) 601–604.
[94] Zimmerman, T. J., M. A. Kass, M. E. Yablonski, et al.: Timolol maleate. Efficacy and safety. Arch. Ophthalmol. 97 (1979) 656–658.
[95] Zimmerman, T. J., B. J. Leader, D. S. Golob: Potential side effects of timolol therapy in the treatment of glaucoma. Ann. Ophthalmol. 13 (1981) 683–689.

Beta-Blocker bei psychiatrischen Erkrankungen

H. Wetzel, O. Benkert

Abstract

The initial enthusiasm about the usefulness of beta-adrenoceptor blocking agents in psychiatry has given way to a more rational assessment. Therapeutic application in psychiatric disorders is now being viewed in a more cautious and restrained manner than in the preceding years. Only in a few psychiatric disorders beta-blocking agents appear to be the treatment of first choice. In anxiety states benzodiazepines and antidepressants are usually preferred, while in schizophrenia neuroleptics, and in mania neuroleptics, lithium and carbamazepine are thought to be more effective. A restricted area of indication for beta-blocking drugs are stress reactions and situational anxiety, "somatic" anxiety with prominent cardiovascular symptoms, and anxiety states refractory to benzodiazepine monotherapy, where beta blockers should be added in combination. In patients with organic brain disease and episodes of rage and aggressive behavior nonresponsive to other psychopharmacological intervention a trial with beta-blocking drugs seems justified. Further indications are lithium-induced tremor and – with limitations – withdrawal symptoms and neuroleptic-induced akathisia. Moreover, beta-blocking drugs have been used in the treatment of neurological disorders, such as migraine and tremor.

Problemstellung

Verschiedene psychiatrische Krankheitsbilder sind – ausgehend von der Hypothese einer dabei pathophysiologisch relevanten sympathischen Überfunktion – auf ihre Therapierbarkeit durch Beta-Rezeptorenblocker untersucht worden [3, 7, 30, 31, 54, 71].

Angstzustände

Schon 1966 zeigten Granville-Grossman und Turner in einer Doppelblind-Cross-over-Studie an 15 ambulanten Angstpatienten, die jeweils eine Woche lang 4 × 20 mg Propranolol oder Placebo erhielten, daß Propranolol vor allem „somatische", durch eine Überfunktion des sympathischen vegetativen Nervensystems hervorgerufene Begleiterscheinungen der Angst wie z. B. Tachykardie, Schwitzen und Diarrhoe mildern oder gar beseitigen konnte, ohne jedoch die „psychischen" Angstsymptome wesentlich zu beeinflussen [22].

Schon an dieser Untersuchung ließen sich jedoch Evaluationsprobleme aufzeigen, die auch eine schlüssige Interpretation nachfolgender Studien über Beta-Blocker-Wirkungen bei Angstzuständen erschweren. Die Unterschiedlichkeit der verwendeten Rating-Skalen und das breite, in sich uneinheitliche Spektrum der klinischen Angstsymptome, der langjährige Mangel an allgemein anerkannten, einigermaßen objektiven diagnostischen Kriterien, so daß selten homogene Patientenpopulationen untersucht wurden, und die oft widersprüchliche Beurteilung des therapeutischen Erfolgs, das Fehlen einer hinreichend langen Placebo-Washout-Phase vor Studienbeginn, um Placebo-Responder ausschließen zu können, wären hier ebenso zu nennen wie die Unsicherheit hinsichtlich therapeutischer Dosen und die Uneinigkeit über die notwendige Therapiedauer. In manchen Studien waren sogar Psychopharmaka als Beimedikation nicht ausgeschlossen. Immerhin konnte der genannte ursprüngliche Befund dieser Erstbeschreibung in den meisten, wenn auch längst nicht allen Studien bestätigt werden [8, 30, 41, 52, 58, 71].

Es sollen hier kurz einige praktisch relevante Untersuchungen referiert werden, in denen Beta-Blocker in randomisierten Doppelblind-Studien gegen Placebo oder gegen ein Standard-Anxiolytikum aus der Benzodiazepin-Reihe geprüft wurden. So fanden Tanna et al. [72] bei Patienten mit mäßig bis schwer ausgeprägter *chronischer Angstneurose*, daß *Propranolol* nur in einer Dosis von 120 mg, nicht aber 40 mg täglich bei 12 von 14 Hauptsymptomen Placebo überlegen war, allerdings erst in der dritten Behandlungswoche. In einer placebokontrollierten Studie von Kathol et al. [37] besserte *Propranolol* in einer Dosis von 160 mg pro Tag bei zwei Drittel aller Patienten, die an verschiedenen, nach dem amerikanischen Diagnosekriterienkatalog DSM-III diagnostizierten *Angstsyndromen* (in der Hauptsache Panikattacken bzw. Agoraphobie mit Panikattacken) litten, vor allem „psychische" und „kardiovaskuläre" Angstsymptome, jedoch nur in der globalen Selbst- und Fremdbeurteilung der Patienten; auf der Hamilton-Angst-Skala zeigte sich auf dem 5%-Signifikanz-Niveau kein positiver Effekt. Tyrer und Lader [76] kamen bei 12 ambulanten Patienten mit *chronischen Angstzuständen*, die nach einem Cross-over-Design *Propranolol* (120 – 360 mg), Diazepam (6 – 18 mg) und Placebo erhielten, zu dem Ergebnis, daß Propranolol nur bei vorwiegend „somatisierter" Angst, nicht aber bei Patienten mit hauptsächlich „psychischen" Angstsymptomen genauso gut wirkte wie Diazepam. In einer placebokontrollierten Cross-over-Studie an 24 ambulanten Patienten mit *chronifizierten Angstsyndromen* (29) wurden Diazepam, Propranolol und die Kombination aus beiden Pharmaka gegeneinander verglichen. Die therapeutische Wirkung war insgesamt nicht überzeugend; Diazepam war jedoch besser wirksam als Propranolol oder Placebo. Die *Kombination* aus Diazepam und Propranolol erwies sich einer alleinigen Diazepam-Behandlung als überlegen; überraschenderweise zeigte sich dies gerade bei den „psychischen" Angstsymptomen. Propranolol, das in dieser Studie übrigens die körperlichen Begleiterscheinungen der Angst nicht signifikant besserte, erzielte – sowohl bei der alleinigen Gabe als auch in der Kombination mit Diazepam – dann eine bessere Wirkung, wenn gegenüber Placebo der Ruhepuls um mindestens 7,5 Schläge/min gesenkt wurde. Bei einer Durchschnittsdosis von 180 mg Propranolol pro Tag war dies nur bei der Hälfte der Patienten der Fall. Neben Propranolol wurde auch *Oxprenolol* gegen Diazepam und Placebo geprüft. In der einen Studie [34] zeigte sich Diazepam besser und schneller wirksam als Oxprenolol, in der anderen [12] fand sich kein signifikanter Unterschied.

Andere Untersuchungen lassen Rückschlüsse auf den Wirkmechanismus von Beta-Blockern bei Angstzuständen zu. Zum einen werden auch *Practolol* [11] und *Sotalol* [75], die im Gegensatz zu Propranolol oder auch Oxprenolol kaum die Blut-Hirn-Schranke passieren können, anxiolytische Wirkungen zugeschrieben, wiederum besonders auf die körperlichen Begleiterscheinungen der Angst; zum anderen scheint *d-Propranolol*, das wie das l-Stereoisomer leicht ins Gehirn übergeht, aber nur etwa 100fach schwächer Beta-Rezeptoren blockiert, keine angstlösende Wirkung zu haben [10]. Diese Befunde sprechen für einen peripheren anti-beta-adrenergen Wirkmechanismus. Demnach könnte man – ganz im Sinne der James-Lange-Theorie, wonach Angst als emotionales Phänomen nicht die Ursache, sondern die Folge der vom Patienten wahrgenommenen vegetativen Beschwerden ist – annehmen, daß durch eine Verminderung der „somatischen" Angstsymptome in der Peripherie, wie Herzklopfen, Schwitzen oder Tremor, sekundär auch „psychische" Angstsymptome reduziert werden können. Es ist ja vorstellbar, daß sich „somatische" und „psychische" Angstsymptome in einem circulus vitiosus – sozusagen in einem verhängnisvollen positiven Rückkopplungsprozeß – gegenseitig aufschaukeln und daß Beta-Blocker diesen Kreislauf unterbrechen. Cannon konnte aber 1927 mit Hilfe experimenteller Befunde belegen, daß sowohl die Angst als auch die sie begleitende vegetative Symptomatik auf einer sympathischen Übererregung im ZNS beruhen [13]. Gegenwärtig stehen limbische Strukturen als Hauptangriffspunkt der Benzodiazepine und der noradrenerge Locus coeruleus im Zentrum neurobiologischer Angsttheorien.

Man nimmt heute nach Klein [40] und in der Folge vieler empirischer Untersuchungen eine klassifikatorische Trennung von Angstzuständen in generalisierte Angst und Panikerkrankung vor. Beim *generalisierten Angstsyndrom* nach DSM-III (1980) handelt es sich um eine mindestens einen Monat dauernde Ängstlichkeit mit motorischer Spannung, vegetativer Überaktivität, Erwartungsangst sowie gesteigertem „arousal" mit übermäßiger Aufmerksamkeit und ständiger Überprüfung der Umgebung. Bei der *Panikerkrankung* leidet der Patient unter häufig rezidivierenden Panikattacken, also akut auftretenden Angstanfällen mit starker vegetativer Begleitsymptomatik, wie Herzrasen, Schmerzen oder Unwohlsein in der Brust, Luftnot, Schwitzen, Zittern, Schwindel und der Furcht zu sterben oder „verrückt" zu werden. In dieser Beschreibung des Paniksyndroms läßt sich leicht die frühere „Herzneurose" oder „Herzhypochondrie" wiedererkennen. In der Tat konnte kürzlich gezeigt werden [46], daß es sich bei dem sog. „Herzangstsyndrom" lediglich um einen Subtyp von Panikattacken handelt. Möglicherweise stellt auch die „Hyperventilationstetanie" nur eine Spielart der Panikerkrankung dar. Befunde, wonach Metoprolol eine günstige Wirkung auf Hyperventilationssyndrome habe [20a], bedürfen noch weiterer Bestätigung.

Im allgemeinen sind Beta-Blocker bei der Behandlung von Angstzuständen, wie z. B. dem *generalisierten Angstsyndrom*, oder zur *Akuttherapie* von *Panikattacken* weniger gut wirksam als Benzodiazepine. Lediglich wenn bei Patienten mit einem generalisierten Angstsyndrom die *vegetativ-somatische*, insbesondere *kardiovaskuläre* Symptomatik im Vordergrund steht, scheinen Beta-Blocker den Benzodiazepinen gleichwertig zu sein, und nur dann können sie in einem ersten Behandlungsschritt indiziert sein [9]. Hierbei werden für Propranolol Dosen von 40–320 mg, verteilt auf 3–4 Einzelgaben, empfohlen [52]. Falls Patienten mit einem generalisierten Angstsyndrom auf Benzodiazepine allein nicht ausreichend ansprechen, erscheint der Versuch einer Kombinationstherapie mit Propranolol sinnvoll. Allerdings können bei generalisierten Angstsyndromen auch Antidepressiva gegeben werden [9, 35]. Bei rezidivierenden Angstanfällen im Sinne einer *Panikerkrankung* ist heute schon als Therapie der Wahl eine *prophylaktische* Behandlung mit Antidepressiva wie Imipramin oder MAO-Hemmern allgemein akzeptiert [26]. Darüber hinaus scheinen nach ersten Berichten auch Benzodiazepine wie Alprazolam bei Paniksyndromen ähnlich gut wie Antidepressiva zu wirken [6]; wegen des Abhängigkeitspotentials dieser Substanzen ist bei längerfristiger Verordnung jedoch Vorsicht geboten. Bei Patienten mit *Panikattacken* und *Agoraphobie* erwies sich Propranolol nicht als hinreichend wirksam [28, 53], wenngleich in Einzelfällen [73] von positiven Effekten (hier: Nadolol) berichtet wurde. Zur Linderung kardiovaskulärer Symptome sind jedoch Beta-Blocker bei Paniksyndromen manchmal von Nutzen; sie können zusammen mit Antidepressiva gegeben werden, besonders wenn Patienten sich initial von Antidepressiva-Nebenwirkungen wie Tachykardie irritiert fühlen [6].

Eine wichtige Indikation haben Beta-Rezeptorenblocker bei *Streßreaktionen* und *sozialen Phobien* [21, 42]. Situationsbedingte, passagere Ängste wie Examensangst, Rednerangst, Flugangst und Lampenfieber vor Theateraufführungen und Konzerten können durch Beta-Blocker wie Propranolol, Oxprenolol oder Atenolol gemildert werden, ohne daß – zumindest in gängigen Dosen – eine Leistungsminderung durch Sedierung oder kognitive Einbußen befürchtet werden müßte.

Ein wesentlicher Vorteil der Beta-Rezeptorenblocker gegenüber den Benzodiazepinen liegt zwar im fehlenden Abhängigkeitspotential; es ist jedoch mehr als fraglich, ob dies den Nachteil einer im allgemeinen schwächeren anxiolytischen Wirkung aufwiegt.

Schizophrenie

Eine antipsychotische Wirkung von Propranolol wurde erstmals – eher zufällig – von Atsmon und Blum 1970 bei einer Patientin mit einer *Porphyrie-Psychose* beobachtet, deren Tachykardie hohe Dosen Propranolol erforderte [4]. In der Folge wurden in einer Reihe von zumeist offenen Studien mit Propranolol-Dosen von in der Regel deutlich über 1000 mg pro Tag von verschiedenen Autoren recht widersprüchliche Befunde bei psychotischen Syndromen erhoben [30]. Positive Ergebnisse zeigten sich am ehesten bei Patienten mit erregt-psychotischen und maniformen Zustandsbildern; bei schizophrenen Patienten fand sich kein akuter antipsychotischer Effekt [16]. In einigen kontrollierten Doppelblindstudien [43, 60, 81] wurde zwar im Gegensatz zu anderen [38, 51, 56] eine antipsychotische Wirkung von Propranolol mitgeteilt, bei allen 3 Studien mit positivem Befund (und übrigens auch bei zweien mit negativem Ergebnis) wurde jedoch Propranolol nur als Beimedikation zu einem Neuroleptikum gegeben. Da Propranolol den Abbau von Phenothiazinen in der Leber hemmen und beispielsweise die Plasmaspiegel von Chlorpromazin auf das 4fache anheben kann, ist wohl eher an eine Wirkungsverstärkung des Neuroleptikums durch pharmakokinetische Wechselwirkung als an einen genuinen antipsychotischen Effekt zu denken. Die einzige randomisierte Doppelblindstudie mit 42 Patienten, in der eine Propranolol-Monotherapie sich einer Chlorpromazin-Behandlung als ebenbürtig erwies [82], hatte keine Placebo-Kontrollgruppe und Chlorpromazin war mit Dosen bis höchstens 300 mg pro Tag ganz offensichtlich unterdosiert. In einer 1986 veröffentlichten Doppelblindstudie von Manchanda und Hirsch wurde die Wirkung von *d-Propranolol* gegen Placebo nach einwöchiger Haloperidol-Vorbehandlung geprüft. Obwohl sich unter d-Propranolol die Symptomatik in der Folge deutlich weniger verschlechterte als unter Placebo, wurde von den Autoren herausgestellt, daß d-Propranolol in seiner Wirkung nicht an Standard-Neuroleptika heranreicht [47].

Die antipsychotische Wirkung von Propranolol ist bisher *nicht* nachgewiesen und derjenigen von Neuroleptika unterlegen.

Manie

Im Unterschied zum fehlenden antipsychotischen Effekt betont Emrich [16] die nachgewiesene antimanische Wirksamkeit einer hochdosierten Propranolol-Behandlung [17, 50, 61, 79]. Da das nicht Beta-Rezeptoren blockierende d-Stereoisomer fast ebenso stark antimanisch wirkt wie das Racemat [17], dürfte diese Wirkung auf dem lokalanästhetischen, membranstabilisierenden Effekt von Propranolol und nicht auf einer Blockade von Beta-Rezeptoren beruhen. (Noch unklar ist, ob und inwieweit bei der behaupteten antipsychotischen oder der antimanischen Wirkung eine Interaktion mit Serotonin-Rezeptoren vom 5-HT-1B-Typ [55] von Bedeutung sein könnte.) Wegen ihrer Nebenwirkungen hat die Propranolol-Hochdosistherapie keine praktisch-klinische Bedeutung erlangt. Auch muß darauf hingewiesen werden, daß bei antimanisch wirkenden Medikamenten die zur Evaluation und zum Wirksamkeitsnachweis verwendeten Methoden umstritten sind.

Hirnorganisch bedingte Erregungszustände

In den letzten 10 Jahren wird zunehmend häufiger über die Wirksamkeit von Propranolol auf Agitiertheit, Erregungszustände, Aggressivität und Verlust der Impulskontrolle bei Patienten mit *Schädel-Hirn-Traumata* oder *hirnorganischen Psychosyndromen* berichtet. Es handelt sich hauptsächlich um offene Studien [15, 25, 62, 83, 84] an zumeist nur wenigen Patienten, bei denen andere pharmakotherapeutische Maßnahmen versagt hatten. In einer jüngst veröffentlichten placebokontrollierten Doppelblind-Cross-over-Studie [24] konnte der positive Befund bestätigt werden. Die Propranolol-Dosis betrug 120 bis 520 mg täglich; meist lag sie über 300 mg pro Tag. Auch aggressives Verhalten von chronisch schizophrenen Patienten kann offenbar durch Beta-Blocker wie Nadolol oder Propranolol gemindert werden [68]. Mattes [48] wandte Metoprolol mit gutem Erfolg bei 2 Patienten mit einer intermittierenden explosiven Störung an.

Entzugssyndrome

Wenn bei oder nach *Absetzen von Benzodiazepinen* Entzugssymptome auftreten, können durch Propranolol in einer Dosis von 40 – 120 mg pro Tag insbesondere somatische Beschwerden zwar nicht gänzlich verhindert, aber doch spürbar abgemildert werden [77]. Auch die vegetative *Alkoholentzugssymptomatik* kann durch Beta-Rezeptorenblocker gemindert werden [33]; das Mittel der Wahl bei dieser Indikation ist aber in Europa das Clomethiazol. Da Propranolol die *Opiatentzugssymptomatik* kaum dämpfen kann [32], empfiehlt sich bei diesem Entzugssyndrom der α_2-Agonist Clonidin.

Psychopharmakabedingte Nebenwirkungen

Die günstige Wirkung von Propranolol (3 × 10 bis 3 × 40 mg täglich) auf den *lithiuminduzierten Tremor* ist schon seit mehr als 10 Jahren bekannt [19, 39]. Auch bei Tachykardien, Tremor oder Schweißausbrüchen *unter Antidepressiva* können Beta-Blocker in niedriger Dosierung eingesetzt werden. Beta-Blocker wie Propranolol oder Nadolol werden auch zur Behandlung von *Neuroleptika-induzierten Akathisien* und *Spätdyskinesien* empfohlen [14, 44, 64, 80]. In einer Doppelblind-Cross-over-Studie konnte die bessere Wirksamkeit von Propranolol (20 – 60 mg täglich) gegenüber Placebo bei Akathisie gezeigt werden [1].

Neurologische und mögliche psychosomatische Indikationen

Die anerkannten neurologischen Indikationen für Beta-Blocker sind *Migräne* [69] sowie *essentieller* und *aktivierter physiologischer Tremor* [20]. Darüber hinaus fanden Beta-Blocker auch bei *Narkolepsie* und *Torticollis spasmodicus* [71] Verwendung. Schließlich soll noch erwähnt werden, daß durch Beta-Blocker-Medikation (hier: Atenolol) möglicherweise das sog. Typ-A-Verhaltensmuster, das als Risikofaktor für die koronare Herzkrankheit angesehen wird, verändert und in Richtung eines Typ-B-Verhaltens modifiziert werden kann [66].

ZNS-Nebenwirkungen

In der Literatur finden sich immer wieder Einzelfallberichte über *Depressionen* unter Propranolol [36, 49, 57, 59]. In einer amerikanischen Vergleichsstudie mit 394 Patienten traten in der Propranolol-Gruppe mit 0,7% etwas häufiger Depressionen auf als in der Hydrochlorothiazid-Gruppe mit 0,4% [78]. Avorn et al. [5] werteten die Einnahme von tricyclischen Antidepressiva als Hinweis für das Vorliegen einer Depression. In einer retrospektiven Studie an einer randomisierten Stichprobe von knapp 150 000 Patienten stellten sie fest, daß bei Beta-Blocker-Therapie die gleichzeitige Einnahme tricyclischer Antidepressiva mit 23% signifikant häufiger war als bei Behandlung mit Hydralazin oder oralen Antidiabetika (je 15%) und mit Methyl-Dopa oder gar Reserpin (je 10%). Bei 20- bis 44jährigen, die mit Beta-Blockern behandelt wurden, war die Einnahme tricyclischer Antidepressiva häufiger (29%) als bei 45- bis 64jährigen (24%) und über 65jährigen (17%). Gugler [27] empfiehlt, bei Patienten mit einer Depression Propranolol zu vermeiden und einen weniger lipophilen Beta-Blocker zu geben. McNeil et al. [49] berichten von einer – allerdings zusätzlich unter Imipramin stehenden – Patientin, deren depressive Symptome innerhalb einer Woche abklangen, nachdem Propranolol gegen Atenolol ausgetauscht worden war. Nach der Studie von Avorn et al. [5] hatten jedoch Patienten, welche den hydrophilen Beta-Blocker Nadolol einnahmen, bezogen auf Hydralazin-Patienten sogar ein zweifaches Risiko, ein tricyclisches Antidepressivum verschrieben zu bekommen, während bei Propranolol die Wahrscheinlichkeit nur auf das 1,5fache erhöht war. (In diesem Zusammenhang sei darauf hingewiesen, daß Antidepressiva nach längerfristiger Gabe zu einer Verminderung postsynaptischer Beta-Rezeptoren – „beta-down-regulation" – und einer Subsensitivität der an sie gekoppelten Adenylatzyklase führen [70], übrigens nur im Gehirn, nicht am Herzen. Es ist jedoch noch unklar, ob diese Empfindlichkeitsveränderungen tatsächlich auf einen physiologisch relevanten Wirkungsmechanismus der Antidepressiva hinweisen oder ob es sich dabei nicht doch nur um ein Epiphänomen von untergeordneter pathophysiologischer Bedeutung handelt. Daher kann aus diesen theoretischen Erwägungen und aufgrund der Tatsache, daß Beta-Rezeptorantagonisten im Gegensatz zu Antidepressiva eine Zunahme der Beta-Rezeptorenzahl – „up-regulation" – verursachen, nicht ohne weiteres auf ein vermehrtes Auftreten „pharmakogener" Depressionen unter Beta-Blockern geschlossen werden. Allerdings gibt es zu denken, daß nach Schätzung von Avorn et al. [5] gut 4% der von ihnen untersuchten, mit Antidepressiva behandelten Patienten diese nur wegen einer Beta-Blocker-Medikation benötigten.)

Visuelle Halluzinationen sollen, hauptsächlich beim Einschlafen oder beim Aufwachen, bei 0,92% und *Schlafstörungen* sollen bei 1,9% der Patienten unter Beta-Blockern auftreten [18]. Die Häufigkeit visueller und taktiler Wahrnehmungsstörungen wird von Greenblatt und Kochweser [23] mit 0,4–2,3% angegeben. Alpträume und Halluzinationen sollen vermehrt unter Beta-Blockern mit intrinsischer sympathomimetischer Aktivität wie Pindolol auftreten [27].

Vereinzelt können unter Beta-Blockern *Delirien* und *Verwirrtheitszustände* sowie *Wahnsyndrome* und *Halluzinosen* auftreten. *Toxische Psychosen* mit Halluzinationen, Wahnideen, Desorientierung und bizarrem Verhalten waren eine nicht seltene Komplikation bei der zuvor geschilderten Propranolol-Hochdosis-Behandlung [3]; übrigens trat dabei paradoxerweise bei einem Drittel der Patienten auch eine Hypertonie auf.

In niedrigeren Dosen haben Beta-Blocker im allgemeinen keine oder nur geringe Wirkungen auf die *Reaktions- und Konzentrationsfähigkeit* und auf andere psychomotorische und kognitive Funktionen, doch liegen auch hier widersprüchliche Ergebnisse vor [45, 54, 65, 67], die zumindest teilweise auf eine unterschiedliche Prüfmethodik zurückzuführen sein dürften.

Zusammenfassung

Der Einsatz von Beta-Rezeptorenblockern wird heute in der Psychiatrie gegenüber früheren Jahren nüchterner gesehen; sie stellen nur bei wenigen psychiatrischen Krankheitsbildern die Therapie der Wahl dar. Bei Angstsyndromen werden in der Regel Benzodiazepine und Antidepressiva vorgezogen, bei Schizophrenien Neuroleptika, bei Manien Neuroleptika, Lithium oder Carbamazepin. Einen begrenzten Indikationsbereich haben Beta-Blocker bei Streßreaktionen und situationsbedingten Ängsten, bei „somatischen", insbesondere kardiovaskulären Angstsymptomen und in der Kombination mit Benzodiazepinen bei therapierefraktären Angstzuständen. Auch bei gegenüber anderen Psychopharmaka resistenten Erregungszuständen mit aggressivem Kontrollverlust können Beta-Blocker versucht werden. Eine weitere Indikation stellen der lithiuminduzierte Tremor und mit Einschränkungen auch vegetative Entzugssymptome und Neuroleptika-induzierte Akathisien dar. In der Neurologie werden Beta-Blocker zur Therapie der Migräne und zur Tremorbehandlung angewandt.

Literatur

[1] Adler, L., B. Angrist, E. Peselow, et al.: A controlled assessment of propranolol in the treatment of neuroleptic-induced akathisia. Br. J. Psychiatry **149** (1986) 42–45.

[2] American Psychiatric Association: Diagnostic and Statistical Manual of Mental Disorders, 3rd ed. American Psychiatric Association, Washington, DC. (1980) (dt. Beltz, Weinheim-Basel 1984).

[3] Ananth, J., K.-M. Lin: Propranolol in psychiatry. Therapeutic uses and side effects. Neuropsychobiology **15** (1986) 20–27.

[4] Atsmon, A., I. Blum: Treatment of acute porphyria variegata with propranolol. Lancet **I** (1970) 196–197.

[5] Avorn, J., D. E. Everitt, S. Weiss: Increased antidepressant use in patients prescribed beta-blockers. JAMA **255** (1986) 357–360.

[6] Ballenger, J. C.: Pharmacotherapy of the panic disorders. J. Clin. Psychiatry **47** (1986) Suppl. 6, 27–32.

[7] Benkert, O.: Indikationen für Beta-Rezeptorenblocker in der Psychiatrie. Internist **19** (1978) 542–546.

[8] Benkert, O.: Angstbehandlung mit Benzodiazepinen und Beta-Blockern in der ärztlichen Praxis. In: Beta-Rezeptorenblocker. Aktuelle klinische Pharmakologie und Therapie (H.-D. Bolte, A. Schrey, Hg.), S. 166–170. Springer, Berlin-Heidelberg-New York 1981.

[9] Benkert, O., H. Hippius: Psychiatrische Pharmakotherapie, 4. Aufl., Springer, Berlin-Heidelberg-New York 1986.

[10] Bonn, J. A., P. Turner: D-Propranolol and anxiety. Lancet **I** (1971) 1355–1356.

[11] Bonn, J. A., P. Turner, D. C. Hicks: Beta-adrenergic receptor blockade with practolol in treatment of anxiety. Lancet **II** (1972) 814–815.

[12] Burrows, G. D., B. Davies, L. Fail, et al.: A placebo controlled trial of diazepam and oxprenolol for anxiety. Psychopharmacology **50** (1976) 177–179.

[13] Cannon, W. B.: The James-Lange theory of emotions: A critical examination and an alternative theory. Am. J. Psychol. **39** (1927) 106–124.

[14] Chaudhry, R., D. Radonjic, B. Waters: Efficacy of propranolol in a patient with tardive dyskinesia and extrapyramidal syndrome. Am. J. Psychiatry **139** (1982) 674–676.

[15] Elliot, F. A.: Propranolol for the control of belligerent behavior following acute brain damage. Ann. Neurol. **1** (1977) 489–491.

[16] Emrich, H. M.: ZNS-Aktivität von Beta-Rezeptorenblockern und ihre Anwendung bei psychotischen Erregungszuständen. In: Beta-Rezeptorenblocker in der Neurologie und Psychiatrie – interdisziplinäre Bewertung (H. Hippius, G. Schettler, Hg.), S. 65 – 75. Zuckschwerdt, München-Bern-Wien 1985.

[17] Emrich, H. M., D. v. Zerssen, H.-J. Möller, et al.: Action of propranolol in mania: Comparison of effects of the d- and the l-stereoisomer. Pharmakopsychiat. **12** (1979) 295 – 304.

[18] Fleming, P. D., D. A. Drachman: Propranolol, halluzinations and sleep disturbance. Am. J. Psychiatry **139** (1982) 540 – 541.

[19] Floru, L.: Klinische Behandlungsversuche des lithiumbedingten Tremors durch einen Beta-Rezeptorenantagonisten (Propranolol). Int. Pharmacopsychiat. **6** (1971) 197 – 222.

[20] Freund, H.-J.: Behandlung des Tremors mit Beta-Rezeptorenblockern. In: Beta-Rezeptorenblocker in der Neurologie und Psychiatrie – interdisziplinäre Bewertung (H. Hippius, G. Schettler, Hg.), S. 37 – 43. Zuckschwerdt, München-Bern-Wien 1985.

[20 a] Folgering, H., A. Cox: Beta-blocker therapy with metoprolol in the hyperventilation syndrome. Respiration **41** (1981) 33 – 38.

[21] Gorman, J. M., M. R. Liebowitz, A. J. Fyer, et al.: Treatment of social phobia with atenolol. J. Clin. Psychopharmacol. **5** (1985) 298 – 301.

[22] Granville-Grossman, K. L., P. Turner: The effect of propranolol on anxiety. Lancet **I** (1966) 788 – 790.

[23] Greenblatt, D. J., J. Koch-Weser: Adverse reactions to beta-adrenergic receptor blocking drugs: A report from Boston collaborative drug surveillance program. Drugs **7** (1974) 118 – 129.

[24] Greendyke, R. M., D. R. Kanter, D. B. Schuster, et al.: Propranolol treatment of assaultive patients with organic brain disease. J. Nerv. Ment. Dis. **174** (1986) 290 – 294.

[25] Greendyke, R. M., D. B. Schuster, J. A. Wootton: Propranolol in the treatment of assaultive patients with organic brain disease. J. Clin. Psychopharmacol. **4** (1984) 282 – 285.

[26] Grunhaus, L., S. Gloger, E. Weisstub: Panic attacks. A review of treatments and pathogenesis. J. Nerv. Ment. Dis. **169** (1981) 608 – 613.

[27] Gugler, R.: Therapie mit Beta-Rezeptorenblockern. Nebenwirkungen und Kontraindikationen. Internist **19** (1978) 547 – 551.

[28] Hafner, J., F. Milton: The influence of propranolol on the exposure in vivo of agoraphobics. Psychol. Med. **7** (1977) 417 – 425.

[29] Hallstrom, C., I. Treasaden, J. G. Edwards, et al.: Diazepam, propranolol and their combination in the management of chronic anxiety. Br. J. Psychiatry **139** (1981) 417 – 421.

[30] Hayes, P. E., S. C. Schulz: The use of beta-adrenergic blocking agents in anxiety disorders and schizophrenia. Pharmacotherapy **3** (1983) 101 – 117.

[31] Hippius, H., G. Schettler: Beta-Rezeptorenblocker in der Neurologie und Psychiatrie – interdisziplinäre Bewertung. Zuckschwerdt, München-Bern-Wien 1985.

[32] Hollister, L. E., J. J. Prusmack: Propranolol in withdrawal from opiates. Arch. Gen. Psychiatry **31** (1974) 695 – 698.

[33] Johnson, J. M.: Psychiactric uses of antiadrenergic and adrenergic blocking drugs. J. Nerv. Ment. Dis. **172** (1984) 123 – 132.

[34] Johnson, G., B. Singh, M. Leeman: Controlled evaluation of the beta-adrenoceptor blocking drug oxprenolol in anxiety. Med. J. Austr. **1** (1976) 909 – 921.

[35] Kahn, R. J., D. M. McNair, R. S. Lipman, et al.: Imipramine and chlordiazepoxide in depressive and anxiety disorders. II. Efficacy in anxious outpatients. Arch. Gen. Psychiatry **43** (1986) 79 – 85.

[36] Kalayam, B., C. Shamoian: Propranolol, psychoneuroendocrine changes, and depression. Am. J. Psychiatry, **139** (1982) 1374 – 1375.

[37] Kathol, R., R. Noyes Jr., D. J. Slymen, et al.: Propranolol in chronic anxiety disorders: A controlled study. Arch. Gen. Psychiatry **37** (1980) 1361 – 1367.

[38] King, D. J., S. M. Turkson, J. Liddle, et al.: Some clinical and metabolic aspects of propranolol in chronic schizophrenia. Br. J. Psychiatry **137** (1980) 458–468.

[39] Kirk, L., P. C. Baastrup, M. Schou: Propranololbehandlung bei Lithiumtremor. Nervenarzt **44** (1973) 657–658.

[40] Klein, D. F.: Anxiety reconceptualized. Compr. Psychiatry **21** (1980) 411–427.

[41] Lader, M.: Beta-Rezeptorenblocker in der Behandlung von Angstzuständen. In: Beta-Rezeptorenblocker in der Neurologie und Psychiatrie – interdisziplinäre Bewertung (H. Hippius, G. Schettler, Hg.), S. 44–54. Zuckschwerdt, München-Bern-Wien 1985.

[42] Liebowitz, M. R., J. M. Gorman, A. J. Fyer, et al.: Social phobia. Review of a neglected anxiety disorder. Arch. Gen. Psychiatry **42** (1985) 729–736.

[43] Lindstrom, L. H., E. Persson: Propranolol in chronic schizophrenia: A controlled study in neuroleptic treated patients. Br. J. Psychiatry **137** (1980) 126–130.

[44] Lipinski, J. F., G. S. Zubenko, B. M. Cohen, et al.: Propranolol in the treatment of neuroleptic-induced akathisia. Am. J. Psychiatry **141** (1984) 412–415.

[45] Madden, D. J., J. A. Blumenthal, L.-G. Ekelund, et al.: Memory performance by mild hypertensives following beta-adrenergic blockade. Psychopharmacology **89** (1986) 20–24.

[46] Maier, W., R. Buller, H. Rieger, et al.: The cardiac anxiety syndrome – a subtype of panic attacks. Eur. Arch. Psychiatr. Neurol. Sci. **235** (1985) 146–152.

[47] Manchanda, R., S. R. Hirsch: Does propranolol have an antipsychotic effect? A placebo-controlled study in acute schizophrenia. Br. J. Psychiatry **148** (1986) 701–707.

[48] Mattes, J. A.: Metoprolol for intermittent explosive disorder. Am. J. Psychiatry **142** (1985) 1108–1109.

[49] McNeil, G. N., P. K. Shaw, D. S. Dock: Substitution of atenolol for propranolol in a case of propranolol-related depression. Am. J. Psychiatry **139** (1982) 1187–1188.

[50] Möller, H.-J., D. v. Zerssen, H. M. Emrich, et al.: Action of d-propranolol in manic psychoses. Arch. Psychiat. Nervenkr. **227** (1979) 301–317.

[51] Myers, D. H., P. L. Campbell, N. M. Cocks, et al.: A trial of propranolol in chronic schizophrenia. Br. J. Psychiatry **139** (1981) 118–121.

[52] Noyes Jr., R.: Beta-blocking drugs and anxiety. Psychosomatics **23** (1982) 155–170.

[53] Noyes Jr., R., D. J. Anderson, J. Clancy et al.: Diazepam and propranolol in panic disorder and agoraphobia. Arch. Gen. Psychiatry **41** (1984) 287–292.

[54] Patel, L., P. Turner: Central actions of beta-adrenoceptor blocking drugs in man. Med. Res. Rev. 1 (1981) 387–410.

[55] Pazos, A., G. Engel, J. M. Palacios: Beta-adrenoceptor blocking agents recognize a subpopulation of serotonin receptors in brain. Brain Res. **343** (1985) 403–408.

[56] Peet, M., M. S. Bethell, A. Coates, et al.: Propranolol in schizophrenia: Comparison of propranolol, chlorpromazine and placebo. Br. J. Psychiatry **139** (1981) 105–111.

[57] Petrie, W. M., R. J. Maffucci, R. L. Woosley: Propranolol and depression. Am. J. Psychiatry **139** (1982) 92–94.

[58] Pitts Jr., F. N., R. E. Allen: Beta-adrenergic blockade in the treatment of anxiety. In: The Biology of Anxiety (R. J. Mathew, Hg.), S. 134–161. Brunner/Mazel, New York 1982.

[59] Pollack, M. H., J. F. Rosenbaum, N. H. Cassem: Propranolol and depression revisited: Three cases and a review. J. Nerv. Ment. Dis. **173** (1985) 118–119.

[60] Pugh, C. R., J. Steinart, R. G. Priest: Propranolol in schizophrenia: A double blind, placebo controlled trial of propranolol as an adjunct to neuroleptic medication. Br. J. Psychiatry **143** (1983) 151–155.

[61] Rackensperger, W., W. Fritsch, D. Schwarz, et al.: Wirkung des Beta-Rezeptoren-Blockers Propranolol auf Manien. Arch. Psychiat. Nervenkr. **222** (1976) 223–243.

[62] Ratey, J. J., E. J. Mikkelsen, G. B. Smith, et al.: Beta-blockers in the severely and profoundly mentally retarded. J. Clin. Psychopharmacol. **6** (1986) 103–107.

[63] Ratey, J. J., R. Morrill, G. Oxenkrug: Use of propranolol for provoked and unprovoked episodes of rage. Am. J. Psychiatry **140** (1983) 1356 – 1357.

[64] Ratey, J. J., P. Sorgi, S. Polakoff: Nadolol as a treatment for akathisia. Am. J. Psychiatry **142** (1985) 640 – 642.

[65] Salem, S. A., D. G. McDevitt: Central effects of beta-adrenoceptor antagonists. Clin. Pharmacol. Ther. **33** (1982) 52 – 57.

[66] Schmieder, R., G. Friedrich, H. Neus, et al.: The influence of beta blockers on cardiovascular reactivity and type A behavior pattern in hypertensives. Psychosom. Med. **45** (1983) 417 – 423.

[67] Solomon, S., E. Hotchkiss, S. M. Saravay, et al.: Impairment of memory function by antihypertensive medication. Arch. Gen. Psychiatry **40** (1983) 1109 – 1112.

[68] Sorgi, P. J., J. J. Ratey, S. Polakoff: Beta-adrenergic blockers for the control of aggressive behaviors in patients with chronic schizophrenia. Am. J. Psychiatry **143** (1986) 775 – 776.

[69] Soyka, D.: Beta-Rezeptorenblocker bei Schmerzsyndromen in der Neurologie, insbesondere bei Migräne. In: Beta-Rezeptorenblocker in der Neurologie und Psychiatrie – interdisziplinäre Bewertung (H. Hippius, S. Schettler, Hg.), S. 26 – 36. Zuckschwerdt, München-Bern-Wien 1985.

[70] Sugrue, M.: Chronic antidepressant therapy and associated changes in central monoaminergic receptor functioning. Pharmacol. Ther. **13** (1983) 1 – 33.

[71] Suzman, M. M.: Use of beta-adrenergic receptor blocking agents in psychiatry. In: Neuropharmacology of Central Nervous System and Behavioral Disorders (G. C. Palmer, Hg.), S. 339 – 391. Academic Press, London-New-York-Toronto-Sydney-San Francisco 1981.

[72] Tanna, V. T., R. P. Penningroth, R. F. Woolsen: Propranolol in the treatment of anxiety neurosis. Compr. Psychiatry **18** (1977) 319 – 326.

[73] Tollefson, G.: Use of a long acting peripheral beta blocker, nadolol, in panic disorder. J. Clin. Psychopharmacol. **4** (1984) 170 – 171.

[74] Tyrer, P. J.: Use of beta-blocking drugs in psychiatry and neurology. Drugs **20** (1980) 308 – 308.

[75] Tyrer, P. J., M. H. Lader: Effects of beta-blockade with sotalol in chronic anxiety. Clin. Pharmacol. Ther. **14** (1973) 418 – 426.

[76] Tyrer, P. J., M. H. Lader: Response to propranolol and diazepam in somatic and psychic anxiety. Br. Med. J. **II** (1974) 14 – 16.

[77] Tyrer, P., D. Rutherford, T. Huggett: Benzodiazepine withdrawal symptoms and propranolol. Lancet **I** (1981) 520 – 522.

[78] Veterans Administration Cooperative Study Group on Antihypertensive Agents: Comparison of propranolol and hydrochlorothiazide for the initial treatment of hypertension. II. Results of long-term therapy. JAMA **248** (1982) 2004 – 2011.

[79] Volk, W., W. Bier, J. P. Braun, et al.: Behandlung von erregten Psychosen mit einem Beta-Rezeptoren-Blocker (Oxprenolol) in hoher Dosierung. Nervenarzt **43** (1972) 491 – 492.

[80] Wilbur, R., F. A. Kulik: Propranolol (Inderal) for tardive dyskinesia and extrapyramidal side effects from neuroleptics: Possible involvement of beta-adrenergic mechanisms. Prog. Neuro-Psychopharmacol. **4** (1981) 627 – 632.

[81] Yorkston, N. J., J. H. Gruzelier, S. A. Zaki, et al.: Propranolol as an adjunct to the treatment of schizophrenia. Lancet **II** (1977) 575 – 578.

[82] Yorkston, N. J., S. A. Zaki, M. P. Weller, et al.: Dl-propranolol and chlorpromazine following admission for schizophrenia. A controlled comparison. Acta Psychiat. Scand. **63** (1981) 13 – 27.

[83] Yudowsky, S., L. Stevens, J. Silver, et al.: Propranolol in the treatment of rage and violent behavior associated with Korsakoff's psychosis. Am. J. Psychiatry **141** (1984) 114 – 115.

[84] Yudowsky, S., D. Williams, J. Gorman: Propranolol in the treatment of rage and violent behavior in patients with chronic brain syndromes. Am. J. Psychiatry **138** (1981) 218 – 220.

V Therapeutische Probleme unter Beta-Blocker-Therapie

Beta-Rezeptorenblocker in der Behandlung der idiopathischen dilativen Kardiomyopathie

T. Meinertz

Die idiopathische dilative Kardiomyopathie (IDC) ist definitionsgemäß eine Erkrankung unbekannter Ätiologie. Sie stellt wahrscheinlich das gemeinsame Endstadium einer Reihe ätiologisch und pathogenetisch unterschiedlicher Erkrankungen dar. Bevor die Diagnose einer IDC gestellt werden kann, müssen eine hypertensive, koronare, valvuläre oder pulmonal bedingte Herzerkrankung sowie angeborene Anomalien ausgeschlossen werden. Darüber hinaus muß sichergestellt sein, daß keine spezifischen Herzmuskelerkrankungen wie Myokarditiden, metabolische oder toxische Herzerkrankungen vorliegen.

Verlauf und Prognose

Die Ergebnisse verschiedener Studien zur Prognose der IDC bieten ein relativ einheitliches Bild, wenn die Diagnose und die hämodynamische Charakteristik der Patienten auf einer invasiven angiographischen Untersuchung basierte und vergleichbare Stadien im Krankheitsverlauf betrachtet werden. Nach verschiedenen Untersuchungsbefunden liegt die 5-Jahres-Mortalität asymptomatischer oder wenig symptomatischer Patienten bei 10–20%, die von Patienten mit deutlicher klinischer Symptomatik bei 40–80%, z. B. [5]. Insgesamt muß man davon ausgehen, daß die Erkrankung in der Regel von Beginn der klinischen Symptome an progredient verläuft und über einen mehrjährigen Zeitraum zum Tode führt. Bei einer kleinen Zahl von Patienten (23 von 104 Patienten der Studie von Fuster und Mitarbeitern) blieb die klinische Situation jedoch über einen mehr als sechsjährigen Verlauf stabil. Die Ergebnisse der Studie von Figulla und Mitarbeitern [4] unterscheiden sich diesbezüglich von nahezu allen anderen Untersuchungsergebnissen. Diese Autoren fanden unter 42 Patienten, die über im Mittel 32 Monate verfolgt wurden, bei etwa 50% eine Stabilisierung oder Besserung der hämodynamischen Situation. Diese Befunde sowie die Ergebnisse der Mayo-Klinik-Studie machen deutlich, daß es einzelne Patienten mit günstigem Krankheitsverlauf gibt, und weisen damit auch indirekt auf die heterogene Pathogenese dieses Krankheitsbildes hin. Unmittelbare Todesursache sind die therapierefraktäre Herzinsuffizienz bei 40–50% und ein plötzlicher Herztod bei 30–45% der Patienten [8, 9, 11, 12]. Nur relativ wenige Patienten versterben an den Folgen thromboembolischer Komplikationen. Nach Kuhn und Mitarb. [10] sollen 64% der Patienten an einer therapierefraktären Herzinsuffizienz, 25% an einem plötzlichen Herztod und 12% an thromboembolischen Komplikationen versterben.

Prognostische Faktoren

Patienten mit ungünstiger Prognose lassen sich mit klinisch brauchbarer Zuverlässigkeit von solchen mit günstiger Prognose unterscheiden. Sie zeichnen sich durch folgende Charakteristika aus:
- deutliche klinische Symptomatik (NYHA III – IV);
- klinisch, echokardiographisch oder röntgenologisch erfaßbare deutliche Vergrößerung des linken Ventrikels;
- elektrokardiographisch fehlende Zeichen der linksventrikulären Hypertrophie bei deutlicher intraventrikulärer Erregungsausbreitungsstörung;
- im Langzeit-EKG nachweisbare häufige Episoden nichtanhaltender ventrikulärer Tachykardien und/oder ventrikulärer Paare; anhaltende ventrikuläre Tachykardien;
- echokardiographische Zeichen einer verminderten linksventrikulären Wanddicke;
- Cardiac-Index <3 l/min/m^2;
- linksventrikulärer enddiastolischer Druck >20 mmHg;
- linksventrikulärer enddiastolischer Volumenindex >200 ml/m^2;
- linksventrikuläre Auswurffraktion $<40\%$;
- deutliche morphologische Veränderungen im Biopsie-Material.

Therapie

Ziele der Therapie sind die Beseitigung der Grunderkrankung, die Beeinflussung des Verlaufes und der Prognose, die Besserung der klinischen Symptome und Beschwerden sowie die Vermeidung von Komplikationen.

Grunderkrankung

Naturgemäß läßt sich die Grunderkrankung nicht beseitigen. In jedem Fall ist es wichtig, eine differentialdiagnostisch mögliche andere Erkrankung, die eventuell einer kausalen Therapie zugänglich ist, auszuschließen. Hierzu sollte man im Einzelfall die gesamte invasive kardiologische Diagnostik einschließlich endomyokardialer Biopsie einsetzen. Liegt eine IDC vor, ist zu prüfen, ob auslösende bzw. aggravierende Faktoren wie zum Beispiel Äthylalkoholkonsum oder Hypertonie vorliegen. In solchen Fällen ist strikte Alkoholkarenz bzw. eine konsequente Behandlung der Hypertonie indiziert.

Verlauf und Prognose

Bei der Mehrzahl der Patienten ist der Verlauf der Erkrankung progredient, nur wenige bleiben über einen längeren Zeitraum klinisch und hämodynamisch stabil [5]. Ein derart günstiger klinischer Verlauf mit längerdauernder Stabilität ist keine Folge einer spezifischen Therapie, sondern wahrscheinlich durch eine besondere Genese der Grunderkrankung bedingt. Da die Prognose der Patienten im fortgeschrittenen Stadium außerordentlich ungünstig ist, müssen die therapeutischen Anstrengungen darauf gerichtet sein, den Verlauf der Erkrankung schon im präklinischen Stadium zu beeinflussen. Hierzu liegen bis heute weder systematische Untersuchungen noch verläßliche klinische Befunde vor. Unter theoretischen und praktischen Aspekten läßt sich jedoch die Therapie dieser Erkrankung mit Beta-Rezeptorenblockern hier einordnen.

Theoretisches Konzept der Beta-Rezeptorenblockade bei kongestiver Herzinsuffizienz

Die Mehrzahl der in klinische Behandlung kommenden Patienten mit IDC weist Symptome der Belastungs- oder Ruheherzinsuffizienz auf. Typischerweise ist bei diesen Patienten der Sympathikustonus erhöht. Klinisches Korrelat hierfür sind Tachykardieneigung und Schwitzen, Tremor und periphere arterielle Minderdurchblutung. Laborchemisch drückt sich dieser Zustand durch erhöhte Plasma-Noradrenalin-Konzentrationen aus. Höchste Katecholaminkonzentrationen haben Patienten mit schwer eingeschränkter Leistungsfähigkeit, schlechter linksventrikulärer Funktion und ungünstiger Lebenserwartung. Da man davon ausgehen muß, daß der gesteigerte Sympathikustonus bei Patienten mit kongestiver Herzinsuffizienz ein primär sinnvoller Kompensationsmechanismus zur Aufrechterhaltung der kardialen Auswurfleistung und des Blutdrucks ist, erscheint ein Eingriff in diesen Regulationsmechanismus – z. B. durch Anwendung von Beta-Rezeptorenblockern – problematisch. Andererseits ist durchaus bekannt, daß eine exzessive Stimulation des Sympathikus ungünstige Effekte auf den Organismus ausübt: mehr als notwendige Tachykardie und Inotropie, erhöhter Sauerstoffverbrauch des Herzens, tachykarde supraventrikuläre und ventrikuläre Arrythmien, direkte toxische Effekte der Katecholamine auf Myozyten und kontraktile Proteine, Gefäßspasmen kleiner myokardialer Gefäße, „Down-Regulation“ der Beta-Rezeptoren, Verarmung des Herzens an Katecholaminen, „unnötige“ Vasokonstriktion in der arteriellen und venösen Strombahn, vermehrte Bildung von Angiotensin II, vermehrte Bildung von Aldosteron mit Salz und Wasserretention und Hypokaliämie.

Obwohl durchaus nicht sicher ist, daß alle diese Effekte auch beim Patienten mit chronischer kongestiver Herzinsuffizienz von Bedeutung sind, muß man davon ausgehen, daß eine Verminderung des Sympathikustonus zumindest in den frühen Stadien der Herzinsuffizienz – wenn vom Patienten toleriert – durchaus nützlich sein könnte.

Klinischer Einsatz von Beta-Rezeptorenblockern

Waagstein und Mitarbeiter berichteten erstmals 1975 über die günstigen klinischen und hämodynamischen Effekte einer Therapie mit Beta-Rezeptorenblockern bei Patienten mit IDC. Bei diesen durch eine Ruhetachykardie charakterisierten Patienten kam es zu einer Besserung der NYHA-Funktionsklasse, zu einer meßbaren Zunahme der körperlichen Belastbarkeit, zu einer Verkleinerung der röntgenologischen Herzgröße, zu einer Besserung des klinischen Untersuchungsbefundes und zu einer Normalisierung des vor Therapie pathologischen Apexkardiogramms [16]. In nachfolgenden Untersuchungen wurden diese Befunde auch an Patienten ohne vorbestehende Ruhetachykardie bestätigt und erweitert [13, 14]. Absetzen der Beta-Rezeptorenblocker führte dagegen bei der Mehrzahl der Patienten zu einer klinischen Verschlechterung und zu einer Abnahme der linksventrikulären Auswurffraktion [15]. Verglichen mit einer zugeordneten Patientengruppe mit ähnlichen Ausgangsbedingungen hatten Patienten, die mit Beta-Rezeptorenblockern behandelt wurden, eine bessere Lebenserwartung [16].

Diese Ergebnisse der Göteburger Arbeitsgruppe sind wiederholt kritisiert und insgesamt skeptisch beurteilt worden. Die Kritik richtete sich dabei sowohl auf den unkontrollierten Charakter der Studien als auch auf die zur Beurteilung des therapeutischen Effektes herangezogenen Meßverfahren.

Ikram und Fitzpatrick untersuchten in einer plazebokontrollierten, randomisierten Cross-over-Studie die Wirkung von Acebutolol bei 15 Patienten mit IDC. Während einer einmonatigen Verlaufsbeobachtung kam es unter Acebutolol im Vergleich zu Plazebo zu einer Verschlechterung der körperlichen Belastbarkeit und der linksventrikulären Funktion [6]. In einer weiteren plazebokontrollierten Studie mit Metoprolol (mittlere Dosis 130 mg täglich) konnten Currie und Mitarbeiter ebenfalls keine Besserung der Symptome und der Hämodynamik nachweisen [3].

Die beiden vorgenannten Studien umfaßten relativ kleine Patientenkollektive, außerdem wurde die Therapie nur über einen kurzen Zeitraum durchgeführt. Günstige Effekte einer Behandlung mit Beta-Rezeptorenblockern sollen aber erst etwa 3 Monate nach Therapiebeginn nachweisbar sein [17]. Von größerer Aussagekraft als die vorgenannten Studien ist daher eine von Anderson und Mitarbeitern durchgeführte plazebokontrollierte Studie an 50 Patienten mit IDC. Die Verlaufsbeobachtung betrug im Mittel 19 (1 – 38) Monate. Die Dosis von Metoprolol wurde individuell bis zur höchsten tolerierten Dosis (im Mittel 61 mg täglich) gesteigert. Funktionell – gemessen an der klinischen Symptomatik und an der körperlichen Belastbarkeit – waren Patienten unter Beta-Blockertherapie besser als unter Plazebobedingungen [2].

Die Ergebnisse bezüglich der Prognose lassen den Schluß zu, daß Patienten, die Beta-Rezeptorenblocker tolerieren, möglicherweise eine bessere Prognose haben als Patienten, die Beta-Rezeptorenblocker nicht tolerieren oder nicht erhalten. Die verbesserte Prognose von Patienten unter Beta-Rezeptorenblockern könnte sowohl durch einen Selektionsprozeß – weniger kranke Patienten tolerieren Beta-Rezeptorenblokker besser – als auch durch einen echten protektiven Effekt zustande kommen.

Die Frage, ob Beta-Rezeptorenblocker bei der Therapie der IDC von Nutzen sind, läßt sich angesichts dieser widersprüchlichen Befunde derzeit nicht eindeutig beantworten. Es könnte jedoch durchaus sein, daß bestimmte Untergruppen von Patienten mit IDC von einer solchen Therapie klinisch, hämodynamisch und prognostisch profitieren [1]. Erst die Ergebnisse größerer multizentrisch angelegter Studien werden die Frage beantworten helfen, ob Patienten mit IDC – und wenn ja, welche – mit Beta-Rezeptorenblockern behandelt werden sollen [1, 2, 7]. Bis zum Vorliegen solcher

Ergebnisse sollten Beta-Rezeptorenblocker in der klinischen Routine nicht zur Behandlung der IDC eingesetzt werden.

Literatur

[1] Alderman, J., W. Grossman: Are β-adrenergic-blocking drugs useful in the treatment of dilated cardiomyopathy? Circulation 5 (1985) 854–857.

[2] Anderson, J. L., J. R. Lutz, E. N. Gilbert, et al.: A randomized trial of low-dose beta-blockade therapy for idiopathic dilated cardiomyopathy. Am. J. Cardiol. 55 (1985) 471–475.

[3] Currie, P. J., M. J. Kelly, A. McKenzie, et al.: Oral beta-adrenergic blockade with metoprolol in chronic severe dilated cardiomyopathy. J. Am. Coll. Cardiol. 3 (1984) 203–209.

[4] Figulla, H. R., G. Rahlf, M. Nieger, et al.: Spontaneous hemodynamic improvement or stabilization and associated biopsy findings in patients with congestive cardiomyopathy. Circulation 71 (1985) 1095–1104.

[5] Fuster, V., B. J. Gersh, E. R. Giuliani, et al.: The natural history of idiopathic dilated cardiomyopathy. Am. J. Cardiol. 47 (1981) 525–531.

[6] Ikram, H., M. A. Fitzpatrick: Double-blind trial of chronic beta-blockade in congestive cardiomyopathy. Lancet 1 (1983) 490–493.

[7] Ikram, H., M. A. Fitzpatrick: Beta-blockade for dilated cardiomyopathy: the evidence against therapeutic benefit. Europ. Heart J. 4 (1983) 179–180.

[8] Johnson, R. A., I. Palacios: Dilated cardiomyopathies of the adult (first of two parts). N. Engl. J. Med. 307 (1982) 1051–1058.

[9] Johnson, R. A., I. Palacios: Dilated cardiomyopathies of the adult (second of two parts). N. Engl. J. Med. 307 (1982) 1119–1126.

[10] Kuhn, H., R. Becker, J. Fischer, et al.: Untersuchungen zur Ätiologie, zum Verlauf und zur Prognose der dilativen Kardiomyopathie (DCM). Z. Kardiol. 71 (1982) 497–508.

[11] Meinertz, T., T. Hofmann, W. Kasper, et al.: Significance of ventricular arrhythmias in idiopathic dilated cardiomyopathy. Am. J. Cardiol. 53 (1984) 902–907.

[12] Segal, J. P., J. F. Stapleton, J. R. McClellan, et al.: Idiopathic cardiomyopathy: Clinical features prognosis and therapy. Curr. Probl. Cardiol. 3 (6) (1978) 1–48.

[13] Swedberg, K., Å, Hjalmarson, F. Waagstein, et al.: Prolongation of survival in congestive cardiomyopathy during treatment with beta-receptor blockade. Lancet I (1979) 1374–1376.

[14] Swedberg, K., Å. Hjalmarson, F. Waagstein, et al.: Veneficial effects of long-term beta-blockade in congestive cardiomyopathy. Br. Heart J. 44 (1980) 117–133.

[15] Swedberg, K., Å. Hjalmarson, F. Waagstein, et al.: Adverse effects of beta-blockade withdrawal in patients with congestive cardiomyopathy. Br. Heart J. 44 (1980) 134–142.

[16] Waagstein, F., Å. Hjalmarson, E. Varnauskas, et al.: Effect of chronic beta-adrenergic receptor blockade in congestive cardiomyopathy. Br. Heart J. 37 (1975) 1022–1036.

[17] Waagstein, F., Å. Hjalmarson, K. Swedberg, et al.: Betablockers in dilated cardiomyopathies: they work. Europ. Heart J. 4 (1983) 173–178.

Beta-Rezeptorenblocker bei Herzinsuffizienz: Beta-Rezeptorenblocker ohne negativ-inotrope Eigenschaften?

H. Just, G. Hasenfuß

Abstract

Beta-blockade is characterized by negative chronotropic and negative inotropic actions on the heart. Negative inotropism is undesired in patients with depressed left ventricular function or manifest heart failure.

The new beta-blocker CGP 17 582 B (CIBA-GEIGY AG) has experimentally, as well as in preliminary clinical studies shown a conspicuous absence of negative inotropic actions. We therefore investigated the drug in 7 patients with coronary artery disease with disturbed left ventricular function, albeit not in frank heart failure.

After 4 mg of CGP 17 582 B heart rate fell in all patients, except for one (mean 12%). Left ventricular enddiastolic pressure and cardiac index remained unchanged, whereas stroke volume rose (+ 12,4%, $p < 0.01$); dp/dtmax did not show a significant change, nor did the left ventricular ejection fraction. Likewise ventricular enddiastolic volume remained unchanged, endsystolic volume fell slightly. Total peripheral resistance did not change.

Inadvertend effects did not occur. The iv.application of 4 mg was well tolerated.

We conclude from our observations, that the new beta-blocker CGP 17 582 B is indeed devoid of significant negative inotropic effects, even in patiens with compromised left ventricular function and with dilated ventricles. This mode of action – negative chronotropism without negative inotropism – may clinically be useful in certain cases.

A pharmacological explanation for this unusual pattern of actions can not yet be given. Experimental studies have shown that CGP 17 582 B is a potent cardioselective blocker with mild intrinsic sympathomimetic and dopaminergic activity.

Beta-Rezeptorenblocker werden zur Behandlung von supraventrikulären und ventrikulären Arrhythmien und in der Sekundärprävention bei koronarer Herzkrankheit nach Infarkt und zur symptomatischen Behandlung der Angina pectoris eingesetzt. Der Anwendungsbereich wird limitiert bei Bradykardie und bei Vorliegen von Herzinsuffizienz. Unter Beta-Rezeptorenblockern sind gefährliche Verlangsamungen der Sinusknotenfrequenz und der AV-Überleitung beschrieben worden. Die negativ-inotrope Wirkung kann bei vorgeschädigtem Herzen zu einer lebensbedrohenden Dekompensation führen. Dennoch ist die Anwendung von Beta-Blockern bei Herzinsuffizienz empfohlen worden: Die Göteborger Arbeitsgruppe verwendet seit Jahren Beta-Rezeptorenblocker in geringer Dosierung zur Dauertherapie von Patienten mit idiopathischer dilativer Kardiomyopathie mit Herzinsuffizienz [1]. Andernorts konnten diese günstigen Erfahrungen nicht immer bestätigt werden.

Grundsätzlich erscheint der Einsatz von Beta-Rezeptorenblockern bei Herzinsuffizienz wünschenswert: Herzinsuffiziente neigen zu Arrhythmien und sind in besonderer Weise durch plötzlichen Herztod gefährdet. Ferner besteht in der Insuffizienz eine erhöhte endogene sympathische Aktivität, die bei längerem Bestehen zu einer Verminderung der Rezeptorendichte am Myokard führt und damit zu einer Einschränkung der Anpassungsfähigkeit an unterschiedliche Arbeitsbedingungen. Schließlich ist unter einer Dauertherapie mit Beta-Rezeptorenblockern damit zu rechnen, daß bei einer Verschlechterung der Grunderkrankung mit Entwicklung von Herzinsuffizienz besonders rasch nachteilige Wirkungen zu gewärtigen sind durch die negativ-inotropen Wirkeigenschaften der gebräuchlichen Beta-Rezeptorenblocker. Gänzlich unbekannt ist es, wie sich eine Kumulation von Beta-Rezeptorenblockern auf die Herzfunktion auswirkt. Einige Beta-Rezeptorenblocker werden renal eliminiert. Bei Nierenfunktionsstörungen ist somit unter Dauertherapie grundsätzlich eine Kumulation möglich [2]. Tritt gleichzeitig eine Verschlechterung der kardialen Grunderkrankung ein, so muß unter Umständen mit dem Eintreten von Herzinsuffizienz gerechnet werden.

Zwar ist bekannt, daß die negativ-inotrope Wirkung durch Digitalisglykoside ausgeglichen werden kann, jedoch bringen diese Stoffe eigenständige Probleme ins Spiel. Eine Kompensation der negativ-inotropen Wirkung durch gleichzeitige Applikation von Vasodilatantien ist nicht oder nur mit Einschränkung möglich, denn die therapeutisch günstige Wirkung der Vasodilatantien beruht z. T. auf einer Aktivierung des Barorezeptorreflexes, welcher durch den Beta-Rezeptorenblocker blockiert wird. Hierdurch kann es zu gefährlichen Hypotensionen kommen, wenn Vasodilatantien und Beta-Blocker gleichzeitig verabreicht werden.

Aus den genannten Gründen hat es nicht an Versuchen gefehlt, die verfügbaren Beta-Rezeptorenblocker nach ihren unterschiedlichen Wirkungsspektren bei Patienten mit Herzinsuffizienz einzusetzen (Tab. 1). Grundsätzlich ist für den Einsatz bei Herzinsuffizienz die Kombination von Beta-1-Selektivität zusammen mit intrinsischer sympathomimetischer Aktivität (Gruppe 4) als günstig einzustufen. In dieser Gruppe stehen jedoch nur Acebutolol und Practolol zur Verfügung. Das erstere besitzt eine nur geringe, möglicherweise sogar fragliche Beta-1-Selektivität. Das Practolol ist nur intravenös verfügbar.

Kürzlich ist eine neue beta-blockierende Substanz vorgestellt worden (CGP 17 582 B), die kardioselektiv mit mäßig starker intrinsischer sympathomimetischer Aktivität wirkt und gleichzeitig zentrale dopaminerge Wirkungen entfaltet (Tab. 2). Bei der Prüfung dieser Substanz an gesunden Probanden (und bei Patienten ohne koronare Herzkrankheit im Rahmen diagnostischer Herzkatheteruntersuchungen) wurde beobachtet, daß die sonst von Beta-Rezeptorenblockern bekannten negativ-inotropen Wirkungen fehlten. Es wurde eine Verkürzung der Prä-Ejektionsperiode beobachtet, und bei sinkender Herzfrequenz blieb das Herzminutenvolumen gleich, so daß eine Zunahme des Schlagvolumens beobachtet wurde [3]. Aus diesen Beobachtungen mußte man schließen, daß diese neue Substanz inotrope Eigenschaften besitzt oder jedenfalls nicht negativ-inotrop wirkt.

Tabelle 1 Rezeptor-Selektivität und intrinsische sympathomimetische Aktivität gebräuchlicher Beta-Rezeptorenblocker

Nicht-selektiv, ohne ISA	
	Propranolol Timolol
Nicht-selektiv, mit ISA	
	Oxprenolol Pindolol
Selektiv, ohne ISA	
	Atenolol Metoprolol
Selektiv, mit ISA	
	Acebutolol Practolol

„Nicht-selektiv“: Beta-1- und Beta-2-Rezeptoren besetzend
„Selektiv“: überwiegend Beta-1-Rezeptoren besetzend
„ISA“: intrinsische sympathomimetische Aktivität

Tabelle 2 CGP 17582 B

Eigenschaften
Potenter Beta-1-Blocker (3 – 10 × Metoprolol)
Kardioselektiv (wenig Beta-2-Akt.) (5 × Metoprolol)
Leichte ISA (etwa Practolol, Oxprenolol)
Sehr schwach kardiodepressiv (nur in vitro)
Keine lokalanästhetische Wirkung
Dopaminerge Wirkung

Wir haben daher bei sieben Patienten mit koronarer Herzkrankheit und unterschiedlichem Schweregrad einer ventrikulären Funktionsstörung mittels invasiver Technik die Frage geprüft, ob auch bei Patienten mit erkranktem Herzen ein Fehlen der negativ-inotropen Wirkung oder sogar eine positive Inotropie beobachtet werden könne.

Methodik

Sieben Patienten im Alter von 42 bis 71 Jahren wurden im Rahmen diagnostischer Herzkatheteruntersuchungen wegen symptomatischer koronarer Herzkrankheit untersucht. Alle Patienten waren informiert und hatten mündlich und schriftlich ihr Einverständnis zur Untersuchung erteilt.

Die durchwegs männlichen Patienten waren im klinischen Schweregrad II bis III. Zwei hatten im Verlauf eine manifeste Herzinsuffizienz gehabt. Alle waren zum Zeitpunkt der Untersuchung kompensiert. Tab. 3 zeigt die enddiastolischen Druckwerte (LVEDP) bei Ruhe. Man erkennt, daß bei drei Patienten dieser Wert beträchtlich erhöht war. Tab. 5 zeigt z. T. sehr stark vergrößerte Kammervolumina und eine reduzierte Ejektionsfraktion.

Die Patienten wurden vormittags nüchtern untersucht, nachdem koronarwirksame Pharmaka und Diuretika mindestens 24 Stunden, Digitalisglykoside mindestens eine Woche zuvor abgesetzt worden waren. Keiner der Patienten war mit Beta-Rezeptorenblockern behandelt. Die Rechtsherzkatheteruntersuchung wurde mit einem Swan-Ganz-Thermistorkatheter von der rechten V. femoralis aus vorgenommen. Die Linksherzsondierung erfolgte mittels Millar-Mikrotip-Katheter mit simultaner, hochfrequenzgetreuer Mikromanometerdruckregistrierung und hydraulischer Druckmessung. Das erstgenannte Signal wurde zur Zeit differenziert (dp/dt).

Die linke Herzkammer wurde nach der selektiven Koronarangiographie mit biplaner, isozentrischer Technik nach Injektion von 25 bis 30 ml Solutrast mit einer Injektionsgeschwindigkeit von 12 ml/sec dargestellt und das Ventrikulogramm simultan mit der frequenzgetreuen Druckregistrierung auf Kinofilm mit 50 Bildern pro Sekunde aufgenommen. Die Auswertung der Angiokardiogramme erfolgte computergesteuert (AVD-System, Siemens AG). Die Synchronisation von Drucksignal und Kinofilm erfolgte über den computergestützten Sicor-Meßplatz (Siemens AG). Für die Auswertung wurden nur extrasystolenfreie Herzaktionen verwendet. Auch postextrasystolische Schläge wurden streng vermieden.

CGP 17582 B wurde in einer Dosis von 4 mg über zwei Minuten injiziert. Zehn Minuten nach Injektionsende wurden die hämodynamischen und angiokardiographischen Messungen wiederholt. Die gewonnenen Meßwerte wurden mit Student's-T-Test auf statistische Signifikanz geprüft.

Ergebnisse

Alle Patienten tolerierten den Beta-Blocker ohne subjektiv wahrnehmbare Symptome. Die Herzfrequenz sank um durchschnittlich 12%. Nur bei einem Patient (Ka) stieg die Herzfrequenz aus ungeklärten Gründen an (Tab. 3).

Die hämodynamischen Daten sind in den Tabellen 3 und 4 angegeben. Man erkennt, daß bei sinkender Herzfrequenz der linksventrikuläre enddiastolische Druck – bei z. T. hohen Ausgangswerten – unverändert bleibt, während aber das Schlagvolumen statistisch signifikant um 18% zunimmt. Das Herzminutenvolumen bleibt unverändert, ebenso der periphere Gesamtgefäßwiderstand. Der Kontraktilitätsindex gemessen als dp/dt max über das frequenzgetreu arbeitende Mikromanometersystem zeigte zwar eine Tendenz zum Absinken, diese Änderung war jedoch statistisch nicht signifikant (Tab. 4).

Die Volumina der linken Herkammer blieben vor und nach CGP 17582 B unverändert, so auch die Austreibungsfraktion (EF).

Tabelle 3 Herzfrequenz (HR; min^{-1}), enddiastolischer Druck (LVEDP; mmHg) und Schlagvolumen (SV; ml) vor (bef) und nach (after) Applikation von CGP 17 582 B

Init	HR bef	HR after	d%	LVEDP bef	LVEDP after	d%	SV bef	SV after	d%
Fe	80	75	− 6.25	11	17	54.55	59	62	5.08
He	95	80	−15.79	9	12	33.33	70	82	17.14
Oc	77	72	− 6.49	16	10	−37.50	54	75	38.89
Ma	58	49	−15.52	20	14	−30.00	86	104	20,93
Ka	53	75	41.51	10	5	−50.00	102	77	−24.51
Ca	58	52	−10.34	8	12	50.00	90	113	25.56
He	70	57	−18.57	18	16	−11.11	99	103	4.04
Mean	70.14	65.71	− 4.49	13.14	12.29	1.32	80.00	88.00	12.45
SD	15.00	12.65	20.84	4.78	4.03	43.79	19.14	18.74	20.23
Mean ecxl KA	73.00	64.17	−12.16	13.67	13.50	9.88	76.33	89.83	18.61
SD excl KA	14.20	13.11	5.21	5.01	2.66	41.06	18.07	19.83	13.13

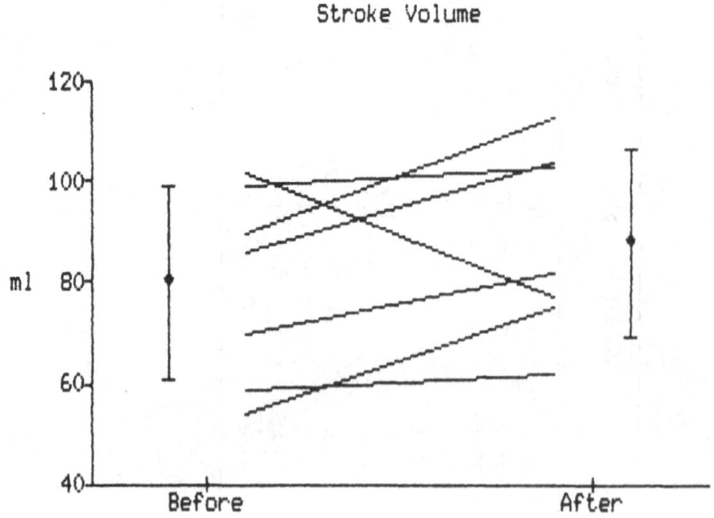

Abb. 2: Verhalten des Schlagvolumens (stroke volume) vor (before) und nach (after) 4 mg CGP 17 582 B iv.
Man erkennt einen Anstieg bei 6 der 7 Patienten. Der Unterschied ist signifikant bei $p < 0.01$. Die mittlere Zunahme beträgt 12,4%. Der einzige abfallende Wert wurde bei dem Pat. Ka beobachtet, der auf die iv-Gabe des Beta-Blockers mit einem Herzfrequenzanstieg reagierte.

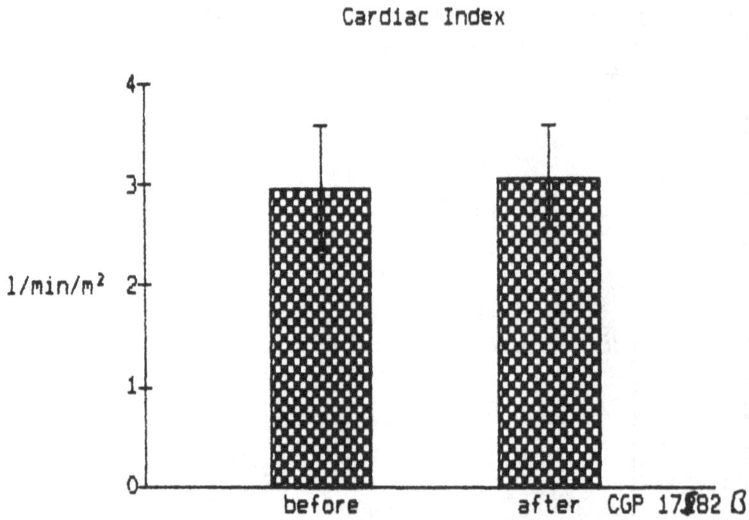

Abb. 3: Verhalten des Herzindex (cardiac index) vor (before) und nach (after) 4 mg CGP 17 582 B iv. Der Unterschied ist gering und nicht statistisch signifikant.

Tabelle 4 Herzindex (CI; $l/min/m^2$), maximale Druckanstiegsgeschwindigkeit (dp/dt_{max}; mmHg/s), und peripherer Widerstand (TPR; $dyn \cdot s \cdot cm^{-5}$) vor (bef) und nach (after) Applikation von CGP 17 582 B

Init	CI bef	CI after	dp/dt bef	dp/dt after	TPR bef	TPR after
Fe	2.60	2.80	1455	1440	2053	2314
He	4.10	4.00	2126	1968	847	1187
Oc	3.10	3.00	1988	1141	1381	1425
Ma	2.40	2.40	1299	1434	1632	1422
Ka	2.60	2.90	2137	2598	1629	1613
Ca	2.60	3.00	1483	1351	1385	1261
He	3.40	3.40	1680	1758	1368	1333
Mean	2.97	3.07	1738.29	1670.00	1470.71	1507.86
SD	0.61	0.51	344.83	491.25	366.31	380.71

Tabelle 5 Enddiastolisches Volumen (EDV; ml), endsystolisches Volumen (ESV; ml), und Ejektionsfraktion (EF; %) vor (bef) und nach (after) Applikation von CGP 17 582 B

Init	EDV bef	EDV after	ESV bef	ESV after	EF bef	EF after
Fe	170	180	40	50	76	77
He	210	204	43	51	80	75
Oc	263	264	198	177	25	33
Ma	340	313	80	113	76	64
Ka	146	169	25	32	83	80
Ca	226	256	41	57	82	78
He	188	195	40	44	79	79
Mean	220.43	225.86	66.71	74.86	71.57	69.43
StD	65.04	52.79	60.28	51.93	20,71	16.94

Diskussion

CGP 17 582 B ist ein potenter kardioselektiver Blocker (Tab. 2). Er besitzt das Grundgerüst eines Phenoxypropanolamins (Abb. 1). Die Substanz ist kardioselektiv und besitzt eine leichte ISA. Eine lokalanästhetische Wirkung ist nicht nachweisbar, jedoch eine dopaminerge Wirkung (Prolaktin-Freisetzung an der Hypophyse). Eine direkte inotrope Wirkung konnte experimentell nicht gezeigt werden. Die Strukturformel ist in der Abb. 1 angegeben.

Das hämodynamische Wirkprofil zeigt bei den hier untersuchten koronarkranken Patienten mit z. T. schwerer Kammerfunktionsstörung tatsächlich keine negativinotrope Wirkung. Die Herzfrequenz sinkt im erwarteten Ausmaß, wie auch in den vorausgegangenen Untersuchungen an herzgesunden Probanden und an koronargesunden Herzkatheterpatienten gezeigt [3]. Bei unverändertem enddiastolischem Druck und unverändertem Herzminutenvolumen kommt es zu einem statistisch signifikanten

Chemischer Name:

1-[2-(3-Carbomoyl-4-hydroxy-phenoxy)-äthylamino]-3-[4-(2-methoxy-ethoxy)-phenoxy]-2-propranolol-methansulfonat

Strukturformel:

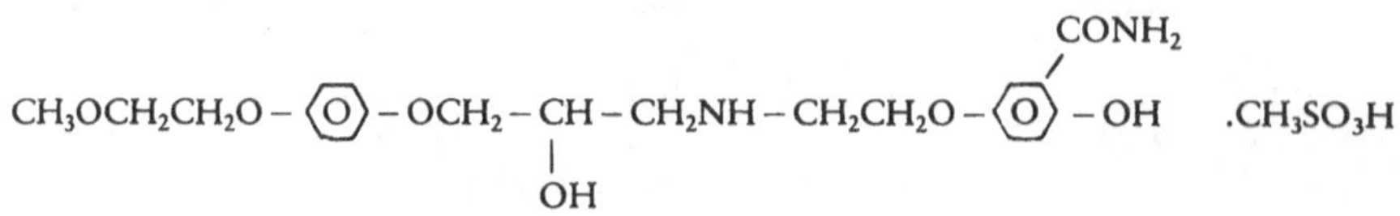

Abb. 1: Chemische Bezeichnung und Strukturformel des Beta-Blockers CGP 17 582 B

Anstieg des Schlagvolumens. Dies kann bei gleichbleibendem Gesamtgefäßwiderstand nur als Folge inotroper Wirkung gedeutet werden. Die isovolumetrischen Kontraktilitätsindizes (dp/dt max) zeigen keine Änderung. Jedenfalls sieht man nicht die für einen Beta-Blocker sonst zu erwartende Reduktion dieses Wertes unter der Wirkung der Substanz.

Kammervolumina und Austreibungsfraktion ändern sich nicht. Allerdings sind diese Werte bei den koronarkranken Patienten mit z. T. ausgedehnten Wandbewegungsstörungen und asymmetrischer, irregulärer Kammerkonfiguration trotz biplaner Aufnahmetechnik nur mit Einschränkung bewertbar. Zur Definition einer inotropen Wirkung sind diese Größen ohnehin nur von eingeschränkter Bedeutung.

Die vorliegenden Untersuchungen, die bei herzgesunden Probanden eine Verkürzung der Prä-Ejektionsperiode zeigten [3] und nach denen bei herzkatheterisierten Patienten ohne hämodynamisch wirksame koronare Herzkrankheit eine Zunahme des Herzschlagvolumens bei gleichbleibendem enddiastolischem Druck gezeigt wurde, werden durch die hier vorgelegte Studie ergänzt: Auch bei Patienten mit koronarer Herzkrankheit **und** Kammerfunktionsstörung unterschiedlichen Schweregrades wird eine negativ-inotrope Wirkung nicht sichtbar.

Es bleibt fraglich, worauf diese Effekte zurückzuführen sind. Direkte Hinweise für eine dopaminerge Wirkung am Myokard fehlen. Andere myokardspezifische Wirkungen dieser Substanz sind ebenfalls bisher nicht bekannt geworden.

Es scheint tatsächlich eine Dissoziation zwischen negativ-chronotroper und negativ-inotroper Wirkung vorzuliegen. Eine endgültige Beantwortung dieser Frage wird jedoch nur möglich sein, wenn Isoprenalintitrationsstudien bei Patienten mit und ohne Kammerfunktionsstörung vorgelegt werden.

Das interessante Wirkungsprofil von CGP 17 582 B rechtfertigt weitere Untersuchungen. Möglicherweise liegt hier tatsächlich eine Substanz vor, die bei Patienten mit Herzinsuffizienz ein höheres Maß an Therapiesicherheit bieten kann, als dies mit den bisher verfügbaren Beta-Rezeptorenblockern der Fall ist.

Literatur

[1] Swedberg, K., Å. Hjalmarson, F. Waagstein, I. Wallentin: Prolongation of survival in congestive cardiomyopathy by beta-receptor blockade. Lancet I (1979) 1374–1376.
[2] Knauf, H., M. Schäfer-Korting, E. Mutschler: Pharmakokinetik und biologische Wirkdauer von β-Rezeptorenblockern bei Niereninsuffizienz. Internist 22 (1981) 616–621.
[3] Klepzig, M., B. E. Strauer: CGP 17582 – ein Betablocker ohne negativ-inotrope Eigenschaften. Herz/Kreisl 18 (1986) 439–442.

Therapeutische Probleme der Beta-Blocker-Therapie bei Diabetes mellitus

H. U. Janka

Abstract

Beta-blocker therapy still plays an important part in the antihypertensive treatment of diabetics. In these patients, substances with high $beta_1$-selectivity should be used preferentially. An influence of beta-blocker treatment on blood glucose and serum lipids, however, cannot be excluded. In the treatment of mild to moderate hypertension, a low-dose combination of beta-blocker and/or calcium antagonist and/or diuretica has advantages over a high-dose monotherapy in diabetes mellitus because of undesired side effects. In an extremely labile metabolic situation (brittle diabetes), or when hypoglycemia related warning symptoms are lost, beta-blockers are contraindicated.

Wirksam behandelte Hypertoniker leiden signifikant weniger unter Schlaganfällen, Herzinfarkt und peripheren Durchblutungsstörungen als unbehandelte Patienten. Dies ist das Ergebnis einer Reihe von Interventionsstudien [16, 27]. Zwar wurden zwingende Argumente für eine zurückhaltende Pharmakotherapie der milden Hypertonie vorgebracht [2], doch ist das Risiko für Herz-Kreislauf-Komplikationen bei Patienten mit multiplen Risikofaktoren durch zusätzlich erhöhte Blutdruckwerte ungleich höher [12]. Der nicht-insulinpflichtige Typ II-Diabetiker ist durch ein multiples Risikofaktorensyndrom von Hypertonie, Fettstoffwechselstörungen, Hyperglykämie, Hyperinsulinämie und Übergewicht gekennzeichnet [29]. Gerade diese Patienten mit ihrer nachweislich hohen Rate an Makroangiopathie und vorzeitigem Tod dürften durch eine nebenwirkungsarme antihypertensive Therapie profitieren, wenn eine ausreichende Senkung der erhöhten Blutdruckwerte durch Gewichtsreduktion und Kochsalzbeschränkung allein nicht gelingt.

Als therapeutische Faustregel für den älteren Diabetiker gilt, daß die antihypertensive Therapie dann einsetzen sollte, wenn die Blutdruckwerte über 160/90 mm Hg ansteigen [21]. Zur Retardierung einer fortschreitenden diabetischen Nephropathie oder Retinopathie wurde eine Behandlung bei weit niedrigeren Blutdruckwerten empfohlen [17, 23].

Auch bei Diabetikern kommen die zur Basistherapie der Hypertonie empfohlenen Substanzen Beta-Blocker, Diuretika und Kalziumantagonisten zur Anwendung. Aus der Sicht des Diabetologen erscheint aber eine niedrig dosierte Kombinationstherapie von Antihypertensiva einer hochdosierten Monotherapie überlegen zu sein, da bekanntlich Antihypertensiva mit unterschiedlichen Wirkungsprinzipien durch additive

Effekte zur Dosiseinsparung der Einzelkomponenten und damit zu einer Reduzierung der Nebenwirkungen beitragen.

Beta-Blocker werden heute weltweit in der Behandlung von Angina pectoris und Hypertonie auch bei Diabetikern angewendet, Patienten, die besonders häufig unter Hypertonie und koronarer Herzkrankheit leiden [19]. In der norwegischen Timolol-Studie wurde eine signifikante Reduktion von kardiovaskulärem Tod und Reinfarkten gesehen, wobei der günstige Effekt der Beta-Blocker-Therapie besonders bei Diabetikern nachweisbar war [14]. Eine exakte Erklärung für diese Befunde steht noch aus. Einige Autoren wiesen neben dem Effekt einer Blutdrucksenkung auf die antiarrhythmischen Eigenschaften der Beta-Blocker, andere auf eine Hemmung der Thrombozytenaggregabilität und des Gerinnungssystems hin, die eine Teilerklärung für die reduzierte Rate an Herz-Kreislauf-Komplikationen unter dieser Therapie sein könnte [5, 30].

Neuere Studien weisen darauf hin, daß eine Verlangsamung der Herzfrequenz die koronare Atherosklerose verzögert [3]. Im Vergleich zu Kontrollpersonen haben Diabetiker eine höhere Herzfrequenz, insbesondere Patienten mit autonomer Neuropathie [7, 39]. Eine Senkung des beschleunigten Pulses durch eine Beta-Blocker-Therapie ist deshalb gerade für das antihypertensive Programm des Diabetikers von Nutzen.

Angesichts der Wirkungen auf den Kohlenhydrat- und Lipidstoffwechsel, auf die peripheren Gefäße und wegen der möglichen Maskierung hypoglykämischer Symptome sollte die Beta-Blocker-Therapie bei Diabetikern mit großer Vorsicht erfolgen. Hinsichtlich der Beta-Blockerwirkung auf den Blutzucker finden sich widersprüchliche Angaben in der Literatur. Die Berichte reichen von einer Verschlechterung der diabetischen Stoffwechseleinstellung [15, 38] bis hin zu einer verbesserten Glukosetoleranz [6]. Einige kasuistische Mitteilungen weisen auf das Auftreten von schweren und verlängerten Hypoglykämien unter Propranolol hin [1]. Die Stoffwechseleffekte müssen aus den verschiedenen Angriffspunkten dieser Substanzen erklärt werden [36]. So konnten eine Blockierung der Muskelglykogenolyse und der Leberglukoneogenese sowie eine Hemmung der Insulinfreisetzung aus dem Pankreas nachgewiesen werden [1, 31]. Während sich die Stoffwechseleffekte im Akutversuch gut demonstrieren ließen, zeigt eine Reihe längerfristig angelegter Studien keine erkennbare Wirkung auf den Glukosehaushalt des Diabetikers [20, 22, 24]. Die Wahl des Beta-Blockers ist dabei nicht ohne Bedeutung [36], wobei den sogenannten kardioselektiven Blockern geringere Nebenwirkungen angelastet werden [9, 13, 25, 37]. In eigenen Untersuchungen besaßen die angewendeten $beta_1$-selektiven Beta-Blocker Celiprolol und Bisoprolol keinen nachweisbaren Einfluß auf Blutglukose- und HbA_I-Werte des Typ II-Diabetikers [20, 22].

Unterschiedlich ausgeprägt werden auch die Effekte auf den Lipidstoffwechsel für einzelne Beta-Blocker beschrieben. Zwar ist die Beta-Blocker-induzierte Hemmung der Lipolyse mit Absinken der Serumkonzentration für freie Fettsäuren seit Einführung dieser Substanzen bekannt [36], jedoch beobachteten in den letzten Jahren mehrere Arbeitsgruppen unter Langzeittherapie einen bisher nicht geklärten Anstieg der Serumtriglyceride mit Absinken der HDL-Lipoproteine, der bei den kardioselektiven Blockern nicht oder nur geringer nachweisbar war [4, 8, 20, 22, 26, 28, 34]. Dies ist für den Diabetiker mit seiner hohen Arteriosklerosegefährdung nicht unerheblich, da gerade die erhöhten Serumtriglyceride für diese Patienten als kardiovaskulärer Risikofaktor erkannt wurden [18].

Franz et al. fanden einen Anstieg der Triglyceride nach den ersten 4 Wochen Therapie mit dem $beta_1$-selektiven Blocker Atenolol, während nach 16 Monaten Therapie die Triglyceride normalisiert waren. Im Gegensatz dazu war der Anstieg der Triglyceride unter dem nicht-selektiven Nadolol deutlich stärker und persistierte während der gesamten Behandlungsdauer von 16 Monaten [11]. Substanzen mit ausgesprochen hoher $Beta_1$-Selektivität dürften deshalb für Diabetiker die Beta-Blocker der Wahl darstellen. Die Kontrolle von Blutzucker- und Lipidwerten muß unter diesen Substanzen bei Typ-II-Diabetikern nicht über das übliche Maß hinaus ausgeweitet werden [20, 22].

Ein weiteres Argument für die Wahl eines kardioselektiven Präparates der Beta-Blocker ist die geringere Wirkung auf die peripheren Gefäße. Der für nicht-selektive Beta-Blocker beschriebene massive Anstieg des peripheren Widerstands [35] trat unter den kardioselektiven Blockern nur verringert oder überhaupt nicht auf [10, 36]. Dies könnte natürlich bei Diabetikern mit ihrer hohen Rate an peripheren Durchblutungsstörungen von klinischer Bedeutung sein, doch scheint der vasokonstriktorische Effekt nur kurzfristig zu Beginn der Therapie vorhanden zu sein [10].

Neben den genannten Nebenwirkungen bedarf die Maskierung hypoglykämischer Symptome unter Beta-Blocker-Therapie größter Aufmerksamkeit. Eine Suppression der Hypoglykämie-induzierten Tachykardie und des typischen Zitterns (nicht jedoch des Schwitzens [33]) wurde vor allem unter nicht-selektiven Beta-Blockern beobachtet, während diese Nebenwirkung bei den kardioselektiven Blockern als eindeutig vermindert beschrieben wurde [9, 32]. Auch ein paradoxer diastolischer Blutdruckanstieg in der Hypoglykämie wurde bei Propranolol im Gegensatz zu den kardioselektiven Blockern gefunden [32].

Aus diesen Befunden lassen sich für die Beta-Blocker-Therapie bei Diabetes mellitus folgende Schlüsse ziehen:

1. Beta-Blocker sind auch für Diabetiker weiterhin wichtiger Bestandteil der antihypertensiven Therapie.
2. Bei diesen Patienten sollte Substanzen mit hoher $Beta_1$-Selektivität der Vorrang gegeben werden. Dennoch kann ein Einfluß auf Blutzucker und Serumlipide langfristig nicht ausgeschlossen werden.
3. Bei der Behandlung der leichten bis mittelschweren Hypertonie ist eine niedrig dosierte Kombination von Beta-Blockern und/oder Kalziumantagonisten und/oder Diuretika einer hochdosierten Monotherapie wegen unerwünschter Nebenwirkungen überlegen.
4. Bei äußerst labiler Stoffwechsellage (Brittle-Diabetes) oder bereits vorhandenem Verlust der Hypoglykämie-Warnsymptomatik sollte auf Beta-Blocker verzichtet werden.

Literatur

[1] Abramson, E. A., R. S. Arky: Role of beta-adrenergic receptors in counter-regulation to insulin-induced hypoglycemia. Diabetes **17** (1968) 141 – 146.

[2] Anlauf, M., F. Weber, K. D. Bock: Milde Hypertonie: Risiko und Chance: Ergebnisse kontrollierter Studien. Münch. Med. Wschr. **128** (1986) 81 – 86.

[3] Beere, P. A., S. Glasgov, C. K. Zaring: Retarding effect of lowered heart rate on coronary atherosclerosis. Science **226** (1984) 180 – 182.

[4] Bielmann, P., G. Leduc, M. Germain, et al.: Beta-blockers and changes in lipoprotein fractions. N. Engl. J. Med. **302** (1980) 298.

[5] Brommer, E. J. P., E. A. Loeliger: Timolol after mycocardial infarction, (Letter). N. Engl. J. Med. **305** (1981) 406 – 407.

[6] Conway, M., R. P. Eaton: Improvement in glucose tolerance with beta-adrenergic blockade. Diabetes **20** (1971) Suppl. 1, 351 – 352.

[7] Cruickhanks, K. J., T. J. Orchard, D. J. Becker: The cardiovascular risk profile of adolescents with insulin-dependent diabetes mellitus. Diabetes Care **8** (1985) 118 – 124.

[8] Day, J. L., N. Simpson, J. Metcalfe, et al.: Metabolic consequences of atenolol and propranolol in treatment of essential hypertension. Brit. Med. J. **1** (1979) 77 – 80.

[9] Deacon, S. P., D. Barnett: Comparison of atenolol and propranolol during insulin-induced hypoglycaemia. Brit. Med. J. **2** (1976) 272 – 273.

[10] Diehm, C.: Effects of betaadrenergic blocking drugs on arterial blood flow. VASA **13** (1984) 201 – 206.

[11] Franz, I. W., F. W. Lohmann, L. Röcker: Unterschiedlicher Einfluß einer Langzeittherapie mit β_1-selektiven und β_1/β_2-Rezeptorblockern auf den Lipidstoffwechsel bei Hochdruckkranken. Herz/Kreislauf **3** (1984) 115 – 120.

[12] Freis, E. D.: Should mild hypertension be treated. N. Engl. J. Med. **307** (1982) 306 – 309.

[13] Groop, L., K.-J. Totteman, K. Hamo, et al.: Influence of beta blocking drugs on glucose metabolism in patients with noninsulin dependent diabetes mellitus. Acta Med. Scand. **211** (1982) 7 – 10.

[14] Gundersen, T., J. Kjeskhus: Timolol treatment after myocardial infarction in diabetic patients. Diabetes Care **6** (1983) 285 – 290.

[15] Hasslacher, Ch., P. Wahl: Zur Anwendung von Beta-Rezeptorenblockern bei Diabetikern. Med. Welt **24** (1973) 942 – 943.

[16] HDFP Hypertension Detection and Follow-up Program Cooperative Group: Five-year findings of the hypertension detection and follow up program. I. Reduction in mortality of persons with high blood pressure, including mild hypertension. J. Amer. Med. Ass. **242** (1979) 2562 – 2571.

[17] Hommel, E., E. Mathiesen, B. Edsberg, et al.: Acute reduction of arterial blood pressure reduces urinary albumin excretion in type 1 (insulin-dependent) diabetic patients with incipient nephropathy. Diabetologia **29** (1986) 211 – 215.

[18] Janka, H. U.: Five-year incidence of major macrovascular complications in diabetes. Horm. Metab. Res. (1985) Suppl. 15 15 – 18.

[19] Janka, H. U.: Herz-Kreislaufkrankheiten bei Diabetikern: Schwabinger Studie. Urban & Schwarzenberg, München 1986.

[20] Janka, H. U., G. Disselhoff, A. G. Ziegler, et al.: Kohlenhydratstoffwechsel von Typ II-Diabetikern: Einfluß von Bisoprolol. Münch. Med. Wschr. **128** (1986) 582 – 583.

[21] Janka, H. U., E. Haupt, E. Standl: Gefäßkrankheiten bei Diabetes mellitus. In: Diabetologie in Klinik und Praxis (H. Mehnert, E. Schöffling, Hg.), S. 405 – 429. Thieme Verlag, Stuttgart 1984.

[22] Janka, H. U., H. Petschke, A. Standl, et al.: Kohlenhydrat- und Lipidstoffwechsel unter β-Blocker-Therapie mit Celiprolol. Arzneim.-Forsch./Drug Res. **33** (1983) 76 – 79.

[23] Janka, H. U., H. Walter, A. G. Ziegler, et al.: Predictors of proliferative diabetic retinopathy under intensified insulin therapy. Diabetologia **29** (1986) 552.

[24] Knick, B., L. Thomas, L. Vollmar, et al.: Der Einfluß von Metipranolol auf den Kohlenhydratstoffwechsel. Med. Klin. **74** (1979) 313 – 317.
[25] Lager, I., G. Blohme, U. Smith: Effect of cardioselective and non-selective diabetics. Lancet I (1979) 458 – 459.
[26] Lohmann, F. W.: Die Beeinflussung des Stoffwechsels durch Beta-Rezeptorenblocker. Klin. Wschr. **59** (1981) 49 – 57.
[27] MRC Working Party: MRC trial of treatment of mild hypertension principal results. Brit. Med. J. **291** (1985) 97 – 104.
[28] Nilsson, A., B.-G. Hansson, B. Hökfect: Beta-blockers and lipid metabolism. Brit. Med. J. **2** (1977) 126.
[29] Ruderman, N. B., Ch. Haudenschild: Diabetes as an atherogenic factor. Prog. Cardiovasc. Dis. **26** (1984) 373 – 412.
[30] Schulz, V.: Hemmung der Thrombozytenaggregation durch Beta-Blocker. Fortschr. Med. **102** (1984) 1203 – 1205.
[31] Sirek, O. V., A. Sirek, Z. Policova: Inhibition of sulphonylurea-stimulated insulin secretion by beta-adrenergic blockade. Diabetologia **11** (1975) 269 – 272.
[32] Smith, U., I. Lager: Beta blockade in diabetes. N. Engl. J. Med. **299** (1978) 1467 – 1468.
[33] Strom, L.: Propranolol in insulin-dependent diabetes. N. Engl. J. Med. **299** (1978) 487.
[34] Tanaka, N., S. Sakaguchi, K. Oshige, et al.: Effect of chronic administration of propranolol on lipoprotein composition. Metabolism. **25** (1976) 1071 – 1075.
[35] Tarazi, R. C., H. P. Dustan, E. D. Fröhlich, et al.: Plasma renin and arterial pressure response to propranolol. Circulation **46** (1972) 70 – 72.
[36] Waal-Manning, H. J.: Hypertension: which beta-blocker. Drugs **12** (1976) 412 – 441.
[37] Waal-Manning, H. J.: Can betablockers be used in diabetic patients. Drugs **17** (1979) 157 – 158.
[38] Wright, A. D., S. G. Barber, M. J. Kendall, et al.: Beta adrenoceptor blocking drugs and blood sugar control in diabetes mellitus. Brit. Med. J. **1** (1979) 159 – 161.
[39] Zabel-Langhennig, R., W. Adolph, H. Schmechel, et al.: Vergleichende Analysen elektrokardiographischer Befunde bei Diabetikern und Stoffwechselgesunden. Z. Inn. Med. **31** (1976) 1034 – 1039.

Lipid-, Lipoprotein- und Apoproteinkonzentrationen bei koronarangiographierten Patienten mit und ohne Beta-Blocker-Therapie

D. Seidel, P. Cremer, A. Stolle, H. Kreuzer

Abstract

Lipid, lipoproteins and apoproteins A-I and B were measured in 245 patients treated with Pindolol (Visken), in 91 patients treated with Metoprolol (Beloc) and in 331 controls. The groups were matched for sex (male), age (40 – 60 years), relative body-weight, smoking, drinking habits and treatment by diuretic drugs. All patients were examined by coronary angiography because of a clinical indication.

In comparison with the controls, patients treated with either Pindolol or Metoprolol showed significantly lower values for total cholesterol, LDL-cholesterol, beta-cholesterol and apo B. In contrast, no statistical significance was found between the groups for HDL-cholesterol, a-cholesterol or Apo A-I concentrations. The lowest serum triglyceride, VLDL-cholesterol and pre-beta-cholesterol concentrations were found in the Pindolol treated subjects. Patients under Metoprolol had higher plasma-triglyceride and pre-beta-cholesterol concentrations as compared to the controls.

The prevalence of a pathological lipoprotein profile was lower in the groups of patients treated with beta-blocking agents than in controls.

This study shows that treatment with beta-blocking agents is not contradicted in hypercholesterolemia. However, elevated serum triglycerides or pre-beta-lipoproteins may require attention in the treatment with beta-blocking agents.

Einleitung

Aus einer Vielzahl epidemiologischer Studien läßt sich heute eindeutig ablesen, daß die Dyslipoproteinämien neben der Hypertonie und dem Zigarettenrauchen zu den hauptsächlichen Risikofaktoren einer frühzeitigen Atherosklerose zählen. Es ist zudem gesichert, daß sich diese drei primären Risikofaktoren bei kombiniertem Auftreten in ihrer atherogenen Wirkung nicht nur addieren, sondern sogar potenzieren. Die Gleichwertigkeit dieser Hauptrisikofaktoren bedeutet aber auch, daß Therapieformen, die ein Risiko verringern, ein anderes aber verstärken, u. U. als bedenklich eingestuft werden müssen. Diesem Umstand gilt es, Rechnung zu tragen, wenn mit der Behandlung einzelner Risikofaktoren auch das eigentliche Ziel verfolgt werden soll, die Atherogenese zu verlangsamen oder gar zu verhüten.

In diesem Zusammenhang wurde in den letzten Jahren den Beta-Rezeptorenblockern verstärkt Beachtung geschenkt. Es fanden sich Hinweise, daß diese weit verbreiteten, meist i. S. einer Langzeitmedikation eingesetzten und daher bezüglich unerwünschter Nebenwirkungen besonders kritisch zu prüfenden Präparate potentiell ungünstige Einflüsse auf den Fettstoffwechsel ausüben können. Die bisher zu diesem Thema veröffentlichten Ergebnisse sind allerdings widersprüchlich [2, 3, 4, 9, 10, 11, 16, 17, 18, 21, 22, 29]. Während der Gesamtcholesterinwert in fast allen Studien keine erheblichen Veränderungen unter Beta-Blockern zeigte, steigen die Serumtriglyceride in der Regel leicht an; eindeutig pathologische Werte über 250 mg/dl bilden allerdings die Ausnahme. Nur bei einem Teil dieser Studien wurden neben Plasmalipiden auch Lipoproteine quantifiziert [2, 4, 10, 11, 16, 18, 22, 29]. Hierbei fand sich für die eigentlich „atherogene" Lipoproteinfraktion, die low-density-Lipoproteine (LDL oder Beta-Lipoproteine), ähnlich wie für Gesamtcholesterin, keine eindeutige Beeinflussung durch Beta-Blocker. Hingegen fand man für very-low-density-Lipoproteine (VLDL oder Prä-Beta-Lipoproteine) erwartungsgemäß und entsprechend den Serumtriglyceriden zumeist einen Anstieg, der jedoch nur in Ausnahmefällen wirklich pathologische Bereiche von mehr als 35 – 40 mg/dl VLDL-Cholesterin erreichte. Als Ursache wird neben einer Hemmung der Lipoproteinlipase eine gesteigerte Lipolyse im Fettgewebe unter Beta-Rezeptorblockade diskutiert, was zu einer vermehrten hepatischen VLDL-Synthese führen könnte. Verhältnismäßig einheitlich wurde unter Beta-Blockern ein Abfall der Serumspiegel der high-density-Lipoproteine (HDL oder a-Lipoproteine) beobachtet [4, 11, 16, 18, 22, 29]. Zwar fanden sich zwischen Patienten mit und ohne bzw. vor und nach Beta-Blocker-Behandlung in keiner Studie durchschnittliche HDL-Cholesterindifferenzen von mehr als 10 mg/dl, meist sogar solche unter 5 mg/dl, dennoch vertreten einige Autoren [4, 11, 17, 18] die Auffassung, daß wegen des Absinkens der HDL-Spiegel die Anwendung einer Beta-Rezeptorenblocker-Therapie in vielen Fällen bedenklich sein könne. Dieses erscheint jedoch übereilt angesichts der bislang unzureichenden Abklärung der physiologischen Funktion der verschiedenen Subfraktionen in der HDL-Dichteklasse. Tatsächlich muß gerade diese Lipoproteinklasse als außerordentlich heterogen bezüglich Funktion und Zusammensetzung angesehen, ihre Rolle in dem sog. „Reversed-Cholesterol-Transport-Komplex" als weitgehend ungeklärt bewertet werden [24, 27]. Dieses in Verbindung mit neueren, relativierenden epidemiologischen Daten [8, 25] hat dazu geführt, daß die Bedeutung der HDL als antiatherogener Faktor heute von vielen Autoren bei weitem nicht mehr so hoch eingestuft wird [19, 20, 24, 25, 27, 32], wie dies noch vor einigen Jahren üblich war [1, 7, 13, 23]. Vielmehr haben in zunehmendem Maße, gestützt auf solide, experimentelle Befunde und eindeutige klinische und epidemiologische Beobachtungen, die low-density- oder Beta-Lipoproteine die Position der diagnostisch bedeutsamsten und besonders zu beachtenden Fettstoffwechselkomponente eingenommen [5, 8, 12, 19, 20, 26, 27, 31, 32]. Dies vor allem deshalb, weil deutlich wurde, daß diese wichtigsten Cholesterin-transportierenden Partikel des Blutes bei erhöhter Konzentration als schwerwiegendste atherogene Komponente des Fettstoffwechsels zu werten sind.

Unter diesem Aspekt wurden für die vorliegende Diskussion aus einer Population von etwa 2500 koronarangiographierten Patienten alle 40- bis 60jährigen Männer ausgewählt, die wenigstens drei Monate lang konstant mit Beta-Rezeptorenblockern behandelt worden waren. Aus dem Gesamtkollektiv wurden diesen zum Vergleich Patienten gegenübergestellt, die zum Zeitpunkt der Untersuchung über mindestens drei Monate keine Beta-Blocker eingenommen hatten. Das Ziel der Studie war eine Abschätzung des Einflusses einer Beta-Blocker-Behandlung auf den Lipoproteinstatus. Dabei wurden ein kardioselektiver und ein kardiounspezifischer, mit intrinsisch sympathomimetischer Aktivität (ISA) ausgestatteter Beta-Blocker vergleichend geprüft.

Material und Methoden

Geprüft werden sollte in der vorliegenden retrospektiven Studie der Einfluß des kardioselektiven Beta-Blockers Metoprolol (Beloc) und des kardio-unspezifischen, mit intrinsisch sympathomimetischer Aktivität (ISA) ausgestatteten Präparates Pindolol (Visken) auf den Lipoproteinstatus. Das untersuchte Patientenkollektiv bestand aus insgesamt 576 Männer der Altersgruppe 40 bis 60 Jahre und gliederte sich im einzelnen wie folgt.

- 338 Personen mit gesicherter Koronarsklerose. Hiervon waren zum Zeitpunkt der Blutentnahme 93 mit Pindolol und 59 mit Metoprolol behandelt. Die verbleibenden 186 Personen waren unbehandelte Kontrollen.
- 238 Probanden mit angiographisch ausgeschlossener Koronarsklerose. Hierunter waren 61 Pindolol-, 32 Metoprolol-Behandelte und 145 unbehandelte Kontrollen.

Alle genannten Teilkollektive waren bezüglich Alter und relativem Körpergewicht gut vergleichbar (s. Tab. 1). Der Anteil von Personen, die mit Thiaziddiuretika behandelt wurden, lag in allen Subpopulationen gut vergleichbar zwischen 23 und 25%, derjenige der Raucher einheitlich um 65%. Regelmäßiger Alkoholkonsum fand sich bei 54% der Visken- und der Beloc-Behandelten sowie bei 53% der Referenzpopulation. Abstinent waren je 13% der Untersuchten in allen Teilkollektiven.

Tabelle 1 Mittelwert und Standardabweichung für Alter und relatives Körpergewicht in Gruppen differenziert nach Behandlung mit Beta-Rezeptorenblockern. – Die Gruppen sind bezüglich Alter und relativem Körpergewicht untereinander gut vergleichbar.

	n	Alter (Jahre) $\bar{x} \pm S$	Rel. Körpergewicht (%)* $\bar{x} \pm S$
a) ohne Beta-Blocker	331	45,4 ± 5,2	107,2 ± 11,4
b) Visken	154	46,3 ± 4,4	108,2 ± 12,9
c) Beloc	91	46,1 ± 4,1	108,7 ± 14,4
p-Werte:			
a vs b		NS (p ≥ 0,05)	NS
a vs c		NS	NS
b vs c		NS	NS

* Normalgewicht nach Broca = 100%

Bei allen Patienten wurden die Nüchternmeßwerte für Lipide, Lipoproteine und Apoproteine A-I und B gemessen und verglichen. Zur Lipoproteinquantifizierung kamen dabei parallel ein quantitativ elektrophoretisches Verfahren [34][1] sowie Präzipitationstechniken zur LDL- [35][2] und HDL-Cholesterinbestimmung (Natriumphosphowolframatfällung)[3] zur Anwendung. Die Apoproteine A-I und B wurden nach dem Prinzip der kinetischen Immunnephelometrie quantifiziert [30, 33].

Die Koronarangiographien wurden nach der Methode von Sones mit Cine-Angiographie [28] durchgeführt.

[1] Lipidophor All In; Immuno Diagnostika GmbH, Heidelberg
[2] Merck, Darmstadt
[3] Boehringer, Mannheim

Resultate

Serumlipide

In der koronarkranken Teilpopulation unseres Kollektivs weisen Mittelwerte und Standardabweichungen für Serum-Cholesterin signifikante Unterschiede zwischen Personen mit und ohne Beta-Blocker-Medikation auf (Tab. 2): Einem Mittelwert von 264 mg/dl bei koronarkranken Personen ohne Beta-Blocker-Behandlung stehen Werte von 245 mg/dl (Visken-Behandelte) und 247 mg/dl (Beloc-Behandelte) gegenüber. In der Gruppe der Koronargesunden weisen Personen ohne Beta-Blocker-Behandlung ein mittleres Gesamt-Cholesterin von 219 mg/dl auf. Dieser Wert unterscheidet sich nicht signifikant von den Durchschnittswerten (Tab. 2) bei Beloc- (213 mg/dl) und Visken-Behandelten (216 mg/dl). Hinzuweisen ist auf die unabhängig von der Beta-Blocker-Medikation eindeutigen Unterschiede im Gesamt-Cholesterin zwischen Koro-

Tabelle 2 Serumlipidkonzentrationen mit und ohne Beta-Blocker-Medikation in Teilkollektiven differenziert nach koronar-angiographischem Befund. – Sowohl Visken- wie Beloc-Behandelte weisen günstigere Gesamtcholesterinwerte auf als unbehandelte Kontrollpersonen; hinsichtlich des Triglyceridwertes (TG) finden sich bei Beloc-Behandelten signifikant höhere Meßwerte als in den beiden anderen Gruppen.

		KHK + $\bar{x} \pm S$ (mg/dl)		KHK − $\bar{x} \pm S$ (mg/dl)		
	n	Chol.	TG	n	Chol.	TG
a) ohne Beta-Blocker	186	264 ± 64	229 ± 198	145	219 ± 38	165 ± 98
b) Visken	93	245 ± 45	190 ± 88	61	216 ± 40	171 ± 83
c) Beloc	59	247 ± 62	269 ± 211	32	213 ± 48	242 ± 78
p-Werte:						
a vs b		<0,01	<0,05		NS (≥0,05)	NS
a vs c		NS	NS		NS	<0,0001
b vs c		NS	<0,01		NS	<0,0001

narkranken und Koronargesunden, die sämtlich ein statistisch signifikantes Niveau erreichen (Tab. 2).

Auffällige Unterschiede zwischen den drei nach Beta-Blocker-Medikation eingeteilten Gruppen finden sich auch für den Parameter Serum-Triglyceride. Bei Koronarkranken ohne Beta-Blocker-Behandlung finden sich durchschnittlich 229 mg/dl gegenüber 269 mg/dl bei Beloc- und 190 mg/dl bei Visken-Behandelten. Auch in der Gruppe der Koronargesunden liegen die Mittelwerte für Triglyceride bei Visken-Behandelten (171 mg/dl) und unbehandelten Kontrollen (165 mg/dl) deutlich niedriger als bei Personen unter Beloc-Medikation (242 mg/dl). Die Unterschiede zwischen Beloc-Behandelten und den beiden übrigen Gruppen erreichen, unabhängig vom koronarangiographischen Befund, ein statistisch signifikantes Niveau (Tab. 2).

Lipoproteine (nach elektrophoretischer Trennung quantifiziert)

Beta-Cholesterin (Tab. 3)

Sowohl bei Koronarkranken wie Koronargesunden findet man die höchsten Mittelwerte für Beta-Cholesterin einheitlich bei den nicht mit Beta-Blockern behandelten Patienten. In der Gruppe der Koronarkranken weisen die unbehandelten Kontrollen einen Mittelwert von 193 mg/dl auf, dem 179 mg/dl bei Visken- und 167 mg/dl bei Beloc-Behandelten gegenüberstehen. Die entsprechenden Konzentrationen in der Gruppe der Koronargesunden sind: 153 mg/dl für unbehandelte Kontrolle, 148 mg/dl für Visken-Behandelte und 139 mg/dl für Personen unter Beloc-Therapie. In der Gruppe der Koronarkranken sind die Unterschiede zwischen Unbehandelten und beiden Beta-Blocker-behandelten Gruppen statistisch signifikant, nicht aber in der Gruppe der Koronargesunden. Die beobachteten Unterschiede zwischen Beloc- und Visken-Patienten erreichen weder bei Koronarkranken noch bei Koronargesunden statistische Signifikanz.

Auffällig ist auch bezüglich des Parameters Beta-Cholesterin der gravierende, statistisch signifikante Unterschied zwischen koronarkranken und koronargesunden Untersuchten unabhängig von der Beta-Blocker-Medikation.

Prä-Beta-Cholesterin (Tab. 3)

Da sämtliche Untersuchungen an 12-Stunden-Nüchternseren durchgeführt wurden, ist es nicht überraschend, daß die Beziehungen zwischen Prä-Beta-Lipoproteinen und Beta-Blocker-Medikation weitgehend die für Serum-Triglyceride gemachten Beobachtungen bestätigen. Unabhängig vom Koronarbefund zeigen nicht mit Beta-Blockern Behandelte und Patienten unter Visken-Therapie ähnliche Durchschnittswerte für Prä-Beta-Cholesterin. Beloc-Behandelte weisen dagegen deutlich höhere Meßwerte auf. Bei Koronarkranken betragen diese im Mittel 39 mg/dl und weichen vom Mittelwert bei Unbehandelten (30 mg/dl) ebenso wie vom Mittelwert bei Visken-Therapierten (27 mg/dl) statistisch signifikant ab. Auch bei Koronargesunden besteht eine statistisch signifikante Differenz zwischen dem Prä-Beta-Cholesterinmittelwert von Beloc-Behandelten (32 mg/dl) und unbehandelten Kontrollen (23 mg/dl). Der Mittelwert der Visken-Therapierten (27 mg/dl) ist von keinem der beiden anderen signifikant verschieden.

a-Cholesterin (Tab. 3)

In unserem Kollektiv zeigt sich für diesen Parameter keine sichere Beziehung für Beta-Blocker-Behandlung. Der Mittelwert für a-Cholesterin liegt bei unbehandelten Koronargesunden mit 44 mg/dl am höchsten, bei Visken-behandelten Koronarkranken mit 39 mg/dl am niedrigsten. Alle übrigen Teilkollektive weisen einheitlich einen Durchschnittswert von 41 mg/dl auf. Statistisch signifikante Unterschiede bestehen in keinem Fall.

Tabelle 3 Lipoproteinkonzentrationen (quantitative Lipoproteinelektrophorese) mit und ohne Behandlung durch Beta-Rezeptorenblocker, dargestellt in Teilkollektiven differenziert nach koronarangiographischem Befund. – Unbehandelte Kontrollpersonen weisen ungünstigere Werte für Beta-Cholesterin auf als Visken-, bzw. Beloc-Behandelte; bezüglich Prä-Beta-Cholesterin schneiden Beloc-Behandelte ungünstiger ab als die beiden anderen Gruppen; bezüglich a-Cholesterin finden sich keine signifikanten Unterschiede.

		KHK + $\bar{x} \pm S$ (mg/dl)				KHK − $\bar{x} \pm S$ (mg/dl)		
	n	β-Chol	p-β-Chol	a-Chol	n	β-Chol	p-β-Chol	a-Chol
a) ohne Beta-Blocker	186	193 ± 55	30 ± 28	41 ± 11	145	153 ± 33	23 ± 14	44 ± 11
b) Visken	93	179 ± 35	27 ± 14	39 ± 14	61	148 ± 46	27 ± 14	41 ± 17
c) Beloc	59	167 ± 55	39 ± 31	41 ± 13	32	139 ± 29	32 ± 13	41 ± 14
p-Werte:								
a vs b		<0,01	NS (≥0,05)	NS		NS	NS	NS
a vs c		<0,001	<0,05	NS		NS	<0,0001	NS
b vs c		NS	<0,001	NS		NS	NS	NS

Lipoproteine (nach Anwendung von Präzipitationsverfahren quantifiziert; Tab. 4)

Die zuvor beschriebenen und auf elektrophoretischer Basis ermittelten Lipoproteindaten können anhand der mittels Präzipitationsverfahren erstellten Werte ohne Einschränkung bestätigt werden. Vergleicht man die Ergebnisse für das durch Fällung ermittelte LDL-Cholesterin mit jenen für Beta-Cholesterin, so beobachtet man sowohl bezüglich der Meßwerte selbst wie auch hinsichtlich ihrer Beziehungen zur Beta-Blocker-Medikation eine hervorragende Übereinstimmung. Die Mittelwerte für LDL- und Beta-Cholesterin differieren in keinem Fall um mehr als 5 mg/dl.

Ähnliches läßt sich auch beim Vergleich der Mittelwerte für das elektrophoretisch bestimmte a-Cholesterin und das durch Fällungsverfahren ermittelte HDL-Cholesterin sagen, die in keinem Fall um mehr als 2 mg/dl differieren. Auch die Beziehungen zwischen HDL-Cholesterin und der Art der Beta-Blocker-Medikation entsprechen genau denjenigen, die für den korrespondierenden Elektrophorese-Parameter beobachtet wurden. Die gute Übereinstimmung der verschiedenen Meßverfahren zur Lipoproteinquantifizierung entspricht älteren Beobachtungen.

Tabelle 4 Lipoproteinkonzentrationen im Serum (Präzipitationsverfahren) mit und ohne Behandlung durch Beta-Rezeptorenblocker dargestellt in Teilkollektiven differenziert nach koronarangiographischem Befund. – Unbehandelte Kontrollpersonen weisen ungünstigere Meßwerte für LDL-Cholesterin auf als Visken- bzw. Beloc-Behandelte; bezüglich HDL-Cholesterin finden sich keine signifikanten Unterschiede zwischen Gruppen mit und ohne Beta-Blocker-Behandlung.

		KHK + $\bar{x} \pm S$ (mg/dl)			KHK − $\bar{x} \pm S$ (mg/dl)	
	n	LDL-Chol	HDL-Chol	n	LDL-Chol	HDL-Chol
a) ohne Beta-Blocker	186	193 ± 52	40 ± 13	145	149 ± 39	43 ± 12
b) Visken	93	176 ± 38	39 ± 16	61	150 ± 44	39 ± 16
c) Beloc	59	164 ± 57	40 ± 14	32	140 ± 38	41 ± 14
p-Werte:						
a vs b	<0,01		NS (≥0,05)		NS	NS
a vs c	<0,001		NS		NS	NS
b vs c	NS		NS		NS	NS

Apoproteine

Apo B (Tab. 5)

Für Apo B, die Haupteiweißkomponente der atherogenen Beta- und Prä-Beta-Lipoproteine findet sich, zumindest tendenziell, eine Neigung zu höheren Mittelwerten bei Personen ohne Beta-Blocker-Medikation. Bei Koronarkranken liegt der durchschnittliche Apo-B-Wert der unbehandelten Gruppe mit 152 mg/dl sogar signifikant höher als bei Visken- und Beloc-Behandelten (137 bzw. 135 mg/dl). Kaum Unterschiede ergeben sich hingegen beim Vergleich der Apo-B-Werte in den koronargesunden Gruppen (ohne Beta-Blocker-Behandlung 118 mg/dl, Visken-Behandelte 121 mg/dl, Beloc-Behandelte 110 mg/dl).

Apo A-I (Tab. 5)

Für Apo A-I, die Haupteiweißkomponente der a-Lipoproteine bzw. HDL, finden sich, wie auch schon für diese beiden Lipoprotein-Parameter selbst, kaum Unterschiede zwischen Beta-Blocker-Behandelten und Beta-Blocker-freien Kontrollen. In der koronarkranken Gruppe sind die Mittelwerte für Apo A-I bei Patienten ohne Beta-Blocker-Behandlung (106 mg/dl), Visken-Behandelten (104 mg/dl) und Beloc-Therapierten (108 mg/dl) praktisch identisch. Für Koronargesunde gilt gleiches mit 119, 114 und 120 mg/dl.

Beim Vergleich von Koronarkranken und Koronargesunden findet man erwartungsgemäß statistisch signifikante Unterschiede für Apo B, welches bei Koronarkranken im Mittel deutlich höher liegt als bei Koronargesunden. Für Apo A-I weist die letztgenannte Gruppe demgegenüber die höheren Mittelwerte auf; diese Unterschiede sind jedoch nur bei Personen ohne Beta-Blocker-Medikation statistisch signifikant.

Tabelle 5 Serumkonzentration der Apolipoproteine A-I und B mit und ohne Behandlung durch Beta-Rezeptorenblocker, dargestellt in Teilkollektiven differenziert nach koronarangiographischem Befund. – Unbehandelte Kontrollpersonen zeigen ungünstigere Meßwerte für Apo B als Visken-, bzw. Beloc-Behandelte; bezüglich Apo A-I finden sich keine signifikanten Unterschiede zwischen Gruppen mit und ohne Beta-Blocker-Behandlung.

		KHK + $\bar{x} \pm S$ (mg/dl)			KHK – $\bar{x} \pm S$ (mg/dl)	
	n	Apo B	Apo A-I	n	Apo B	Apo A-I
a) ohne Beta-Blocker	186	152 ± 46	106 ± 28	145	118 ± 30	119 ± 31
b) Visken	93	137 ± 35	104 ± 26	61	121 ± 43	114 ± 39
c) Beloc	59	135 ± 47	108 ± 34	32	110 ± 32	120 ± 34
p-Werte:						
a vs b		<0,01	NS (≥0,05)		NS	NS
a vs c		<0,05	NS		NS	NS
b vs c		NS	NS		NS	NS

Lipoprotein- und Apoprotein-Verhältnisse (Parameter, die sich durch Anwendung von Verhältnisrechnungen ergeben; Tab. 6)

Aufgrund früherer von anderen und uns erhobener Befunde [8, 27] können bestimmte Rechenparameter, wie z. B. das Beta/a-Lipoprotein- bzw. das Apo-B/Apo-A-I-Verhältnis eine zusätzliche Sicherheit bei der Beurteilung des Lipoproteinprofils zur Abschätzung des Atheroskleroserisikos bieten. Für diese Verhältniswerte finden sich innerhalb der koronarkranken Gruppe die höchsten Durchschnittswerte bei den Kontrollpersonen ohne Beta-Blocker-Therapie. Wie schon beim Vergleich des Gesamtcholesterins, des Beta-Cholesterins und des Apo-B sind die Unterschiede bezüglich der Verhältnis-Parameter zwischen den Kollektiven innerhalb der koronargesunden Gruppe weit weniger deutlich. Hingegen zeigt der Vergleich von Koronarkranken und Koronargesunden beim Beta/a- und Apo-B/Apo-A-I-Verhältnis, unabhängig von der Beta-Blokker-Medikation, eindeutige Unterschiede mit erheblich höheren Werten in dem koronarkranken Teilkollektiv.

Prävalenz pathologischer Fettstoffwechselbefunde (Tab. 7)

Eine differenzierte Quantifizierung der einzelnen Lipoproteinparameter mittels geeigneter Analysenverfahren erlaubt neben der Beurteilung von Einzelparametern auch eine zusammenfassende Beurteilung des Gesamt-Lipoproteinstatus im Einzelfall [8, 27]. Ein solches Vorgehen hat sich zur Unterscheidung von Koronarkranken und Koronargesunden als auch zur Identifizierung von Risikoträgern gut bewährt. Ein pathologischer Befund sollte dabei in jedem Falle bei Beta-Cholesterinkonzentrationen über 180 mg/dl (absolute Hyper-Beta-Lipoproteinämie) diagnostiziert werden, ebenso bei Prä-Beta-Cholesterinwerten über 40 mg/dl (Hyper-Prä-Beta-Lipoproteinämie). Als koronargefährdet müssen außerdem solche Personen angesehen werden, deren Beta-

Tabelle 6 Werte für Beta/a-Lipoprotein- bzw. Apo-B/A-I-Verhältnis mit und ohne Behandlung durch Beta-Rezeptorenblocker, dargestellt in Teilkollektiven differenziert nach koronarangiographischem Befund. – Für beide „Rechenparameter" finden sich die prognostisch ungünstigsten Werte bei unbehandelten Kontrollpersonen, gefolgt von Visken-Therapierten. Beloc-Behandelte schneiden jeweils günstiger ab als die vorgenannten Gruppen.

	n	KHK + x̄ ± S β/a-Lp	B/A-I	n	KHK − x̄ ± S β/a-Lp	B/A-I
a) ohne Beta-Blocker	186	1,88 ± 0,60	1,47 ± 0,52	145	1,39 ± 0,50	1,06 ± 0,39
b) Visken	93	1,83 ± 0,57	1,32 ± 0,37	61	1,44 ± 0,50	1,06 ± 0,31
c) Beloc	59	1,63 ± 0,48	1,25 ± 0,42	32	1,32 ± 0,50	0,92 ± 0,25
p-Werte:						
a vs b		NS (≥0,05)	<0,01		NS	NS
a vs c		<0,001	<0,001		NS	<0,01
b vs c		<0,01	NS		NS	<0,05

Cholesterin zwischen 140 und 180 mg/dl liegt, sofern gleichzeitig das Beta/a-Lipoproteinverhältnis einen Wert von 1,6 (bzw. das Beta/a-Cholesterinverhältnis einen solchen von 4,0) überschreitet. In diesen Fällen liegt eine relative Hyper-Beta-Lipoproteinämie (bezogen auf a-Cholesterin) vor.

Der mit einer solchen Analyse und Bewertung des Lipoproteinstatus erreichbare prädiktive Wert wurde anhand von nahezu 3000 Koronarangiographierten ermittelt und liegt, mit Ausnahme der Koronarangiographie selbst, höher als der irgendeines anderen heute verfügbaren Verfahrens [27].

Tabelle 7 Prävalenz pathologischer Lipoproteinprofile [27] mit und ohne Behandlung durch Beta-Rezeptorenblockern, dargestellt in Teilkollektiven differenziert nach koronarangiographischem Befund. – Normalbefunde werden am häufigsten bei Beloc-Behandelten erhoben, Visken-Behandelte schneiden nur geringfügig günstiger ab als unbehandelte Kontrollpersonen.

	n	KHK + % patholog. Lp	n	KHK − % patholog. Lp
a) ohne Beta-Blocker	186	80	145	38
c) Visken	93	72	61	33
c) Beloc	59	59	32	21
p-Werte:				
a vs b		<0,05		NS
a vs c		<0,0001		<0,01
b vs c		<0,0001		<0,01

Ein völlig normaler Fettstoffwechselbefund nach den vorgenannten Kriterien findet sich bei den koronarkranken Kontrollen ohne Beta-Blocker-Therapie in 20%, bei Beloc-Behandelten in 41% und bei Visken-Behandelten in 28% der Fälle. Im koronargesunden Teilkollektiv hingegen liegt ein normaler Fettstoffwechselbefund bei 62% der Personen ohne Beta-Blocker-Therapie, bei 67% der Visken-Behandelten und 79% der Beloc-Behandelten vor.

Diskussion

Einige bisher veröffentlichte Studien, die sich mit der Problematik von Wechselwirkungen zwischen einer Beta-Rezeptorenblocker-Medikation und dem Fettstoffwechselbefund befassen, haben dazu geführt, daß heute verbreitet von einer ungünstigen Beeinflussung des Lipoproteinmusters durch Beta-Sympatholytika ausgegangen wird [17]. Unsere hier vorgestellten Befunde können diese Auffassung nicht unterstützen und zeigen zusätzlich, daß eine pauschale Stellungnahme ohne Differenzierung nach der Art des eingesetzten Wirkstoffs ungenau sein muß. Wir beobachten im Einklang mit einigen Untersuchern [4, 9, 10, 11, 18], aber keineswegs allen [2, 3, 16, 22], eine Konzentrationssteigerung der Triglyceride und des Prä-Beta- bzw. VLDL-Cholesterins für eines der beiden von uns untersuchten Präparate: für das kardioselektive Metoprolol. Das kardiounspezifische, mit intrinsisch-sympathomimetischer Aktivität (ISA) ausgestattete Pindolol hingegen zeigt keinerlei Auswirkungen auf diese Serumparameter. Auch die Einflüsse auf Gesamt-Cholesterin, LDL- bzw. Beta-Cholesterin und Apo B sind präparateabhängig. Beide hier geprüften Medikamente bewirken im Trend zwar die gleichen Veränderungen, doch ist das kardioselektive Metoprolol dem Pindolol in bezug auf die günstige Beeinflussung dieser wichtigen, weil sicher atherogenen Parameter des Fettstoffwechsels überlegen. Unsere Ergebnisse unterstreichen die Auffassung [27], daß bei der klinischen Bewertung des Fettstoffwechsels nicht nur Einzelparameter berücksichtigt werden sollten, sondern das gesamte Lipid- und Lipoproteinprofil im Zusammenhang zu betrachten ist. Dieses gilt auch für die Beurteilung der Beta-Blocker-Therapie in ihrer Wirkung auf den Fettstoffwechsel. In den meisten bisher publizierten Studien zu diesem Thema wurden keine Veränderungen im Gesamt- bzw. Beta-Cholesterinwert beobachtet. Die am häufigsten als „ungünstig" beschriebenen Veränderungen im Lipoproteinmuster unter Beta-Blockern stützen sich lediglich auf einen Anstieg der Serum-Triglyceride und der Prä-Beta-Lipoproteine bzw. VLDL sowie auf einen Abfall des a- oder HDL-Cholesterins. Die nach unseren Beobachtungen um durchschnittlich 5 mg/dl niedrigeren Werte für a- bzw. HDL-Cholesterin können jedoch klinisch nicht als relevant angesehen werden, umso mehr, als diese auch mit um durchschnittlich 20 mg/dl niedrigeren Werten für Beta- bzw. LDL-Cholesterin einhergehen. Für das Beta/a-Lipoprotein-Verhältnis (und analog für die Apo-B/A-I-Ratio) finden sich dadurch sogar prognostisch günstigere Werte bei Beta-Blocker-Behandelten. Entsprechend zeigt auch die Bewertung des Gesamt-Lipoproteinstatus unter besonderer Berücksichtigung der „relativen und absoluten" Hyper-Beta-Lipoproteinämie bei Personen mit Beta-Blocker-Behandlung eine geringere Prävalenz pathologischer Befunde als dies bei den unbehandelten Vergleichsgruppen der Fall ist.

Obwohl die günstige Beeinflussung des Beta-Cholesterins und des Beta/a-Cholesterin-Verhältnisses durch den kardioselektiven Beta-Blocker Metoprolol noch ausgeprägter als durch Pindolol ist, kann dieses Medikament hinsichtlich seiner Wirkung auf den Lipoproteinbefund z. Zt. nur eingeschränkt positiv beurteilt werden. Den günstigen Auswirkungen steht eine ungünstige – potentiell atherogene [6, 12, 14, 15, 31] – Beeinflussung von VLDL- bzw. Prä-Beta-Cholesterin und Triglyceriden gegenüber. Es ist derzeit noch unklar, ob das Fehlen der ISA im Metoprolol hierfür verantwortlich ist. Es wäre denkbar, daß die LDL-Senkung eines Beta-Rezeptorenblockers dann besonders ausgeprägt ist, wenn er gleichzeitig durch Hemmung der Lipoproteinlipase zu einem Anstieg der Triglyceride und VLDL im Plasma führt.

Es muß bedacht werden, daß unsere Ergebnisse für Pindolol nicht repräsentativ für die gesamte Gruppe der kardiounspezifischen, mit ISA ausgestatteten Beta-Rezeptorenblocker sein können, was sinngemäß natürlich auch für Metoprolol als Repräsentant der kardioselektiven Beta-Blocker ohne partiell agonistische Begleitwirkung gilt. Dennoch erscheint u. E. die zusammenfassende Feststellung gerechtfertigt, daß die hier vorgelegten Ergebnisse keine Veranlassung geben, die Indikation für eine Beta-Blocker-Behandlung im Hinblick auf mögliche atherogene Veränderungen im Lipoproteinmuster strenger als üblich zu stellen und den Gebrauch aus solchem Grunde einzuschränken. Eine Kontrolle verdient allenfalls der Serum-Triglyceridspiegel. Vor Behandlungsbeginn bestehende Fettstoffwechselstörungen von der Art einer relativen oder absoluten Hyper-Beta-Lipoproteinämie stellen dagegen keine Kontraindikation für eine Therapie mit Beta-Blockern dar.

Zusammenfassung

Bei 245 Männern der Altersgruppe 40 bis 60 Jahre, von denen 154 über mindestens drei Monate mit Pindolol (Visken) und 91 mit Metoprolol (Beloc) behandelt wurden, wurden Plasmalipide, Lipoproteine und die Apoproteine A-I und B gemessen. Die Ergebnisse wurden den Werten von 331 Kontrollpersonen gegenübergestellt, die in bezug auf Alter, relatives Körpergewicht, Rauchen und Alkoholgewohnheiten sowie Diuretika-Medikation mit den Behandelten gut vergleichbar waren. Alle Patienten waren aus klinischer Indikation koronarangiographiert.

Im Vergleich zu den unbehandelten Kontrollpersonen zeigten Patienten unter Behandlung mit Pindolol sowie mit Metoprolol signifikant niedrigere Werte für Gesamt-Cholesterin. LDL- bzw. Beta-Cholesterin und Apo-B. Statistisch gesicherte Unterschiede zwischen den Gruppen konnten dagegen weder für HDL- bzw. a-Cholesterin noch für Apo A-I beobachtet werden. Die niedrigsten Meßwerte für Serum-Triglyceride und VLDL- bzw. Prä-Beta-Cholesterin fanden sich bei den Pindolol-Behandelten, gefolgt von den unbehandelten Kontrollen. Patienten unter Metoprolol weisen dagegen für diese beiden Parameter signifikant höhere Werte als die Kontrollgruppe auf.

Die Prävalenz pathologischer Lipoproteinprofile war in den Gruppen mit Beta-Blocker-Therapie geringer als in den Vergleichsgruppen.

Eine Hypercholesterinämie bzw. Hyper-Beta-Lipoproteinämie kann somit nicht als Kontraindikation für eine Beta-Rezeptorenblocker-Therapie gelten. Eine Hypertriglyceridämie bzw. Prä-Beta-Cholesterinerhöhung verdient hingegen bei der Therapie mit Beta-Rezeptorenblockern Beachtung.

Literatur

[1] Assmann, G., H. Schriewer, H. Schulte, et al.: Der Stellenwert des HDL-Cholesterin als Risikofaktor der koronaren Gefäßkrankheit. Internist **21** (1980) 1 – 11.

[2] Bauer, J. H., Cs. Brooks, I. Weinstein, et al.: Effects of diuretics and propranolol on plasma lipoprotein lipids. Clin. Pharmacol. Ther. **30** (1981) 35 – 43.

[3] Berglund, G., O. Anderson: Beta-blockers or diuretics in hypertension? A six year follow-up of blood pressure and metabolic side effects. Lancet **I** (1981) 744 – 747.

[4] Bielmann, P., G. Leduc, J. C. Jequier, et al.: Changes in the lipoprotein composition after chronic administration of metoprolol and propranolol in hypertriglyceridemic-hypertensive subjects. Curr. Ther. Res. **30** (1981) 956 – 967.

[5] Bierman, E. L., R. Ross: Aging and atheroscerosis. Atheroscl. Rev. **2** (1977) 70 – 111.

[6] Böttiger, L. E., L. A. Carlson: Risk factors for ischemic vascular death for men in the Stockholm Prospective Study. Atherosclerosis **36** (1980) 389 – 408.

[7] Castelli, W. P., J. T. Doyle, T. Gordon, et al.: HDL-cholesterol and other lipids in coronary heart disease. The Cooperative Lipoprotein Phenotyping Study. Circulation **55** (1977) 767 – 772.

[8] Cremer, P., M. Weise, H. Wieland, et al.: Bewertung des Plasmalipoproteinstatus von 657 koronarangiographierten Patienten mit und ohne Koronarsklerose. Inn. Med. **9** (1982) 257 – 265.

[9] Day, J. L., N. Simpson, J. Metcalfe, et al.: Metabolic consequences of atenolol and propranolol in treatment of essential hypertension. Br. Med. J. **1** (1979) 77 – 80.

[10] Eliasson, K., L. E. Lins, S. Rössner: Serum lipoprotein changes during atenolol treatment of essential hypertension. Europ. J. Clin. Pharmacol. **20** (1981) 335 – 338.

[11] England, J. D. F., L. A. Simons, J. C. Gibson, et al.: The effect of metoprolol and atenolol on plasma high density lipoprotein levels in man. Clin. Exp. Pharmacol. **7** (1980) 329 – 333.

[12] Epstein, F. H.: Epidemiologie der koronaren Herzkrankheit. Internist. Welt **2** (1983) 57 – 65.

[13] Gordon, T., W. P. Castelli, M. C. Hjortland, et al.: High density lipoprotein as a protective factor against coronary heart disease. The Framingham Study. Am. J. Med. **62** (1977) 707 – 714.

[14] Heyden, S., G. Heiss, A. Bartel, et al.: Fasting triglycerides as predictors of total and CHD mortality in Evans County, Georgia. J. Chron. Dis. **33** (1980) 275 – 282.

[15] Kannel, W. B.: Some lessons in cardiovascular epidemiology from Framingham. Am. J. Cardiol. **37** (1976) 268 – 282.

[16] Kjeldsen, S. E., I. Eide, P. Leren, et al.: The effect on HDL cholesterol of oxprenolol and atenolol. Scand. J. Clin. Lab. Invest. **42** (1982) 449 – 453.

[17] Krone, W., H. Greten: Beta Rezeptoren Blocker und Blutfette. Dtsch. Ärztebl. **80** (1982) 34 – 36.

[18] Leren, P., P. O. Foss, A. Helgeland, et al.: Effect of propranolol and prazosin on blood lipids. Lancet **II** (1980) 4 – 6.

[19] Lewis, B.: The lipoproteins: Predictors, Protectors, pathogens. Br. Med. J. **287** (1983) 1161 – 1163.

[20] Lipid Research Clinics Program: The Lipid Research Clinics Coronary Primary Prevention Trial Results. J. Am. Med. Ass. **251** (1984) 351 – 374.

[21] Lohmann, F. W.: Veränderungen der Serumlipide bei der medikamentösen Hochdrucktherapie. Wien. Med. Wschr. **132** (1982) Suppl. 2, 6 – 14.

[22] Miettinen, T. A., H. Vanhanen, J. K. Huttune, et al.: HDL cholesterol and beta-adrenoceptor blocking agents in a 5 year multifactorial primary prevention trial. Br. J. Clin. Pharmacol. **13** (1982) 431 s – 434 s.

[23] Miller, N. E.: The evidence for the antiatherogenicity of high density lipoprotein in man. Lipids **13** (1978) 914–918.

[24] Palmer, R. H., A. V. Nichols, R. B. Dell, et al.: Lack of relationship in humans of the parameters of body cholesterol metabolism with plasma levels of subfractions of HDL or LDL, or with Apo E isoform phenotype. J. Lip. Res. **27** (1986) 637–644.

[25] Pocock, A. G. Shaper, A. N. Phillips, et al.: High density lipoprotein cholesterol is not a major risk factor for ischaemic heart disease in British men. Br. Med. J. **292** (1986) 515–519.

[26] Ross, R., J. A. Glomset: The pathogenesis of atherosclerosis. N. Engl. J. Med. **195** (1976) 369–377.

[27] Seidel, D., P. Cremer, J. Thiery: Plasmalipoproteine und Atherosklerose. Internist. Welt **8** (1985) 114–124, 159–165.

[28] Sones, F. M.: Cine coronary arteriography. In: The Heart (I. W. Hurst, Hg.), S. 377–386. McGraw Hill, New York 1974.

[29] Wallace, R. B., D. B. Hunnighake, S. Reiland, et al.: Alterations of plasma high density lipoprotein cholesterol levels associated with consumption of selected medications. Circulation **62** (1980) Suppl. 4, 77–82.

[30] Weinstock, N., M. Bartholome, D. Seidel: Determination of Apolipoprotein A-I by kinetic nephelometry. Biochem. Biophys. Acta **663** (1981) 279–288.

[31] WHO Expert Committee: Prevention of coronary heart disease. Who Technical Report Series No. 647, Genf 1981.

[32] Wieland, H., D. Seidel: Die Plasmaproteine des Menschen: Klinische Bedeutung und Empfehlungen der diagnostischen Möglichkeiten und Notwendigkeiten. Aktuelle Endokrinologie 2 (1981) 22–28.

[33] Wieland, H., P. Cremer, D. Seidel: Determination of apolipoprotein B by kinetic (rate) Nephelometry. J. Lip. Res. **23** (1982) 893–902.

[34] Wieland, H., D. Seidel: Quantitative Lipoprotein-Electrophoresis. In: CRC Handbook of Electrophoresis, Vol. III (L. A. Lewis, Hg.), S. 83–102. CRC Press, Boca Raton/USA 1983.

[35] Wieland, H., D. Seidel: A simple and specific technique for precipitation of low density lipoproteins. J. Lip. Res. **24** (1983) 904–909.

Der Einfluß von Beta-Blockern auf die Atemwege

H. Matthys

Abstract

Beta-blockers lead to increased bronchomotor tone and secret retention. High risk patients who develop life-threathening asthmatic attacks can't be recognized with security by clinical signs and lung function data without direct beta-blocker challange. Therefore beta-blockers are contraindicated for all patients with a history of acute or chronic dyspnoea and/or bronchitic symptoms. During long term treatment beta-blocker (Pindolol) with intrinsic sympathomimetic activity (ISA) lead to less impairement of lung function than beta-blockers without ISA (Propranolol).

If there is a life-saving need for beta-blockers in the above mentioned patients with contraindications beta-1-selective drugs (Celiprolol) are preferably given under supervision and lung function control.

Der Einfluß von Beta-Blockern auf die oberen Atemwege ist wenig studiert, weil weder wesentlich klinische Wirkungen noch Nebenwirkungen beschrieben wurden. Ganz anders verhält es sich mit den unteren Atemwegen, wo fast ausschließlich unerwünschte Nebenwirkungen bis hin zu medikamentös induzierten Todesfällen bekannt wurden. Da an den Bronchien keine positiven Hauptwirkungen der Beta-Blocker nachzuweisen sind, beschränken sich die folgenden Ausführungen auf die Erwähnung unerwünschter Begleiterscheinungen (§ 4 Abs. 13, Arzneimittelgesetz 1976). Nebenwirkungen werden in sog. substanzunspezifische, substanzgruppenspezifische und einzelsubstanzspezifische eingeteilt. Unspezifische, d. h. Nebenwirkungen, die sich nicht auf die Hemmung der Beta-Rezeptoren zurückführen lassen, z. B. Allergien etc., sind an den Atemwegen von Beta-Blockern nicht beschrieben worden. Aus diesem Grunde konzentrieren sich die folgenden Ausführungen auf die spezifischen, d. h. gruppenspezifischen und substanzspezifischen, d. h. einzelsubstanzspezifischen, Wirkungen an den Bronchien.

Substanzgruppenspezifische Nebenwirkungen

An den Bronchien des Menschen überwiegen im Gegensatz zum Herzen die Beta-2-Rezeptoren. Beta-1-Rezeptoren sind aber auch nachweisbar. Die Hoffnung, mit beta-1-selektiven Blockern keine Nebenwirkungen an der Lunge zu haben, ist insofern trügerisch, weil die Beta-1-Selektivität nur ein Dosisproblem darstellt, d. h. mit steigender Konzentration von selektiven Beta-1-Blockern, z. B. Atenolol, Metoprolol, Sotalol etc., kann es trotzdem zu einer Beta-2-Blockade am Respirationstrakt mit entsprechenden Nebenwirkungen kommen (Abb. 1).

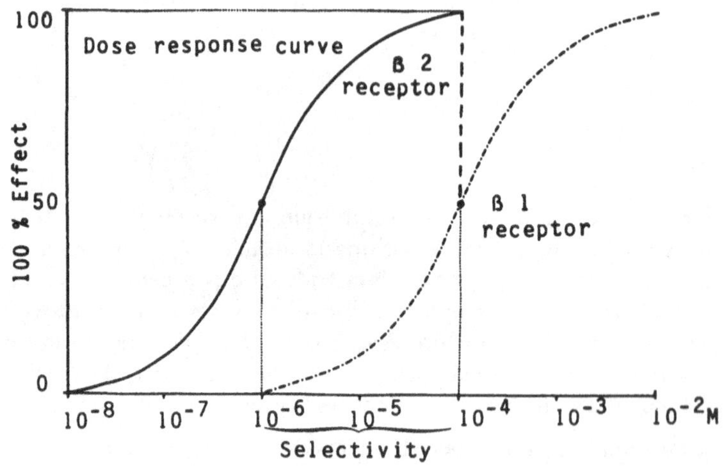

Abb. 1 Theoretische Dosis-Wirkungskurve der Beta-1- und Beta-2-Rezeptoren am Bronchialbaum zur Demonstration der Selektivität von Agonisten und Antagonisten (Beta-Blockern).

An den Bronchien führt die Beta-Rezeptorenblockade zu folgenden Wirkungen:

- Bronchiale Tonuserhöhung bis hin zum lebensgefährlichen Asthmaanfall,
- Hemmung der bronchialen Clearance bis hin zum Sekretstau.

Aus diesem Grunde gilt es, Beta-Blocker nach Möglichkeit nicht einzusetzen respektive durch andere Medikamente zu ersetzen bei allen Patienten mit den nachfolgenden Krankheiten:

Asthma bronchiale – einfache und chronische Bronchitis – obstruktives Lungenemphysem – Mukoviszidose – Bronchiektasie – Bronchopneumonien.

Der Einsatz von Beta-Blockern bei Normalpersonen führt zu keiner wesentlichen Atemwegsobstruktion [3, 8, 14].

Die Wirkung verschiedener Beta-Blocker auf die Atemwege kann durch Messung der bronchialen Obstruktion sowie der mukoziliären und tussiven Clearance objektiviert werden. Hierfür stehen die folgenden Teste zur Überprüfung der Beta-Blocker-Wirkung an den Atemwegen zur Verfügung:

- ○ Atemwegsobstruktionsmessung mit und ohne orale oder inhalative Beta-Blockergabe
- ○ Messung der Änderung der bronchialen Hyperreagibilität mit inhalativer Provokation ohne und unter Beta-Blockergabe

- ○ Messung der Reversibilität der beta-blockerinduzierten Atemwegsobstruktion durch Gabe von Beta-Agonisten etc.
- ○ Messung der Reversibilität der beta-blockerinduzierten bronchialen Clearancehemmung, z. B. durch Theophyllingabe etc.

Atemwegsobstruktionsmessung mit und ohne Beta-Blockergabe

Es gibt unterschiedlich empfindliche Meßgrößen, um die Wirkung intravenöser, oraler, inhalativer, konjunktivaler Beta-Blockergaben auf die Atemwege zu prüfen.

Am empfindlichsten erwies sich nach unseren Erfahrungen der maximale mittelexspiratorische Fluß, um Beta-Blockerresponder und Non-Responder zu trennen.

Tabelle 1 Objektivierung der Atemwegsobstruktion bei Asthmaprovokation

a)	–	**Raw (sRaw) Gaw (sGaw)**
	–	**Rvd, Ros**
b)	–	**FEV_1 (FEV_1/IVC, FEV_1/FVC)**
	–	**MMEF**
c)	–	**PEF, MEF 25, 50, 75%**

(s) Raw = (spezifischer) Atemwegswiderstand
(s) Gaw = spezifische Atemwegsleitfähigkeit
Rvd = Verschlußdruckatemwiderstand
Ros = oscillatorischer Atemwiderstand
FEV_1 = exspiratorische Sekundenkapazität
IVC = inspiratorische Vitalkapazität
FVC = forcierte exspiratorische Vitalkapazität
MMEF = maximaler mittelexspiratorischer Fluß
PEF = exspiratorischer Spitzenfluß
MEF = maximaler exspiratorischer Fluß nach 25, 50 und 75% der FVC gemessen

Tabelle 2 Lungen-Funktions-Meßgrößen zur Prognose der Verschlechterung unter Beta-Blockade. Exspiratorische Sekundenkapazität (FEV_1) und der Atemwegswiderstand (Raw) unterscheiden sich mit einer Irrtumswahrscheinlichkeit von weniger als 5% von den Sollwerten signifikant, die Differenz des maximalen mittleren exspiratorischen Flusses (MMEF) lag aber mit dem Signifikanzniveau von $p < 0{,}001$ wesentlich günstiger, so daß die Bestimmung des MMEF besser trennt als der aufwendiger zu bestimmende Raw.

		Non-Responder Sollwert	Istwert	t-Test	Responder Sollwert	Istwert	t-Test
FEV_1 (l/sek)	$\bar{x}$	4,40	4,18	n.s.	4,17	3,85	*sign.
	s ±	0,34	0,38		0,30	0,45	
R_{aw} (kPa/l sek)	$\bar{x}$	0,183	0,216	n.s.	0,181	0,219	*sign.
	s ±	0,008	0,005		0,010	0,04	
MMEF (l/sek)	$\bar{x}$	5,26	4,42	*sign.	5,07	3,65	***sign.
	s ±	0,46	0,95		0,34	1,05	

Änderung der bronchialen Hyperreagibilität mit und ohne Beta-Blockergabe

Die Gabe von Beta-Blockern führt selbst bei Lungengesunden zu einer leichten Erhöhung der Atemwegswiderstände. Bei Patienten mit obstruktiven Lungenkrankheiten ist diese Reaktion stärker ausgeprägt und kann bei besonderer Empfindlichkeit zu lebensbedrohlichen Asthmaanfällen führen. Bei jedem Patienten, der zur Testung der bronchialen Hyperreagibilität mit Histamin, Metacholin, Carbachol etc. provoziert wird, muß daher geprüft werden, ob die Ausgangsobstruktion mit oder ohne Beta-Blockergabe der Norm entspricht und an den jeweiligen Prüftagen identisch ist. Nur dann kann eine Aussage getroffen werden, ob die Reaktion auf den Beta-

a

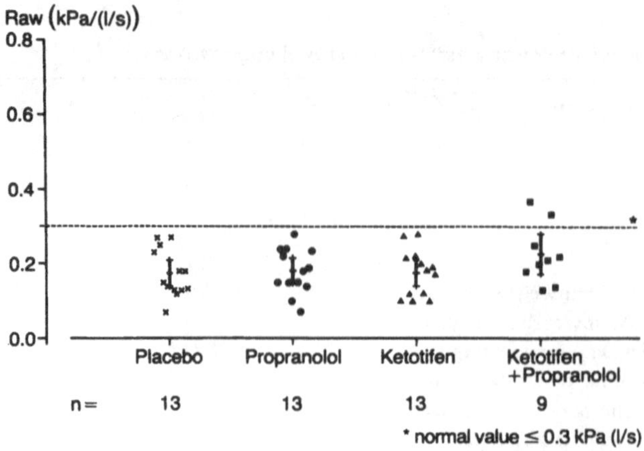

b

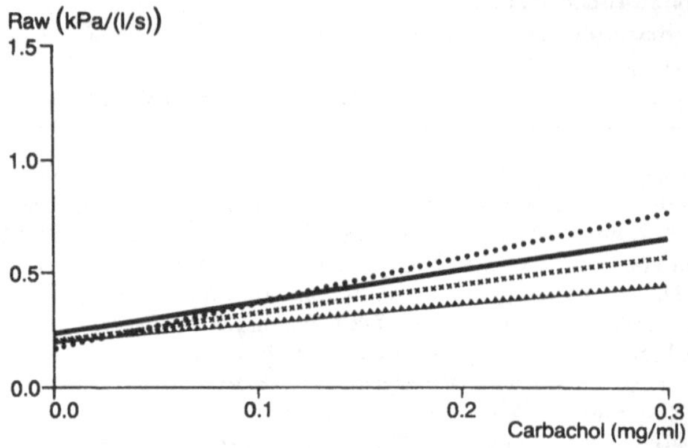

Abb. 2a Doppelblind randomisierte Studie mit Placebo, Propranolol, Ketotifen, Propranolol und Ketotifen an 13 Normalpersonen. Nur unter Propranolol und Ketotifen kommt es zu einer leichten Erhöhung des Ruhetonus (Raw = Atemwegswiderstand).

Abb. 2b Diskrete Zunahme der bronchialen Hyperreagibilität im Carbacholprovokationstest unter Propranolol (● ● ●) und Propranolol plus Ketotifen (———) im Gegensatz zu Placebo (+ + +). Unter Ketotifen allein (▲ ▲ ▲) geringgradige Senkung der bronchialen Hyperreagibilität im Vergleich zu Placebogabe. 13 Patienten, Studienplanung wie unter 2a beschrieben.

Blocker voraussehbar gering und die Meßresultate der bronchialen Hyperregibilität vergleichbar sind.

Die Abbildg. 2 a, b und 3 a, b zeigen die Veränderungen der bronchialen Hyperreagibilität von Normalpersonen und Asthmatikern im symptomfreien Intervall mit und ohne Propranololgabe [8, 12].

a

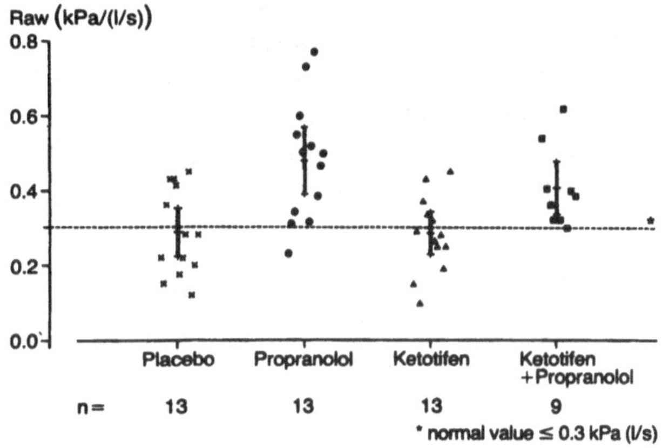

b

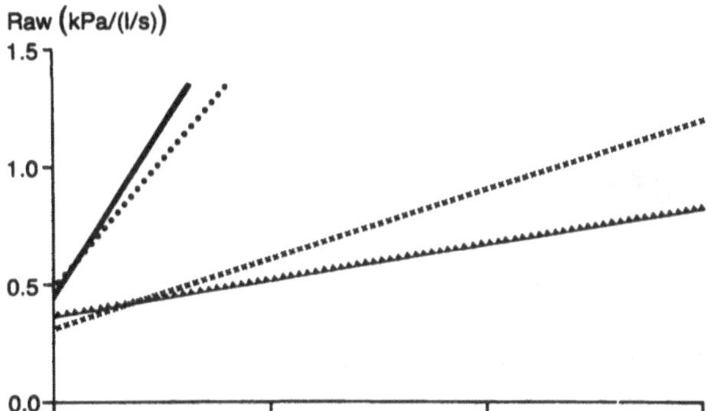

Abb. 3 a Studienplanung wie unter 2 a beschrieben. Bei den Patienten mit Asthma bronchiale liegen die Atemwegswiderstände (Raw) in Ruhe unter Propranolol und Ketotifen plus Propranolol deutlich höher als unter Placebo- und Ketotifengabe allein. Alle Ruhewerte liegen im Mittel über den Werten der Normalpersonen (siehe Abb. 2 a).

Abb. 3 b Starke Zunahme der bronchialen Hyperreagibilität im Carbacholprovokationstest unter Propranolol (———) und Propranolol plus Ketotifen (● ● ●). Unter Ketotifen allein (▲ ▲ ▲) kommt es zu einer Senkung der bronchialen Hyperreagibilität im Vergleich zu Placebogabe (+ + +). Man beachte die Änderung der Carbacholkonzentration auf der Abszisse im Verhältnis zu Abb. 2 b.

Reversibilität der beta-blockerinduzierten Atemwegsobstruktion

Abb. 4 zeigt die Reversibilität im intraindividuellen doppelblinden Cross-over-Versuch an 12 Patienten mit Asthma bronchiale, die an 4 verschiedenen Tagen 80 mg Propranolol, Placebo oder 200 und 400 mg Celiprolol erhielten. 3 Stunden nach Tabletteneinnahme ist gegenüber den Ausgangswerten unter 80 mg Propranolol eine signifikante Senkung des MMEF ($p < 0{,}001$) nachzuweisen, während der beta-2-selektive Blocker Celiprolol wie Placebo keine Änderung der Atemwegswiderstandsgrößen zum Ausgangswert feststellen läßt [6]. Nach Inhalation von jeweils 2 Hub Terbutalin 15, 30, 45, 60 und 75 Minuten danach kommt es schrittweise zu einer leichten Verbesserung der Strömungswiderstandsverhältnisse unter Einnahme von Placebo, Celiprolol 200 und 400 mg, aber nicht unter der Propranololtherapie.

In einer weiteren Studie wurde von uns an jeweils 15 und 5 Patienten mit chronisch obstruktiver Lungenkrankheit die Akutreversibilität der Atemwegsobstruktion am

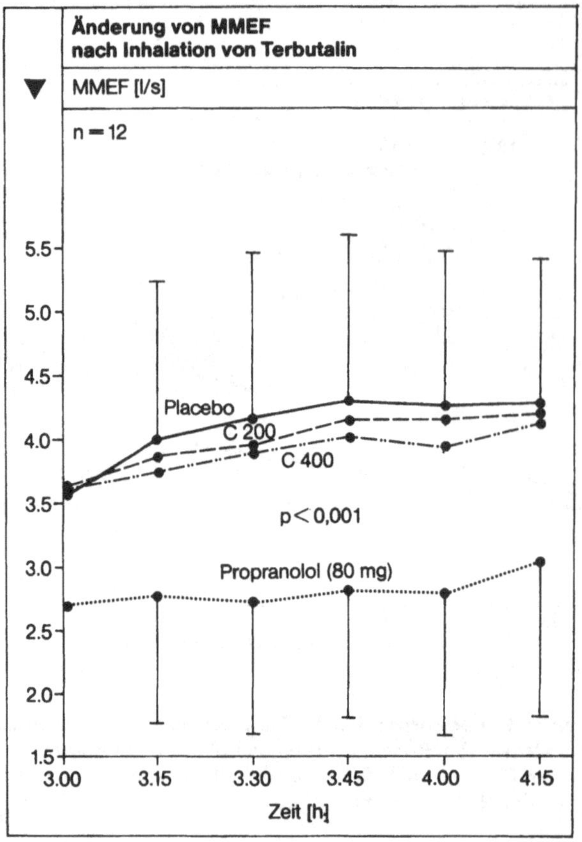

Abb. 4 Maximale mittlere exspiratorische Atemstromstärke (MMEF) unter Propranolol (80 mg) sowie Placebo und 200 respektive 400 mg Celiprolol nach 5mal 2 Hub Terbutalin-Inhalationen (Beta-2-Agonist). Der Unterschied zwischen Propranolol einerseits und Placebo sowie Celiprolol 200 und 400 mg ist signifikant ($p < 0{,}001$).

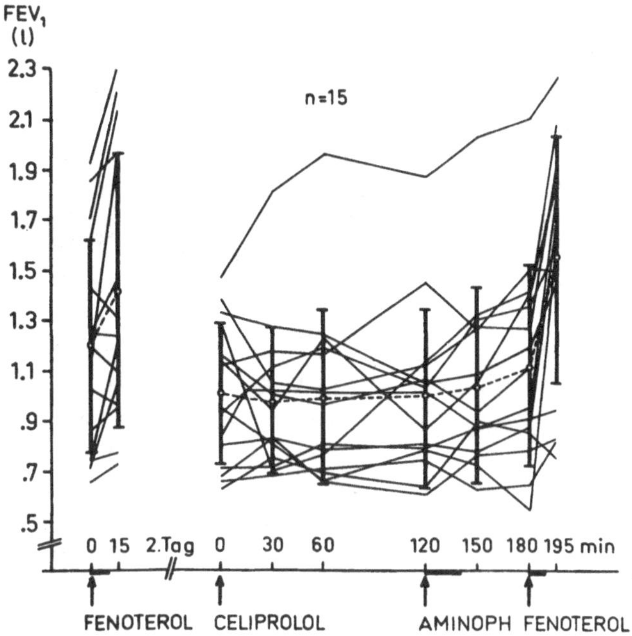

a

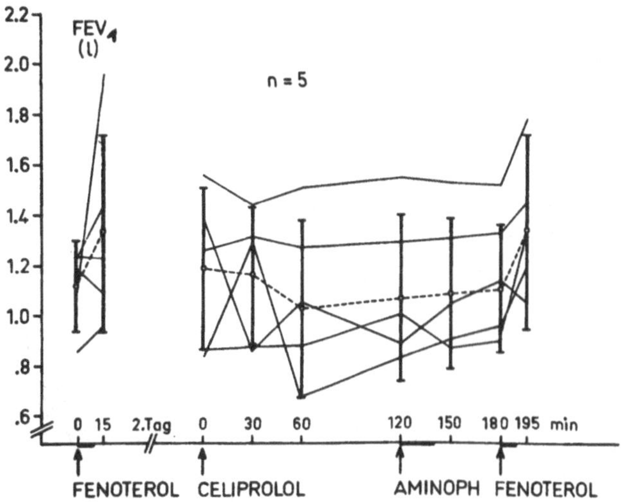

b

Abb. 5 a Verhalten der exspiratorischen Sekundenkapazität (FEV_1) im Vorversuch (vor und 15 Minuten nach Fenoterolinhalation) und im Hauptversuch (Ausgangswert, 30, 60 und 120 Minuten nach 100 mg Celiprolol oral, weiter 150 und 180 Minuten nach einer zusätzlichen Aminophyllin-Infusion sowie 15 Minuten nach einer abschließenden Fenoterolinhalation).

Abb. 5 b Verhalten der exspiratorischen Sekundenkapazität (FEV_1) im Vorversuch (vor und 5 Minuten nach Fenoterolinhalation) und im Hauptversuch (Ausgangswert, 30, 60 und 120 Minuten nach 300 mg Celiprolol oral, weiter 150 und 180 Minuten nach einer zusätzlichen Aminophyllin-Infusion sowie 5 Minuten nach einer abschließenden Fenoterolinhalation).

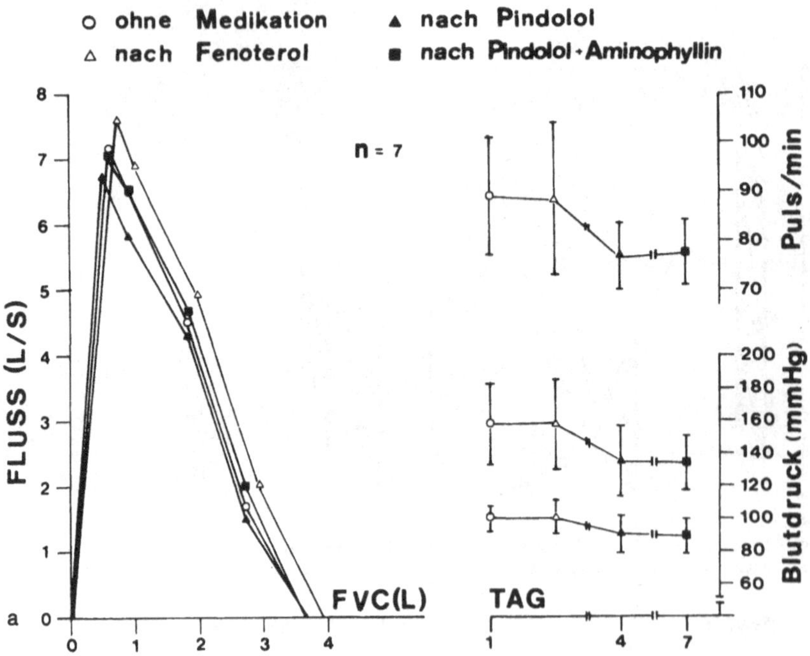
ohne Medikation
nach Fenoterol
nach Pindolol
nach Pindolol + Aminophyllin
n = 7
FLUSS (L/S)
FVC(L)
TAG
Puls/min
Blutdruck (mmHg)
a

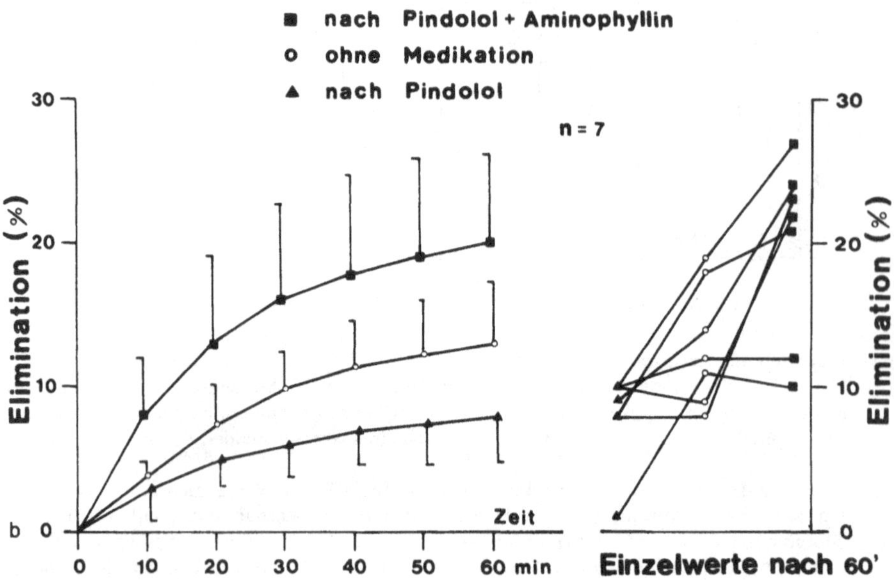
nach Pindolol + Aminophyllin
ohne Medikation
nach Pindolol
n = 7
Elimination (%)
Zeit
min
Einzelwerte nach 60'
b

ersten Tag auf eine inhalative Gabe von Fenoterol geprüft. Am zweiten Tag wurden 100 und 200 mg Celiprolol oral gegeben und über 2 Stunden die Atemwegsobstruktion kontrolliert, ohne daß wesentliche Änderungen meßbar wurden. Eine anschließende Aminophyllininfusion (6 mg/kg KG) führte ebenfalls zu keiner signifikanten Besserung der Atemwegsobstruktion. Erst die abschließende Fenoterolinhalation ergab einen klinisch relevanten bronchospasmolytischen Effekt, der demjenigen des Vortages sogar geringgradig überlegen war [5] (Abbildg. 5 a, b).

Reversibilität der beta-blockerinduzierten bronchialen Clearance-Hemmung

Die Abbildg. 6 a und 6 b zeigen die Wirkung von Pindolol, Placebo und Pindolol plus Aminophyllin auf die mucociliäre Clearance von Rauchern mit chronischer Bronchitis und Großkreislaufhypertonie. Pindolol senkt die bronchiale Clearance signifikant gegenüber Placebogabe. Aminophyllin vermag den negativen Effekt von Pindolol allein sogar in eine positive bronchiale Clearance-Verbesserung gegenüber der Placebogabe zu steigern [9].

Einzelsubstanzspezifische Nebenwirkungen

Es ist unstrittig, daß selektive Beta-1-Blocker (Atenolol, Celiprolol, Metoprolol etc.) weniger substanzspezifische Nebenwirkungen auf die Atemwege haben als die unspezifischen Beta-1- und Beta-2-Blocker (Bupranolol, Propranolol). Weiter wurde gezeigt, daß Beta-Blocker (Pindolol) mit intrinsischer sympathomimetischer Aktivität (ISA) zwar weniger Nebenwirkungen auf die Atemwege haben als Beta-Blocker ohne ISA, z. B. Propranolol, aber nicht ohne Nebenwirkungen auf die Atemwege sind [1, 10].

Hingegen ist die Reversibilität von beta-1-selektiven Beta-Blockern auf Beta-2-Agonisten besser [4].

Wie bereits erwähnt, kommt es bei höherer Dosierung von beta-1-selektiven Blockern (Atenolol, Metaprolol, Practolol, Sotolol etc.) auch zu einer Beta-2-Blockade [15, 16]. Lediglich bei Celiprolol konnte dieser dosisabhängige Effekt am Menschen nicht beobachtet werden [2, 7, 11, 13]. Dieser Effekt von Celiprolol wurde einer Beta-2-

Abb. 6 a Links: maximale exspiratorische Flußvolumenkurve am ersten Tag vor (○) und 20 Minuten nach Inhalation von Fenoterol (△), nach 3 Tagen Behandlung mit Pindolol allein (▲) und nach weiteren 3 Tagen mit Pindolol plus Aminophyllin (■).
Rechts: in gleichen Zeitintervallen gemessene Pulszahlen, systolische und diastolische Blutdrucke.

Abb. 6 b Links: Mittelwerte und Standardabweichung der radioaktiven Eliminationsraten aus der Lunge in % der initial deponierten Radioaktivität nach 10, 20, 30, 40, 50, 60 Minuten nach Beginn der mucociliären Clearance-Messung unter Pindolol plus Aminophyllin (■), Pindolon allein (▲) und ohne Medikation (○) gemessen.
Rechts: individuelle Meßwerte der eliminierten Radioaktivität aus dem Bronchialbaum nach 60 Minuten gemessen ohne Medikation (○), unter Pindolol allein (▲) und unter Pindolol plus Aminophyllin (■).

Stimulation bei gleichzeitiger Beta-1-Blockade zugeschrieben oder einer direkten papaverinartigen Wirkung auf die glatte Bronchialmuskulatur. Letztere würde die relative Bronchoneutralität der Substanz am besten erklären.

Wenn immer ein kardioselektiver Beta-1-Blocker indiziert ist bei Patienten mit chronischer oder akuter Atemwegsobstruktion und gestörter bronchialer Reinigung, wäre aus der Sicht von Nebenwirkungen auf den Respirationstrakt einem selektiven Beta-1-Blocker (Celiprolol) der Vorzug zu geben.

Zusammenfassung

Beta-Blocker führen zu bronchialen Tonuserhöhungen und Sekretstau bis hin zum lebensbedrohlichen Asthmaanfall. Die Risikopatienten können noch durch keinerlei klinische und lungenfunktionelle Messungen mit Ausnahme der Direktprovokation erfaßt werden. Daher sind Beta-Blocker bei allen Patienten mit einer Anamnese von akuten oder chronischen Atemnotszuständen und/oder bronchitischen Symptomen kontraindiziert. Die Langzeitgabe von Beta-Blockern mit ISA (Pindolol) führt zu geringeren Lungenfunktionsverlusten als solche ohne ISA (Propranolol). Falls trotzdem bei den o. g. Patienten mit Kontraindikationen ein Beta-Blocker lebensnotwendig sein sollte, sind beta-1-selektive Substanzen (Celiprolol) vorzuziehen. Die erste Gabe soll unter Aufsicht und Lungenfunktionskontrolle geschehen.

Literatur

[1] Dorow, P.: Die Bedeutung der Intrinsic-Aktivität von Beta-Rezeptorenblockern bei der Behandlung von chronischen Rauchern mit koronarer Herzerkrankung sowie deren Kombinationstherapie mit Metylxanthinen. In: Beta-Blockade und Atemwegsfunktion (P. Dorow, Hrsg.), S. 113–145. de Gruyter, Berlin – New York 1985.

[2] Doshan, H. D., R. Brown, W. J. Applin, et al.: Effects of high doses of celiprolol in asthmatic patients. J. Cardiovasc. Pharmacol. 8 (1986) Suppl. 4.

[3] Gribbin, H. R., C. J. Baldwin, A. E. Tattersfield: Quantitative assessment of bronchial beta-adrenoceptor blockade in man. Br. J. Clin. Pharmacol. 7 (1979) 551–556.

[4] Löfdahl, C. G.: Selectivity of β adrenoceptor agonists and antagonists in asthmatics. Eur. J. Respir. Dis. (1982) Suppl. 120.

[5] Matthys, H.: Einfluß von Celiprolol, Fenoterol und Aminophyllin auf die Atemwegsobstruktion im Asthmaanfall. Schweiz. Med. Wschr. 112 (1982) 1849–1853.

[6] Matthys, H., H. Braig, K.-H. Rühle: Reversibilität der betablockerinduzierten Atemwegsobstruktion bei Patienten mit hyperreagiblem Bronchialsystem nach β_2-Sympathikomimetikagabe. In: Beta-Blockade und Atemwegsfunktion (P. Dorow, Hrsg.), S. 60–66. de Gruyter Berlin – New York 1983.

[7] Matthys, H., H. D. Doshan, K.-H. Rühle, et al.: The bronchosparing effect of celiprolol, a new beta-I-alpha-2-receptor antagonist on pulmonary function of propranolol-sensitive asthmatics. J. Clin. Pharmacol. 26 (1985) 354–359.

[8] Matthys, H., G. Klein, D. Köhler, et al.: Effects of Ketotifen on cholinergic induced airway obstruction. Eur. J. Respir. Dis. 64 (1983) 504–511.

[9] Matthys, H., E. Vastag, G. Daikeler, et al.: The influence of aminophylline and pindolol on the mucociliary clearance in patients with chronic bronchitis. Br. J. Clin. Pract. (1983) Suppl. 23, 82–86.

[10] Northcote, R. J., D. Ballantyne: Influence of intrinsic sympathomimetic activity on respiratory function during chronic β blockade: comparison of propranolol and pindolol. Br. Med. J. **293** (1986) 97–99.

[11] Rosenthal, R. R., H. D. Doshan, W. J. Applin, et al.: Celiprolol: an investigation of a new $beta_2$ adrenoceptor antagonist in asthmatic patients. Br. J. Clin. Pract. **39** (1985) Suppl. 40, 34–36.

[12] Rühle, K.-H., M. Pohl, H. Matthys: Änderung der Lungenfunktion bei Patienten mit hyperreagiblem Bronchialsystem. In: Beta-Blockade und Atemwegsfunktion (P. Dorow, Hrsg.), S. 93–102. de Gruyter Berlin–New York 1985.

[13] Schindl, R., J. Würtz, H. Hoffmann: The effect of the cardioselective beta blocker celiprolol on pulmonary function in asthmatic patients. J. Cardiovasc. Pharmacol. **8** (1986) Suppl. 4.

[14] Tattersfield, A. E., D. G. Leaver, N. B. Pride: Effects of beta adrenergic blockade and stimulation on normal human airway. J. Appl. Physiol. **35** (1973) 613–619.

[15] Tönnesmann, U., P. Dorow, H. Schmutzler: Beziehungen zwischen Dosissteigerungen von Betarezeptorenblockern und obstruktiven Ventilationsstörungen. In: Beta-Blockade und Atemwegsfunktion (P. Dorow, Hrsg.), S. 79–91. de Gruyter Berlin–New York.

[16] Wichert von, P., J. Boes: Beta-Rezeptorenblocker und Bronchialsystem. Med. Klin. **74** (1979) 1544–1547.

Beta-Rezeptorenblocker und periphere Durchblutung

C. Diehm, H. Mörl

Beta-Rezeptorenblocker beeinflussen die periphere Durchblutung über zwei verschiedene Mechanismen:

1. indirekt über die Beeinflussung der zentralen Hämodynamik durch Verminderung des Herzzeitvolumens,
2. direkt über individuell unterschiedlich ausgeprägte Effekte am arteriellen Gefäßsystem durch Hemmung der gefäßerweiternd wirkenden $Beta_2$-Rezeptoren.

Während die zentrale Hämodynamik naturgemäß mitentscheidend ist für die Regulation der Durchblutung sämtlicher Gefäßbezirke, ist die direkte Gefäßwirkung von Beta-Rezeptorenblockern je nach dem Einfluß der sympathischen Regulation unter physiologischen Bedingungen von Organ zu Organ sehr verschieden.

Beta-Rezeptorenblocker und periphere Durchblutung unter physiologischen Bedingungen

Die Skelettmuskulatur kann ihren Stoffwechsel vom Ruhezustand ausgehend bei körperlicher Aktivität bis nahezu auf das 100fache steigern. Die Arbeitshyperämie wird in erster Linie durch metabolische autoregulative Vorgänge bedingt. Diese autoregulativ lokalen Vorgänge überspielen in der Regel die vom Sympathikus hervorgerufene Vasokonstriktion, insbesondere unter muskulärer Beanspruchung.

Dennoch können die kardialen Effekte und die direkten Gefäßwirkungen der vorwiegend nicht-kardioselektiven Beta-Rezeptorenblocker bei Gefäßgesunden in 5–30% Symptome wie Kribbeln in den Beinen, Taubheitsgefühle und kalte Füße verursachen [26, 38].

Es ist bekannt, daß kardioselektive Beta-Rezeptorenblocker und solche mit einer hohen sympathikomimetischen Eigenwirkung diese Nebenwirkungen sehr viel seltener aufweisen [4, 23, 26, 32]. Die klinische Konsequenz daraus ist, wenn die Symptome beim Gefäßgesunden unter nicht-selektiven Präparaten auftreten, zunächst einmal einen selektiven $Beta_1$-Rezeptorenblocker zu verabreichen [7, 32].

Der Einfluß von Celiprolol auf die periphere Durchblutung beim Gefäßgesunden

Celiprolol ist ein neuer $beta_1$-selektiver Adrenozeptorantagonist mit schwachen $alpha_2$-blockierenden Eigenschaften und leichter $beta_2$-agonistischer Aktivität [2, 11, 17]. Neuere Untersuchungen haben gezeigt, daß die partielle agonistische Aktivität (ISA) von Celiprolol spezifisch ist für $beta_2$-adrenerge Rezeptoren [11, 28, 29, 35]. Bereits erste tierexperimentelle Untersuchungen zeigten im Gegensatz zu den Effekten anderer Beta-Rezeptorenblocker, daß Celiprolol zu einer Zunahme des Blutflusses in der Femoralarterie führte [29, 30]. Weitere tierexperimentelle Untersuchungen haben vermuten lassen, daß dieser neue Beta-Blocker einen schwachen $alpha_2$-adrenozeptorblockierenden Effekt hat; diese Eigenschaft ist höchstwahrscheinlich für den vasodilatierenden Effekt dieser Substanz verantwortlich. Die Wirkungen von Celiprolol bei gesunden Freiwilligen unter Verwendung der quantitativen peripheren Flußmessung mittels Verschlußplethysmographie wurden erstmals von Ehringer in Wien beschrieben [11]. Acht gesunde männliche Probanden nahmen an der Studie teil, um die Wirkungen des Präparates auf den Blutstrom durch die Wade und den Fuß, auf die Pulsfrequenz sowie auf den systolischen und diastolischen Blutdruck zu untersuchen. Gleichzeitig wurden die Wirkungen von Celiprolol im Vergleich mit Propranolol untersucht. Bei intravenöser Verabreichung führte dieser Beta-Blocker in einer randomisierten Doppelblind-cross-over-Versuchsanordnung zu einer lang anhaltenden Steigerung des peripheren Blutstroms in der Wade von 25 bis 31% im Vergleich zum Ausgangswert; Propranolol führte dagegen zu einer schnell und lang anhaltenden Verminderung des Blutflusses in der Wade. Der Blutstrom im Fußbereich wurde dabei nicht verändert [11].

Zusammenfassend kann gesagt werden, daß Celiprolol in vitro und in vivo gefäßerweiternde Wirkungen hat. Alle bisher durchgeführten Untersuchungen zeigten unter Celiprolol eine Abnahme des peripheren Gefäßwiderstandes [6, 11, 35].

Beta-Rezeptorenblocker-Wirkungen bei manifester peripherer arterieller Verschlußkrankheit

Periphere arterielle Durchblutungsstörungen galten bislang als Kontraindikation für den Einsatz von Beta-Rezeptorenblocker. Die bisherige Empfehlung, bei einer peripheren arteriellen Verschlußkrankheit auf Beta-Rezeptorenblocker zu verzichten, stützt sich, abgesehen von Einzelfallbeschreibungen, auf theoretische Überlegungen. Beta-Blocker beeinflussen die zentrale Hämodynamik und senken das Herzzeitvolumen und vermindern somit in der Peripherie den Perfusionsdruck.

Durch einen Wegfall der $Beta_2$-dilatierenden Komponente und durch ein reaktives Überwiegen der Alpha-Rezeptoren-Aktivität kommt es zu einer peripheren Gefäßkonstriktion. Es kommt hinzu, daß sich in der Literatur Berichte über einzelne Patienten finden, bei denen sich während der Behandlung mit Beta-Blockern asymptomatische periphere Verschlüsse manifestierten, bereits bestehende Claudicatio intermittens-Beschwerden zunahmen und Nekrosen auftraten [15, 16, 31, 32, 36, 37, 38].

Die Frage, ob bei einer peripheren arteriellen Verschlußkrankheit Beta-Rezeptorenblocker bedenklich oder gar kontraindiziert sind, ist klinisch von erheblicher Relevanz, weil koronare Herzkrankheit, Hypertonus und periphere arterielle Verschlußkrankheit häufig gemeinsam vorkommen. Neuere Studien belegen, daß bei einer koronaren Herzkrankheit in 30–50% mit einer arteriellen Verschlußkrankheit gerechnet werden muß [1, 7, 18, 19, 24].

Im Gegensatz zu den Bedingungen beim Gefäßgesunden liegt bei Claudicatio intermittens, der häufigsten Manifestationsform der peripheren arteriellen Verschlußkrankheit, eine völlig andere Regulation der peripheren Durchblutung vor. Die arterielle Stenose führt, besonders bei muskulärer Beanspruchung, in den abhängigen Muskelregionen zu einer ausgeprägten Ischämie. Unter diesen ischämischen Bedingungen kommt es durch die metabolischen Azidose über eine Freisetzung von Adenosin in den abhängigen Muskelpartien zu einer maximalen Vasodilation der arteriellen Gefäße. Dabei wirkt die metabolische Autoregulation dominierend, die sympathische – oder nervale Regulation tritt ganz in den Hintergrund.

Experimentelle Befunde zeigen, daß die reaktive Hyperämie der Haut und der Skelettmuskulatur, mit der Venenverschlußplethysmographie ermittelt, bei peripherer arterieller Verschlußkrankheit weitestgehend unabhängig von der Reaktionslage des sympathischen Nervensystems ist [9, 12, 27]. Dies erklärt auch die Beobachtung, daß die Sympathektomie bei Claudicatio intermittens-Patienten auf die Muskeldurchblutung nur wenig Einfluß hat [27].

Es gibt mittlerweile mehrere Untersuchungen über den Einfluß von Beta-Rezeptorenblockern auf die periphere Durchblutung bei Claudicatio intermittens-Patienten. Ungünstige Effekte auf die periphere Zirkulation wurden nicht registriert. Im Gegenteil: unter einer chronischen Beta-Blocker-Behandlung verlängerte sich sogar die schmerzfreie Gehstrecke der Claudicatio-Patienten in mehreren Untersuchungen [8, 9, 20, 21, 22].

Auch die Auswertung des sogenannten Beta-Blocker-Heart-Attack-Trial (BHAT) brachte interessante neue Befunde hinsichtlich der Nebenwirkungen von Beta-Rezeptorenblocker auf die periphere Durchblutung. Bei Patienten mit Claudicatio intermittens, der häufigsten Manifestationsform der peripheren arteriellen Verschlußkrankheit, wird das Beschwerdebild nicht verschlechtert; im Gegenteil: in der Untergruppe der Patienten, die schon vor Studienbeginn über Claudicatio intermittens-Beschwerden klagten, traten unter Propranolol weniger (in 47,1%) Beschwerden als unter Placebo (67,1%) auf [39].

Es hat sich gezeigt, daß Beta-Blocker im wesentlichen nur initial zu einer Erhöhung des peripheren Gefäßwiderstandes führen. Unter einer chronischen Beta-Blocker-Therapie fällt sowohl beim Einsatz von nicht-kardioselektiven Beta-Rezeptorenblokkern als auch insbesondere von selektiven Beta$_1$-Rezeptorenblockern der anfangs erhöhte Gefäßwiderstand bald unter das Ausgangsniveau ab [34, 35].

Eine mögliche Erklärung für die Effekte der Beta-Blocker auf die periphere Zirkulation wäre daraus abzuleiten, daß atheromatös veränderte Gefäße nicht mehr so gut vasokonstriktorisch beeinflußbar sind wie gesunde Gefäße. Beim Einsatz von Beta-Blocker kommt es demnach vorwiegend in den gesunden, noch reagiblen Gefäßen zu einer Vasokonstriktion. Daraus könnte eine günstige Blutumverteilung resultieren mit einer verbesserten Durchblutung ischämischer Bezirke. Im angelsächsichen Sprachraum wird dieses umgekehrte „steal-Phänomen" deshalb auch als „ROBIN-HOOD-Phänomen" bezeichnet. Möglicherweise spielen neben diesen hämodynamischen Effekten noch positive Einflüsse der Beta-Blocker auf den Stoffwechsel der Skelettmuskulatur eine Rolle.

Eine neuere Arbeit von Lepäntalo hat gezeigt, daß das Absetzen von Beta-Rezeptorenblockern nach einer Langzeittherapie keine günstigen Effekte auf eine bereits vorbestehende Claudicatio intermittens-Symptomatik hat [22].

Daß Beta-Rezeptorenblocker keinen ungünstigen Effekt auf die schmerzfreie Gehstrecke von hypertonen Claudicatio intermittens-Patienten haben, zeigte Lepäntalo auch in einer weiteren Untersuchung. Bei verschiedenen Schweregraden der peripheren arteriellen Verschlußkrankheit zeigte sich unter Labetalol, Pindolol und Propranolol im Frühstadium der peripheren Verschlußkrankheit (Stadium I) ein ausgeprägter Beta-Blocker-Effekt auf die periphere Durchblutung im Sinne einer Vasokonstriktion im Gegensatz zu den schlecht-perfundierten Extremitätenarterien bei höhergradigen Stenosierungen, bei denen unter Beta-Blockade keine weitere Verschlechterung der Perfusion zu beobachten war. Der Autor schließt daraus, daß Beta-Rezeptorenblocker bei einer Zunahme der Stenosierung ihre ungünstigen hämodynamischen Effekte verlieren [20]. Die Untersuchungen von Svendsen, Kopenhagen, bestätigen diese Befunde ebenfalls. 14 Patienten mit einer essentiellen Hypertonie und intermittierendem Hinken wurden in einer randomisierten Cross-over-Studie 8 Wochen lang mit Acebutolol und 8 Wochen mit Metoprolol behandelt. Dabei nahm die schmerzfreie Gehstrecke nicht ab.

Diese Untersuchungen zeigen, daß man davon ausgehen muß, daß die Nebenwirkungsrate von Beta-Blockern hinsichtlich der peripheren Durchblutung bei Verschlußkranken nicht höher ist als beim Einsatz anderer Antihypertensiva [33]. Der dominierende Faktor ist dabei die Blutdrucksenkung durch die Verschlechterung der zentralen Hämodynamik, nicht die Beta-Blockade durch direkte Effekte am arteriellen Gefäßsystem.

Neuere Untersuchungen weisen auch darauf hin, daß Beta-Rezeptorenblocker die Blutfließeigenschaften günstig beeinflussen. Dintenfass berichtete bereits 1976 über günstige Effekte von Beta-Rezeptorenblockern auf die Blutviskosität. Ferner konnte er erstmals eine Zunahme der Erythrozyten-Flexibilität unter der Gabe eines Beta-Rezeptorenblockers zeigen [10]. Ernst konnte zeigen, daß die Gabe eines Beta-Blockers zu einer signifikanten Reduktion der Plasmaviskosität führt und gleichzeitig zu einer Zunahme der Erythrozytenflexibilität. Diese Veränderungen müssen im Sinne einer Verbesserung der rheologischen Eigenschaften gewertet werden [14]. Der Abfall der Plasmaviskosität sowie die Zunahme der Erythrozytenfiltrabilität beinhalten die potentielle Perfusionsverbesserung der Endstrombahn. Dies könnte möglicherweise zu günstigen klinischen Wirkungen bei Durchblutungsstörungen beitragen. Möglicherweise liegt auch in diesen Befunden hiermit eine Erklärung für die günstigen

Effekte der Beta-Rezeptorenblocker in der sekundären Prävention der koronaren Herzkrankheit.

Einfluß von Celiprolol auf die periphere Durchblutung bei Patienten mit Claudicatio intermittens

Zum Effekt von Celiprolol auf die periphere Zirkulation bei Patienten mit Claudicatio intermittens liegen zum jetzigen Zeitpunkt zwei Publikationen vor:

In einer ersten Pilotstudie untersuchten wir den Einfluß einer Einzeldosis von 200 mg Celiprolol bei 17 männlichen Patienten mit peripherer arterieller Verschlußkrankheit im Stadium II nach Fontaine und Hypertonie.

Diese Patienten hatten ein mittleres Alter von 61,4 Jahren. Die akuten hämodynamischen Effekte von Celiprolol wurden 90 Minuten nach der ersten Applikation von 200 mg Celiprolol untersucht, die chronischen Effekte 3 und 6 Wochen unter der anschließenden Behandlung. Als angiologische Parameter wurden kontrolliert: die schmerzfreie Gehstrecke auf dem Laufband (3,5 km/h, 10% Steigung), der systolische Blutdruck in der Arteria radialis und in der Arteria tibialis posterior mit der Ultraschall-Doppler-Methode sowie die Ruhedurchblutung und die reaktive Hyperämie mit der Methode der Venenverschlußplethysmographie.

Obwohl die Patienten während des Beobachtungszeitraumes kein zusätzliches körperliches Training absolvierten, nahm unter Celiprolol die schmerzfreie Gehstrecke von 205 ± 144 Meter auf 244 ± 167 Meter zu. Dabei nahm der systolische Blutdruck von 186 ± 14/101 ± 4 mmHg auf 158 ± 8/90 ± 5 mmHg ab. Diese erste Untersuchung zeigte, daß Celiprolol die periphere Durchblutung bei Patienten mit einer Claudicatio intermittens nicht ungünstig beeinflußte und daß sogar die schmerzfreie Gehstrecke geringgradig zunahm. In keinem Fall klagten die Patienten über Symptome wie kalte Füße und Paraesthesien. Symptome wie Muskelkrämpfe und Müdigkeit der Muskulatur traten in keinem Fall auf [6]. Auch in anderen Untersuchungen bei Hypertonikern wurden diese Nebenwirkungen nicht gesehen [17].

Diese Untersuchungsergebnisse wurden bestätigt von der Arbeitsgruppe um Karnik, Wien. Ziel seiner Studie war es, den Einfluß des $beta_1$-selektiven Blockers (mit ausgeprägter ISA) Celiprolol auf die periphere Durchblutung bei Patienten mit und ohne periphere arterielle Verschlußkrankheit zu untersuchen. Zum Vergleich verabreichten die Autoren Metoprolol. 24 Patienten (Gruppe I: 12 Patienten ohne AVK; Gruppe II: 12 Patienten mit peripherer arterieller Verschlußkrankheit Stadium II) erhielten im Akutversuch einmalig 200 mg Celiprolol und 200 mg Metoprolol im cross-over. Anschließend erhielten die Patienten randomisiert doppelblind für 3 Wochen täglich 200 mg Celiprolol oder 200 mg Metoprolol. Im Akutversuch zeigte sich venenverschlußplethysmographisch in beiden Gruppen eine geringfügige Abnahme der Ruhedurchblutung der Wade, jedoch keine signifikante Änderung der reaktiven Hyperämie und der Dopplerindices. Im cross-over-Vergleich ergab sich kein statistisch signifikanter Unterschied zwischen Celiprolol und Metoprolol in beiden Gruppen. Nach 3 Wochen Behandlung zeigte sich weder unter Celiprolol noch unter Metoprolol in den beiden Gruppen eine statistisch signifikante Änderung der peripheren Durchblutung gegenüber dem Ausgangswert [17]. Die Untersuchung demonstriert, daß ein negativer Effekt bei Patienten mit Claudicatio intermittens auch durch eine längere Anwendung von Celiprolol nicht zu erwarten ist. Celiprolol kann deshalb bei Patienten mit peripherer Verschlußkrankheit im Stadium II nach Fontaine, der häufigsten Manifestationsform der peripheren Verschlußkrankheit, ohne die Gefahr einer Verschlechterung der Symptomatik eingesetzt werden.

Raynaud-Phänomen unter Beta-Rezeptorenblockade

Die Regulation der Hautdurchblutung erfolgt über die sympathische Aktivität und via aktive Gefäßerweiterung durch Kinine. Es ist bekannt, daß Beta-Rezeptorenblokker ein Raynaud-Phänomen auslösen können [5, 13, 15, 23, 25]. Deshalb ist bei Patienten mit einer vorbestehenden Raynaud-Symptomatik Vorsicht geboten, zumal bei den meisten Raynaud-Patienten eine präexistente Tonuserhöhung der Hautgefäße vorliegt und digitale Vasospasmen häufig sind. Die Spasmenbereitschaft ist oft nicht auf die akralen Gefäße beschränkt. Nach Miller ist etwa bei $^1/_4$ der Patienten mit Raynaud-Phänomen auch mit dem Auftreten von Koronarspasmen und rezidivierenden Migräneanfällen zu rechnen [25]. Für diese pathophysiologischen Besonderheiten sprechen indirekt auch neueste Befunde, die zeigen, daß bei Infarktpatienten, die keine Koronarstenosen aufweisen, ein Raynaud-Phänomen und Migräneanfälle gehäuft auftreten [3]. Einige Autoren nennen deshalb die Prinzmetal-Angina das „myokardiale Raynaud-Phänomen"[25].

Es hat sich gezeigt, daß kardioselektive Beta-Blocker die Fingerdurchblutung beim Raynaud-Patienten weniger stark vermindern als nicht-selektive Präparate. Beta-Blocker mit einer hohen sympathikomimetischen Eigenwirkung, wie zum Beispiel Pindolol, haben dabei keine weiteren Vorteile gegenüber $beta_1$-selektiven Beta-Rezeptorenblockern [9, 13]. Von einer absoluten Kontraindikation für einen Beta-Rezeptorenblocker bei Raynaud-Patienten kann nicht gesprochen werden. Die klinische Erfahrung hat gezeigt, daß ein Behandlungsversuch mit $beta_1$-selektiven Beta-Blockern ohne großes Risiko erwogen werden kann. Alternativ bietet sich aber bei Patienten mit einer Hypertonie bzw. einer koronaren Herzkrankheit und einem Raynaud-Phänomen die Gabe von Kalziumantagonisten an [5].

Celiprolol bei Patienten mit einem Raynaud-Phänomen

Die ausgeprägten vasodilatatorischen Eigenschaften von Celiprolol haben uns bewogen, in einer kontrollierten Untersuchung bei Patienten mit einem langjährig bestehenden vasospastischen Raynaud-Phänomen die Effekte von 200 mg Celiprolol auf die periphere akrale Zirkulation akut und unter einer chronischen Therapie zu untersuchen. Dabei wurden 15 Patienten standardisiert behandelt. Zur Objektivierung der

Verträglichkeit wurden die Patienten um ihre subjektive Beurteilung der Häufigkeit und Schwere der Raynaud-Attacken gebeten. Akut (90 Minuten nach der ersten Applikation von 200 mg Celiprolol) und chronisch objektivierten wir die akrale Zirkulation mit der Methode der Photoplethysmographie und mittels Dopplerdruck-Messung in den Fingerarterien vor und nach Kälteexposition. Alle 15 Patienten haben die Behandlung mit Celiprolol gut toleriert. 8 Patienten gaben ein ausgeprägtes Wärmegefühl unter der Behandlung und eine Verminderung der Häufigkeit und Schwere der Raynaud'schen Attacken an. Eine Verstärkung der Beschwerden wurde in keinem Fall beobachtet. Die lichtplethysmographischen Messungen und die systolischen Dopplerdruckmessungen in den Fingerarterien zeigten keine Verschlechterung der akralen Durchblutung [6].

Diese Untersuchungen zeigen, daß Celiprolol infolge seiner ausgeprägten vasodilatatorischen Eigenschaften bei Patienten mit einem vasospastischen Raynaud-Phänomen bedenkenlos eingesetzt werden kann.

Zusammenfassung

Das Problem Beta-Rezeptorenblocker bei peripheren Durchblutungsstörungen wurde in der Vergangenheit falsch eingeschätzt. Alle neueren Untersuchungen zu der Fragestellung Beta-Rezeptorenblocker und periphere Durchblutung zeigen, daß eine Verschlechterung einer peripheren arteriellen Verschlußkrankheit Stadium II (Claudicatio intermittens) unter der Behandlung von Beta-Rezeptorenblockern nicht zu erwarten ist. Dies ist von großer Wichtigkeit, weil häufig eine Koinzidenz von peripheren arteriellen Durchblutungsstörungen, Hypertonie und koronarer Herzkrankheit vorliegt. Neue selektive Beta-Blocker wie Selectol zeigen in vivo ausgeprägt vasodilatorische Effekte. Der selektive Beta-Rezeptorenblocker mit einer hohen ISA führt zu einer „physiologischen“ Senkung des erhöhten Blutdrucks, ohne zu einer Abnahme der peripheren Durchblutung bei gefäßgesunden Hypertonikern zu führen. Nebenwirkungen wie kalte Extremitäten und Paraesthesien sind deshalb unter der Gabe dieses neuen Beta-Rezeptorenblockers nicht zu erwarten. Immerhin muß bei der Therapie mit konventionellen Beta-Rezeptorenblocker bei Hypertonikern in 5–30% aller Fälle die Beta-Blocker-Behandlung wegen dieser unangenehmen Nebenwirkungen abgebrochen werden.

Die Ergebnisse der ersten Untersuchungen weisen daraufhin, daß Celiprolol auch bei Patienten mit manifester peripherer arterieller Verschlußkrankheit im Stadium der Claudicatio intermittens nicht zu einer Verschlechterung der peripheren Durchblutung führt. Diese Substanz kann daher beim Vorliegen einer Claudicatio intermittens bedenkenlos eingesetzt werden. Es liegen allerdings bis zum jetzigen Zeitpunkt noch keine Erfahrungen über die Auswirkungen einer Therapie mit dieser Substanz bei Patienten in fortgeschrittenem Stadium der peripheren arteriellen Verschlußkrankheit vor, weshalb hier noch Vorsicht geboten ist.

In einer ersten Untersuchung hat Celiprolol die akrale Zirkulation bei Patienten mit vasospastischem Raynaud-Phänomen nicht verschlechtert.

Literatur

[1] Bollinger, A., P. Lichtlen, F. Kaindl, et al.: Koinzidenzuntersuchungen bezüglich peripherer Arteriopathie und Koronarsklerose. Wien. Z. inn. Med. **53** (1972) 455–462.

[2] Bonelli, J., D. Magometschnigg, G. Hitzenberger, et al.: Hämodynamische Charakterisierung eines neuen β-Rezeptorenblockers. Celiprolol (ST1396) in Ruhe und unter Ergometerbelastung, verglichen mit Propranolol (Inderal®).Wien. klin. Wschr. **90** (10) (1978) 350–354.

[3] Ciraulo, D. A., G. F. Bresnahan, P. S. Frankel, et al.: Transmural Myocardial Infarction with Normal Coronary Angiograms and with Single Vessel Coronary Obstruction. Chest **83** (2) (1983) 196–202.

[4] Clement, D. L.: Does Beta Blockade Affect Blood Flow to the Limbs? In: Adaptability of Vascular Wall, (2/3) (Z. Reinis et al. (Hg.)), S. 636–637. Springer Verlag, 1980.

[5] Diehm, C., U. Müller-Bühl, H. Mörl: Neue Aspekte der Pharmakotherapie des Raynaud-Phänomens. Med. Klin. Prax. **78** (22) (1983) 33–37.

[6] Diehm, C., H. Mörl: Effects of Celiprolol in Hypertensive Patients with Intermittent Claudication. Int. Symp. on New Dimensions in Beta-Blockade Second European Meeting on Hypertension, Abstract No. 14. Milan (Italy), 13th June 1985.

[7] Diehm, C., H. Mörl, G. Schettler: Einfluß von Metoprolol auf die periphere Durchblutung bei Patienten mit peripherer Verschlußkrankheit. Z. Kardiol. 72 (1983) 44–47.

[8] Diehm, C., H. Mörl, G., Schettler: Wirkungen von Propranolol und Metoprolol auf die periphere Durchblutung bei Claudicatio intermittens. Vasa **12** (1) (1983) 59–63.

[9] Diehm, C.: Beeinflussung der arteriellen Durchblutung durch Beta-Rezeptorenblocker. Herz/Kreislauf **16** (5) (1984) 243–247.

[10] Dintenfass, L., B. Lake: Beta Blockers and Blood Viscosity. Lancet **I** (1976) 1026.

[11] Ehringer, H., U. Konecny, W. Rasser: The Effect of Celiprolol on Peripheral Circulation in Healthy Volunteers. Br. J. Clin. Pract. **39** (6) Suppl. 40 (1985) 91–99.

[12] Ehringer, H.: Beta-adrenerge Mechanismen und periphere Zirkulation. Wien. Med. Wschr. **119** (6) (1969) 108–113.

[13] Eliasson, K., L.-E. Lins, K. Sundqvist: Peripheral Vasospasm during β-Receptor Blockade – a Comparison between Metoprolol and Pindolol. Acta Med. Scand. **212** (Suppl.) (1983) 109–112.

[14] Ernst, E., Ch. Roloff, M. Marshall: Betablocker erhöht Blutfluidität. Herz + Gefäße (4) (1984) 470–479.

[15] Feleke, E., O. Lyngstam, L. Rästam, et al.: Complaints of Cold Extremities among Patients on Antihypertensive Treatment. Acta Med. Scand. **213** (1983) 381–385.

[16] Frohlich, E. D., R. C. Tarazi, H. P. Dustan: Peripheral Arterial Insufficiency. JAMA **208** (13) (1969) 2471–2472.

[17] Karnik, R., A. Valentin, J. Slany: Beeinflussung der peripheren Durchblutung durch Beta-Rezeptorenblocker bei Patienten mit und ohne periphere arterielle Verschlußkrankheit (PAVK). 5. Gemeinsame Jahrestagung der Angiologischen Gesellschaften der Bundesrepublik Deutschland, Österreichs und der Schweiz, Berlin, 25.–28. September 1985.

[18] Kriessmann, A., W. Seidlmann, A. Neiss, et al.: Häufigkeit der periphere arteriellen Verschlußkrankheit bei koronarer Herzkrankheit mit und ohne Herzinfarkt. Dtsch. med. Wschr. **104** (1979) 1604–1607.

[19] Kübler, W., E. Schütz, F. A. Gries, et al.: Periphere arterielle Verschlußkrankheit, angiographisch nachweisbare Koronarsklerose und Konstellation von „Risikofaktoren" bei Patienten mit pektanginösen Beschwerden. Dtsch. med. Wschr. **29** (1974) 2201–2206.

[20] Lepäntalo, M.: Chronic Effects of Labetalol, Pindolol and Propranolol on Calf Blood Flow in Intermittent Claudication. Clin. Pharmacol. Ther. **37** (1985) 7–12.

[21] Lepäntalo, M. J. A., K. J. Tötterman: Influence of Beta-Blockade on Calf Blood Flow. European Society of Cardiology, Meeting of the Working Group in Peripheral Circulation, Gent, 3.–4. Sept. 1982.

[22] Lepäntalo, M., J. von Knorring, O. Lindfors, et al.: The Effect of Withdrawal of Beta-Adrenergic Blockade on Intermittent Claudication. Angiology-Journal of Vascular Diseases **34** (1983) 401 – 411.

[23] McSorley, P. D., D. J. Warren: Effects of Propranolol and Metoprolol on the Peripheral Circulation. Brit. Med. J. 2 (1978) 1598 – 1600.

[24] Matthes, D., D. Opherk, H. Mörl: Nachweis einer peripheren obliterierenden Arteriosklerose bei Patienten mit koronarer Herzerkrankung und eingeschränkter Koronarreserve. Vasa 7 (2) (1978) 138 – 142.

[25] Miller, D., D. D. Waters, W. Warnica, et al.: Is Variant Angina the Coronary Manifestation of a Generalized Vasospastic Disorder? N. Engl. J. Med. **304** (13) (1981) 763 – 766.

[26] Ohlsson, O., S.-E. Lindell: The Effects of Pindolol and Prazosin on Hand Blood Flow in Patients with Cold Extremities and on Treatment with β-Blockers. Acta Med. Scand. **210** (1981) 217 – 219.

[27] Pickering, T.: Beta-Blockers and the Peripheral Circulation. Brit. Med. J. **1** (1979) 270.

[28] Pittner, H.: Pharmakodynamische Wirkungen von Celiprolol, einem kardioselektiven β-Rezeptoren-Blocker. Arzneim.-Forsch. **33** (1 a) (1983) 13 – 25.

[29] Pittner, H., R. Smith, M. Leibowitz, et al.: Investigations in the Intrinsic Sympathetic Activity of the Beta 1-Adrenergic Blocking Agent Celiprolol. Naunyn-Schmiedeberg's Arch. Pharmacology **322** (1983) R 41.

[30] Pittner, H.: Hämodynamische Wirkungen von Celiprolol und anderen β-Rezeptoren-Blockern an narkotisierten Hunden. Arzneim.-Forsch. **33** (1 a) (1983) 26 – 29.

[31] Rodger, J. C., C. D. Sheldon, R. A. Lerski, et al.: Intermittent Claudication Complicating Beta-Blockade. Brit. Med. J. **1** (1976) 1125.

[32] Stumpe, K. O.: Wann welcher Beta-Blocker? Münch. med. Wschr. **125** (45) (1983) 1029 – 1032.

[33] Svendsen, T. L., K. H. Tønnesen, R. Jelnes: Are Beta-Blockers Contraindicated in Hypertensive with Intermittent Claudication. In: Konservative Therapie arterieller Durchblutungsstörungen. (Trübestein, G. (Hg.)). No. 64. Thieme Verlag, 1986.

[34] Tarazi, R. C., H. P. Dustan: Beta Adrenergic Blockade in Hypertension. Am. J. Cardiol. **29** (1972) 633 – 640.

[35] Thulesius, O., J. E. Gjöres, E. Berlin: Vasodilating Properties of β-Adrenoceptor Blockers with Intrinsic Sympathomimetic Activity. Br. J. clin. Pharmac. **13** (1982) 229 s – 230 s.

[36] Thulesius, O., J. E. Gjöres: Beta-Adrenergic Blockade and Peripheral Circulation. Vasa **1** (2) (1972) 145 – 149.

[37] Vale, J. A., D. B. Jefferys: Peripheral Gangrene Complicating Beta-Blockade. Lancet **I** (1978) 1216.

[38] Zacharias, F. J.: Patient Acceptability of Propranolol and the Occurrence of Side Effects. Postgrad. Med. J. **52** (Suppl. 4) (1976) 87 – 89.

[39] N. N.: A Randomized Trial of Propranolol in Patients with Acute Myocardial Infarction. II. Morbidity Results. β-Blocker Heart Attack Trial Research Group. JAMA **250** (20) (1983) 2814 – 2819.

Derzeitiger Stand der Kombinationstherapie zur Behandlung der Angina pectoris bei Beta-Blockern als Grundsubstanz

P. Lichtlen

Abstract

Combination of antiischemic drugs in the treatment of stable angina pectoris has the advantage to achieve similar effects as with monotherapy using lower doses for each drug than when given alone and by this to reduce unwanted side-effects; furthermore, this results in important additive, synergistic effects.

Betablockers (BBL) can be combined both with oral nitrates as well as with Calcium-antagonists; the latter combination is especially useful in presence of a vasospastic component. Type and dose of the BBL depend on the severity of angina, the number of ischemic episodes, both silent and symptomatic ones, and on heart rate, f. i. if a significant increase in heart rate during silent ischemic episodes is present. Cardiospecificity and intrinsic sympathicomimetic activity have to be taken into consideration especially in treating patients with unstable angina (UA). However, in UA it is difficult to decide on the best drug combination without knowing the underlying anatomy. Due to the complexity of the pathomechamism of UA (vasospasm, plaque rupture, platelet thrombi) treatment with BBL (or with Calcium-antagonists) alone is often not successful, but combination with both drugs can stabilize the clinical situation before invasive diagnosis and treatment is installed.

BBL, which due to their side effects often cannot be used as a monotherapy with high doses, are ideal drugs for combined treatment of angina pectoris, where they can be administered in lower doses, still sufficient to exert their main effect, the reduction of heart rate and contractility, two important determinants of myocardial oxygen consumption. Additional nitrates will reduce the elevated left ventricular enddiastolic pressure observed under BBL, additional Calcium-antagonists will increase the reduced cardiac output and by this correct the negative inotropic effects of BBL.

Einleitung

Die medikamentöse Therapie der Angina pectoris ist in den letzten Jahren sehr komplex geworden, da laufend neue antianginöse Medikamente mit z. T. verschiedenen Angriffspunkten zur Verfügung gestellt werden. Nach wie vor stehen aber 3 Substanzgruppen im Vordergrund:

- Die *Nitrokörper*: Nitroglyzerin wurde bereits 1879 von Murrell in die Therapie der Angina pectoris eingeführt [46]. Die exakte hämodynamische Abklärung der Wirkungsweise erfolgte jedoch erst in den 50er Jahren durch Russek [59], Müller und Røwick [44], Gorlin und Brachfeld [23] sowie Honig [24]. Diese und andere Autoren konnten zeigen, daß Nitroglyzerin insbesondere zu einer Dilatation der venösen Kapazitätsgefäße führt, dadurch den venösen Rückfluß zum Herzen reduziert und das enddiastolische Volumen und den enddiastolischen Druck – vor allem wenn unter Ischämie erhöht [30, 31, 41] – zu senken vermag. Dadurch wird sowohl der systolische Wandstreß wie auch die diastolische Compliance (Druck-Volumen-Beziehung) vermindert, was wiederum in einer deutlichen Senkung des myokardialen Sauerstoffverbrauches resultiert [2, 25]. Überdies wird durch eine Änderung der Geometrie bzw. der Form des linken Ventrikels über eine Verkleinerung des Transversaldurchmessers der Druck auf die inneren Schichten des linken Ventrikels gesenkt und damit die Durchblutung des ischämischen Endokards verbessert [2]. Eine weitere Entwicklung stellte Anfang der 60er Jahre die Einführung des relativ lang wirkenden Isosorbiddinitrates dar [22, 60], wobei schon damals bei der Koronarographie eine deutliche Erweiterung der großen epikardialen Koronararterien gefunden wurde. Ende der 70er Jahre [55] gelang es, durch exakte Quantitierung von Koronarangiogrammen nachzuweisen, daß nicht nur die normale Koronararterie sich um ca. 20–30% erweitert, sondern daß auch exzentrische Stenosen mit noch normalen glatten Muskelfasern sich deutlich dilatieren lassen; überdies wurde schon 1966 von Bernstein et al. [7], und 1981 durch Engel und Lichtlen [18] gezeigt, daß der Koronarfluß unter sublingualem Nitroglyzerin sowie unter Isosorbiddinitrat entsprechend der Senkung des myokardialen Sauerstoffverbrauches autoregulativ abnimmt (Abb. 1). Die Anfang der 70er Jahre durch Aronow [4] eingeführte sublinguale Therapie mit dem langwirkenden Isosorbiddinitrat brachte eine zusätzliche Verbesserung; sie wurde später durch eine orale Therapie ergänzt, wobei allerdings das Toleranzproblem der Nitrate [6, 11] erst recht manifest wurde.

Myokard		Koronardurchblutung		Peripherie Durchblutung	
regionaler O_2-Verbrauch, poststenotisches Gebiet, Endokard Response		Tonus der glatten Gefäßmuskulatur, Koronardurchblutung, Koronardilatation		Nachlast, Blutdruck Vorlast	
Herzfrequenz	BB	Extramurale Koronararterien	NT/CA	Kapazitätsgefäße	NT/CA
Kontraktilität	BB	Stenose	NT/CA	Arteriolen	CA
Wandspannung	CA/NT/BB	Arteriolen	CA	Venen	NT

BB = Betablocker, NT = Nitrate, CA = Calcium-Antagonisten

Abb. 1 Angriffspunkte der antiischämischen Behandlung entsprechend eigenen Untersuchungen sowie Angaben der Literatur (für Einzelheiten siehe Text).

- Das Prinzip der *Beta-Rezeptorenblockade* wurde 1962 durch Black [8] in die Medizin eingeführt, wobei die Wirkung von Propranolol schon in den frühen 60er Jahren vor allem durch die englischen Autoren Prichard (1963), Alcock (1964) und Hammer (1964) klinisch breit analysiert wurde [51]. Dabei zeigte sich, daß die Beta-Blockade vor allem über eine Senkung der Herzfrequenz und der Kontraktilität sowie der linksventrikulären Wandspannung zu einer erheblichen Erniedrigung des myokardialen Sauerstoffverbrauches führt (Abb. 1), so daß über eine Angleichung des Sauerstoffverbrauches an die erniedrigte, limitierte Sauerstoffzufuhr die Ischämie im poststenotischen Gebiet über lange Zeit verhindert wird. Die Beta-Blocker wurden somit schon damals – im Gegensatz zu den Nitrokörpern – vor allem zur Verhinderung der Belastungs-Angina-pectoris und nicht zur Anfallskupierung eingesetzt, wobei der vornehmliche Effekt in der Senkung der Frequenz während Belastung beruht. Nachteilig erwies sich anfänglich die fehlende Kardioselektivität bzw. die dadurch bewirkte periphere Vasokonstriktion, welche sich aber auch an den großen Koronargefäßen nachweisen läßt, wie neuerdings nachgewiesen werden konnte [54]. Diese ungünstige Wirkung ist heute bei den kardioselektiven Substanzen wesentlich abgeschwächt und kaum mehr nachweisbar.
- Mitte der 60er Jahre schließlich wurden die *Kalzium-Antagonisten*, insbesondere das Nifedipin, durch Fleckenstein [20, 21] entdeckt und sehr bald nachher in die Klinik eingeführt. Die Kalzium-Antagonisten zeigen eine mehrfache Wirkung (Abb. 1); im Vordergrund steht jedoch die Relaxation der glatten Gefäßmuskulatur sowohl im koronaren wie im peripher-arteriellen Strombett. Die periphere arterioläre Dilatation führt zu einer Senkung des Blutdruckes und damit der Nachlast und geht, mitbedingt durch die sekundäre Steigerung des Sympathikotonus, mit einer leichten Erhöhung des Herzzeitvolumens einher [33, 39]; parallel dazu findet sich eine ca. 20- bis 30%ige Erweiterung der großen epikardialen Koronargefäße und vor allem auch der exzentrischen Stenosen [39]; überdies zeigt sich in Ruhe eine Zunahme der Koronardurchblutung um ca. 20–30% [18]; unter Streßbedingungen, z. B. Erhöhung der Herzfrequenz durch Vorhofstimulation bis zur Ischämie, wird – im Gegensatz zu den Nitraten und Beta-Blockern – die nach Verabreichung des Kalzium-Antagonisten beobachtete Senkung des myokardialen Sauerstoffverbrauches, erkennbar an der Abnahme des Frequenzdruckproduktes, insbesondere aber der Nachlast, nicht mit einer autoregulativen Senkung des Koronarflusses beantwortet; der Fluß im poststenotischen Gebiet bleibt unverändert hoch oder zeigt sogar noch eine leichte, nicht signifikante weitere Steigerung, so daß eine „Luxusperfusion" resultiert [18] (Abb. 1).

Gründe für eine Kombinationstherapie mit Beta-Blockern bei stabiler Angina pectoris

Mehrere Überlegungen befürworten eine Kombinationstherapie bei der stabilen Angina pectoris.

Erstens kann davon ausgegangen werden, daß mit der Kombination von zwei antiischämischen Substanzen die anginöse bzw. antiischämische Wirkung größer ist als die bei gleicher Dosis erzielte Wirkung jeder Substanz allein, so daß – ohne Erhöhung der Dosis – ein höherer Wirkeffekt erreicht wird; so ist schon aus den verschiedenen Angriffspunkten dieser Substanzen zu erwarten (Abb. 1), daß mehrere, den myokardialen Sauerstoffverbrauch auf verschiedenem Wege senkende Maßnahmen zusammenwirken und überdies die Erhöhung der Sauerstoffzufuhr als ergänzendes Moment wirkt. Hier sei daran erinnert, daß Herzfrequenz, Kontraktilität und Wandspannung die drei wesentlichen Determinanten des myokardialen Sauerstoffverbrauches darstellen [34].

Zweitens soll damit nicht nur die belastungsinduzierte Angina behandelt werden, sondern insbesondere auch die durch erhöhten koronaren Vasomotorentonus bedingte Senkung des Ruheflusses bzw. die primäre Angina. Es ist insbesondere zu erhoffen, daß damit auch die relativ häufigen Episoden von stummer Ischämie besser unter Kontrolle gebracht werden.

Drittens läßt sich vor allem durch eine Kombination und die daraus resultierende relativ niedrige Dosis der einzelnen Medikamente eine Reduzierung oder sogar Ausschaltung unerwünschter Nebenwirkungen einer speziellen Substanz erreichen, wie z. B. die Beeinträchtigung der linksventrikulären Funktion durch Beta-Blocker; aber auch der durch Toleranzentwicklung bedingte Wirkausfall bei Nitraten, läßt sich damit mindestens teilweise überbrücken.

Kombination von Beta-Rezeptorenblockern und Nitraten

Diese Kombination ist schon seit Ende der 60er Jahre bekannt und darf als die klassische Kombination bei Angina pectoris angesehen werden. Sie hat sich, wie zahlreiche Arbeiten aus den späten 60er und frühen 70er Jahren gezeigt haben (Übersicht [32, 41]) als sehr günstig erwiesen. Dies ist vor allem dadurch bedingt, daß die beiden Substanzen, obwohl sie teilweise einen gegensätzlichen Effekt haben, in ihrer Wirkung sich nicht aufheben, sondern – insbesondere während Belastung – zusätzlich unterstützen [49].

So wird unter der Kombination (Abb. 2) der myokardiale Sauerstoffbedarf erheblich stärker gesenkt, da sowohl die Beta-Blocker als auch die Nitrate die linksventrikuläre Wandspannung reduzieren und überdies den Blutdruck zusätzlich senken, wenn auch auf verschiedenem Wege: die Nitrate erreichen eine Blutdrucksenkung vor allem durch Reduktion des Herzzeitvolumens aufgrund des verminderten venösen Rückflusses, wobei der peripher-vaskuläre Widerstand weitgehend konstant bleibt; die Beta-Blocker führen langfristig ebenfalls über die Senkung des Herzzeitvolumens sowie auch des sympathischen Tonus zu einer Blutdrucksenkung, wobei der periphere Widerstand aber eher noch etwas zunimmt. Die Herzfrequenz erfährt unter Nitraten aufgrund des über die Blutdrucksenkung gesteigerten sympathischen Tonus eine geringe Zunahme, während sie unter den Beta-Blockern gesenkt wird, deren Wirkung unter der Kombination in der Regel auch diesbezüglich deutlich überwiegt. Im Gegensatz dazu wird der negativ inotrope Effekt der Beta-Blocker, die Abnahme der Kontraktilität, durch die sekundäre Steigerung des Sympathikotonus der Nitrate überspielt, so daß in der Regel insbesondere unter Belastung eine leichte Zunahme der Schlagarbeit bei gleichzeitiger signifikanter Senkung des linksventrikulären enddi-

NT = Nitrate, BB = Betablocker	NT	BB	NT + BB
Myokardiales O_2-Angebot Koronardurchblutung	↓	↓	↓↓
Vasomotoren-Tonus der Koronarien, epikardiale Gefäße	↓ Dil.	= ? ↑	?
Arteriolen	=	↑	? ↑
Dynamische Stenosen	↓ Dil.	↑ ?	?
Myokardialer O_2-Bedarf	↓	↓	↓↓
Herzfrequenz	(↑)	↓↓	↓
Wandspannung	↓	↓	↓↓
Blutdruck	↓	↓	↓
Kontraktilität	(↑)	↓	↓
Myokardialer O_2-Verbrauch	↓	↓	↓↓
CF: MVO_2-Verhältnis	↑	↑	↑

NT = Nitrate, BB = Betablocker

Abb. 2 Veränderungen der Hämodynamik und der koronaren Dynamik unter Nitraten allein, Beta-Blockern allein und unter der Kombination (für Einzelheiten siehe Text).

astolischen Druckes resultiert (Abb. 3), [36]. Insgesamt zeigt sich somit eine zusätzliche Senkung des myokardialen Sauerstoffverbrauches. Auf der Seite des Sauerstoffangebotes bzw. des Koronarflusses bewirkt die Kombination der beiden Medikamente eine relative Verbesserung des Gleichgewichtes zwischen Koronarfluß bzw. Sauerstoffangebot und Sauerstoffbedarf, indem die autoregulative Senkung des Koronarflusses noch verstärkt wird, wobei allerdings die leichte koronararterioläre Widerstandserhöhung der Beta-Blocker [35, 36, 37] neutralisiert wird. Im Vordergrund steht somit bei beiden Medikamenten die Senkung des Sauerstoffbedarfes, welcher auf das Niveau des poststenotisch höchstmöglichen Flusses gesenkt wird, häufig sogar noch deutlich darunter, einhergehend mit einer entsprechenden autoregulativen Senkung des Flusses. Dabei ist zu beachten, daß die Nitrate den Gesamtwiderstand im poststenotischen Gebiet weitgehend unverändert belassen [7, 18], während die Beta-Blocker den koronar-arteriolären Widerstand leicht erhöhen [35].

Unbekannt bleibt die Wirkung der Kombination auf den koronaren Vasomotorentonus, vor allem der großen epikardialen Gefäße und der exzentrischen dynamischen

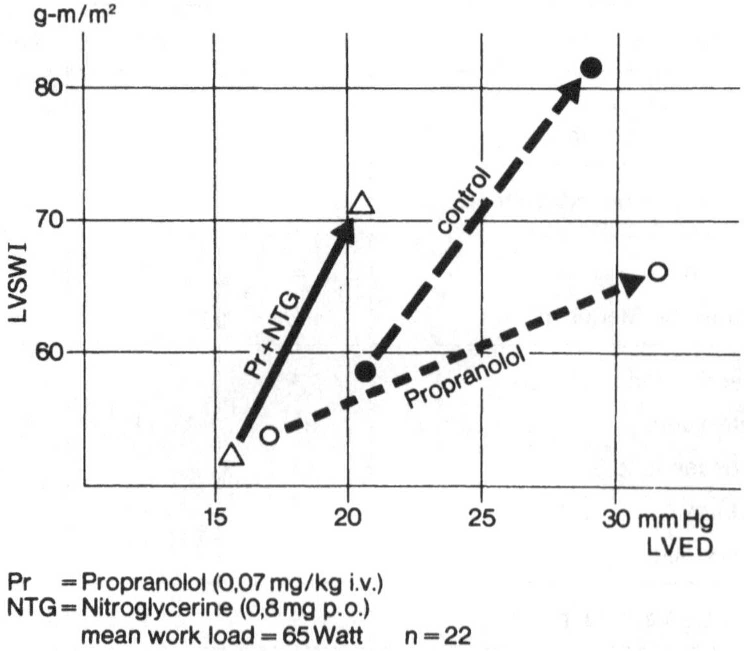

Abb. 3 Vergleich der linksventrikulären Funktion in Ruhe und unter mittelschwerer Belastung (65 Watt) bei Patienten mit Koronarsklerose und Angina pectoris vor und nach Beta-Blockade bzw. zusätzlicher Verabreichung von Nitroglycerin. Die 3 Ergometrien wurden liegend durchgeführt bei gleichzeitiger Messung der linksventrikulären hämodynamischen Parameter. – 1. Kontrollergometrie (control) bis zur signifikanten ST-Streckensenkung von mindestens 0,01 mV und Angina pectoris. – 2. Ergometrie unter 0,07 mg/kg i. v. Propranolol bei gleicher Wattzahl und Dauer wie unter Kontrolle. – 3. Ergometrie nach zusätzlicher Verabreichung von 0,8 mg Nitroglycerin sublingual wiederum bei gleicher Wattzahl und Dauer; aus [37] (für Einzelheiten siehe Text).

Stenosen [52]. Zur Zeit liegen noch keine Untersuchungen vor, welche die Frage beantworten, wie weit die vasokonstriktorische Wirkung der Beta-Blocker, bedingt durch ein Überwiegen des Alphatonus, die durch das zyklische GMP bedingte koronare Relaxation der Nitrate aufhebt. Die Beantwortung dieser Frage ist nicht zuletzt im Hinblick auf die Therapie der unstabilen Angina von wesentlicher Bedeutung.

Praktisch gesehen hat sich die Kombination von Beta-Blockern mit Nitraten bei der stabilen Angina pectoris insbesondere im Hinblick auf die Verhinderung der Belastungs-Angina als sehr günstig erwiesen, wie zahlreiche frühere Untersuchungen gezeigt haben [32]. So können z. B. Beta-Blocker allein den unter Belastung bzw. Ischämie erhöhten enddiastolischen Druck beim Koronarpatienten nicht vermindern [38], sondern er wird noch weiter erhöht unter gleichzeitiger Senkung der Schlagarbeit, bedingt durch die Abnahme der Kontraktilität und Wandspannung, was sich jedoch durch Nitrate weitgehend normalisieren läßt [36, 38]. Durch deren Senkung des venösen Rückflusses wird ein erhöhtes enddiastolisches Volumen des linken Ventrikels erheblich reduziert und überdies der unter Belastung erhöhte enddiastolische Druck häufig bis auf die Norm zurückgeführt ohne weitere Senkung der Schlagarbeit [2, 41]. Offensichtlich verhindert der Beta-Blocker die venöse Dilatation der Nitrate nicht, wie auch eine venöse Konstriktion unter Beta-Blockern – wahrscheinlich wegen der nur sehr schwachen Rezeptordichte dieser Gefäße – nicht beobachtet wird. Diese Feststellungen haben dazu geführt, daß Anfang der 70er Jahre die Kombination des langwirkenden sublingualen Isosorbiddinitrates und später der oralen Langzeitnitrate mit Beta-Blockern als eine Standardtherapie für die stabile Angina pectoris eingeführt wurde, wobei damals allerdings noch wenig auf eine eventuelle Toleranz der Nitrate geachtet wurde. Heute ist bekannt, daß eine hochdosierte Nitrattherapie über 24 Stunden zur Toleranz führt [58], so daß anzunehmen ist, daß bei der Kombination – je nach Verabreichung des Nitrates – über gewisse Stunden allein der Beta-Blocker zur Wirkung kommt. Dem sollte bei der Therapie Rechnung getragen werden, indem das Nitrat auch in der Kombination unter Berücksichtigung der Toleranz so dosiert wird, daß sein Ausfall nicht zum Wiederauftreten der Belastungs-Angina-pectoris führt. Es empfiehlt sich somit, das Nitrat vorwiegend nachts wegzulassen.

Die Kombination von Beta-Blockern mit Nitraten empfiehlt sich insbesondere bei Patienten mit latenter Herzinsuffizienz bzw. deutlich erhöhtem enddiastolischen Volumen in Gegenwart von größeren, infarktbedingten, akinetischen Arealen, wobei ohne entsprechende Therapie unter Belastung der enddiastolische Druck massiv ansteigt bzw. die Herzinsuffizienz manifest wird. Dabei ist zu beachten, daß bei diesen Patienten häufig eine kompensatorische Steigerung der Herzfrequenz resultiert; der Beta-Blocker kann dann u. U. das Nitrat überspielen, so daß der Frequenzanstieg ausbleibt, insbesondere auch in der Toleranzphase des Nitrates, wobei aber das enddiastolische Volumen noch weiter zunimmt und die Herzinsuffizienz sich eventuell verstärkt.

Bei jeder Monotherapie mit einem Beta-Blocker sollte somit entschieden werden, ob und wieweit ein Nitrat zugelegt werden sollte. Bei der überwiegenden Mehrzahl der Patienten läßt sich diese Kombination ohne wesentliche Nebenwirkungen durchführen; die Arbeitsbelastung wird, wie zahlreiche Untersuchungen gezeigt haben, deutlich verlängert bzw. die Belastbarkeit erhöht, so daß die Dosen der beiden Substanzen kombiniert häufig deutlich reduziert werden können.

Kombination von Beta-Rezeptorenblockern und Kalzium-Antagonisten

Diese Kombination ist noch relativ neu und zum Teil noch immer Gegenstand von Diskussionen, insbesondere was ihre Indikationen, aber auch Risiken betrifft. Zum besseren Verständnis sei die Hauptwirkung der Kalzium-Antagonisten nochmals kurz erwähnt (Abb. 4). Kalzium-Antagonisten wirken über eine Hemmung des langsamen Kalzium-Einstromes durch die Zellmembran sowohl im Bereich der Herzmuskel wie der glatten Gefäßmuskelzelle; dabei wird vor allem der Kalziumtransport über den potentialabhängigen Kanal, wahrscheinlich aber auch über einen Rezeptor-abhängigen Kanal gebremst [39]. Im Bereich des Sinusknotens und vor allem des AV-Knotens bewirken gewisse Kalzium-Antagonisten (Verapamil, Diltiazem) eine deutliche Verzögerung der Überleitung, welche hier ebenfalls über den langsamen Kalzium-Kanal

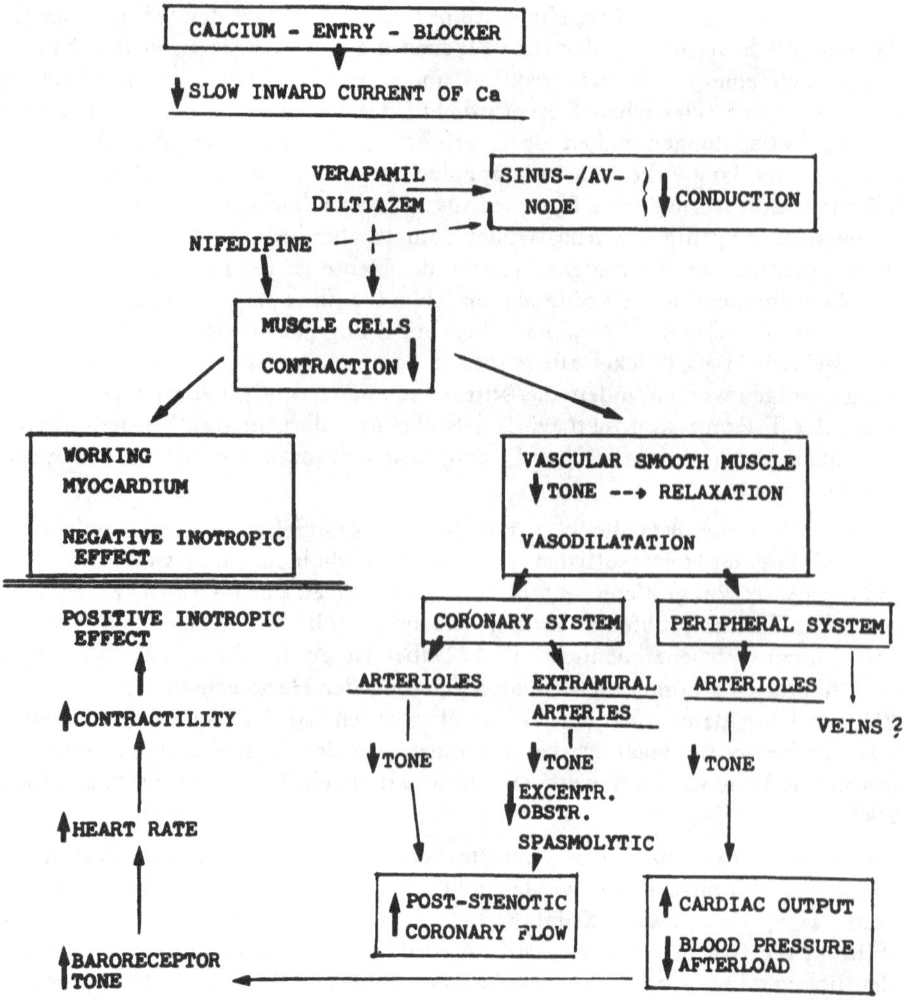

Abb. 4 Wirkschema der Kalzium-Antagonisten. Sämtliche hier angegebenen hämodynamischen Veränderungen wurden am Menschen in eigenen Untersuchungen verifiziert (für Einzelheiten siehe Text).

gesteuert wird. Am Herzmuskel führt die Hemmung des Kalziumeinstromes erwartungsgemäß zu einem negativ inotropen Effekt, wobei dies beim Menschen jedoch nur bei intrakoronarer Verabreichung ersichtlich wird [1]. Tierexperimentelle Untersuchungen am Hundeherzen in situ haben gezeigt, daß eine Dosis, welche bei intrakoronarer Verabreichung zu einer ca. 30%igen Senkung der Kontraktilität führt, mit einer ca. 50%igen Senkung des Kalziumeinstromes verbunden ist [56, 57]. Dieser negativ inotrope Effekt kommt bei systemischer Verabreichung nicht zur Wirkung, da die gleichzeitige Abnahme des peripher-arteriolären Tonus zu einer Blutdrucksenkung und sekundär zu einer Erhöhung des Barorezeptorentonus bzw. Sympathikotonus führt; damit verbunden ist eine Steigerung der Herzfrequenz und der Kontraktilität, es resultiert ein positiv inotroper Effekt, welcher den direkt negativ inotropen Effekt am Herzmuskel überspielt. Im Vordergrund steht somit die Senkung des Tonus der glatten Gefäßmuskulatur sowohl im peripher-arteriellen wie auch im Koronarsystem. Hier soll nur auf die Wirkung am letzteren eingegangen werden. Mehrere Studien haben gezeigt, daß die bekannten Kalzium-Antagonisten Verapamil, Nifedipin und Diltiazem in etwa gleichem Ausmaß den Ruhekoronarfluß steigern [10, 12, 18] und unter Vorhofstimulation bzw. Streß den Koronarfluß auf gleicher Höhe wie ohne Kalzium-Antagonisten aufrecht erhalten [18]; die durch Senkung des peripheren Druckes bedingte Abnahme des myokardialen Sauerstoffverbrauches und damit an sich verbundene autoregulative Flußsenkung wird durch die Kalzium-Antagonisten durchbrochen, ohne daß allerdings ein sog. Steal-Phänomen entsteht. Zugleich führen die klinisch gebräuchlichen Kalzium-Antagonisten Nifedipin, Diltiazem und Verapamil auch zu einer Erweiterung der großen epikardialen Gefäße, insbesondere auch der exzentrischen Stenosen [9, 39, 53]. Betrachtet man den Effekt auf den Herzmuskel isoliert, so wäre zu befürchten, daß die gleichzeitige Verabreichung von Kalzium-Antagonisten und Beta-Blockern den negativ inotropen Effekt der letzteren verstärken könnte. Der deutlich negativ inotrope Effekt der Beta-Blocker wird aber durch die Steigerung des Sympathikotonus bei systemischer Verabreichung der meisten Kalzium-Antagonisten, insbesondere der Dihydropyridine, wesentlich gemildert zusammen mit einer starken Senkung der Nachlast bzw. des Blutdruckes. Dies gilt aber nur für die Kombination von Beta-Blockern mit Dihydropyridinen [47, 61], wobei eine weitere Senkung des Ruheblutdruckes beobachtet wird, während der deprimierende Effekt der Beta-Blocker auf das Herzzeitvolumen in Ruhe weitgehend behoben ist, obwohl die Herzfrequenz zusätzlich weiter gesenkt wird. Unter Fahrradergometrie zeigt sich eine weitere Senkung des systolischen und diastolischen Blutdruckes bei gleicher Arbeitsbelastung, wobei dann das Herzzeitvolumen gegenüber dem Ausgangswert leicht gesenkt wird [63]. Es ist somit davon auszugehen, daß insgesamt der myokardiale Sauerstoffverbrauch durch die Kombination von Kalzium-Antagonisten und Beta-Blockern stärker gesenkt wird als mit jeder Substanz allein, wobei insbesondere bei Verapamil, welches schon bei systemischer Verabreichung leicht kardiodepressiv wirken kann [3], eine noch stärkere Reaktion als bei den Dihydropyridinen zu erwarten ist. Die Wirkung der Kombination auf das Myokard muß somit für die drei gebräuchlichsten Kalzium-Antagonisten als leicht verschieden betrachtet werden, wird aber auch vom gewählten Beta-Blocker abhängen bzw. ob dieser kardiospezifisch und mit oder ohne intrinsische Aktivität ist. Dieses sehr große Spektrum an Wirkungsmöglichkeiten wurde bis jetzt nur sehr wenig untersucht, insbesondere was die akute Hämodynamik betrifft [19, 26, 48, 64]. Erwähnenswert scheint, daß umgekehrt gerade die durch die Dihydropyridine häufig leicht erhöhte Herzfrequenz durch Beta-Blockade weitgehend normalisiert wird. Die Kombination reduziert somit vor allem zwei wesentliche Determinanten des myokardialen Sauerstoffverbrauches, nämlich die Herzfrequenz und den systemischen Blutdruck, allerdings auf Kosten einer kleinen Zunahme des linksventrikulären Füllungsdruckes [47]. Hämodynamisch ist diese Kombination somit günstig (Abb. 5), unterscheidet sich jedoch wesentlich von der Kombination mit Nitraten dadurch, daß der linksventrikuläre enddiastolische Druck nicht gesenkt wird; andererseits wird aber das Herz-

	CaA	BBL	CaA + BBL
Myokardiales O_2-Angebot			
Koronardurchblutung	↑	↓	↓
Koronartonus – Arteriolen	↓	↑	↑
epikardiale Gefäße	↓	?	?
exzentrische Stenosen	↓	?	?
Myokardialer O_2-Verbrauch			
Herzfrequenz	↑ = ↓	↓	↓
Kontraktilität	↑ (↓)	↓	↓
Wandspannung	↓	↓	↓↓
Nachlast, Blutdruck	↓	↓	↓↓
Vorlast	= ↓	↑	↑ =
Herzzeitvolumen	↑	↓	= (↑)
AV-Überleitung	= ↓	↓	↑↑*

* Diltiazem, Verapamil CA = Calcium-Antagonisten
BBL = Betablocker

Abb. 5 Veränderungen der Hämodynamik unter Kalzium-Antagonisten und Beta-Blockern allein und unter Kombination. Bislang noch nicht verifizierte Effekte sind mit Fragezeichen versehen (für Einzelheiten siehe Text).

zeitvolumen weniger stark reduziert als unter dem Beta-Blocker allein, bzw. der negativ inotrope Effekt des Beta-Blockers wird insbesondere unter Belastung abgeschwächt und die Pumpfunktion leicht verbessert, sogar bei Patienten mit leichter Herzinsuffizienz [61].

Es stellte sich im weiteren die entscheidende Frage, wieweit sich die Kombination auf die glatte Gefäßmuskulatur auswirkt. Aufgrund der speziellen Physiologie der glatten Gefäßmuskelkontraktion wäre ein erheblicher negativ inotroper Effekt zu erwarten (Abb. 6). Sowohl die phasische wie die tonische Kontraktion der glatten Gefäßmuskulatur wird primär durch den Kalziumeinstrom über die Zellmembran, vor allem über den potentialabhängigen Kanal gesteuert, während die zur Vasodilatation führende Relaxation der glatten Gefäßmuskulatur vorwiegend von der Stimulation der beta-adrenergen Rezeptoren abhängt. Das unter dem Einfluß der Beta-Stimulation gebildete zyklische AMP hat eine hemmende Wirkung auf die Phosphorylierung der Myosin-Leicht-Kette, wodurch die Kontraktion bzw. die Verbindung von phosphoryliertem Myosin mit Aktin verhindert wird. Überdies scheint das zyklische AMP direkt den transmembranösen Kalziumeinstrom zu hemmen. Entsprechend führt

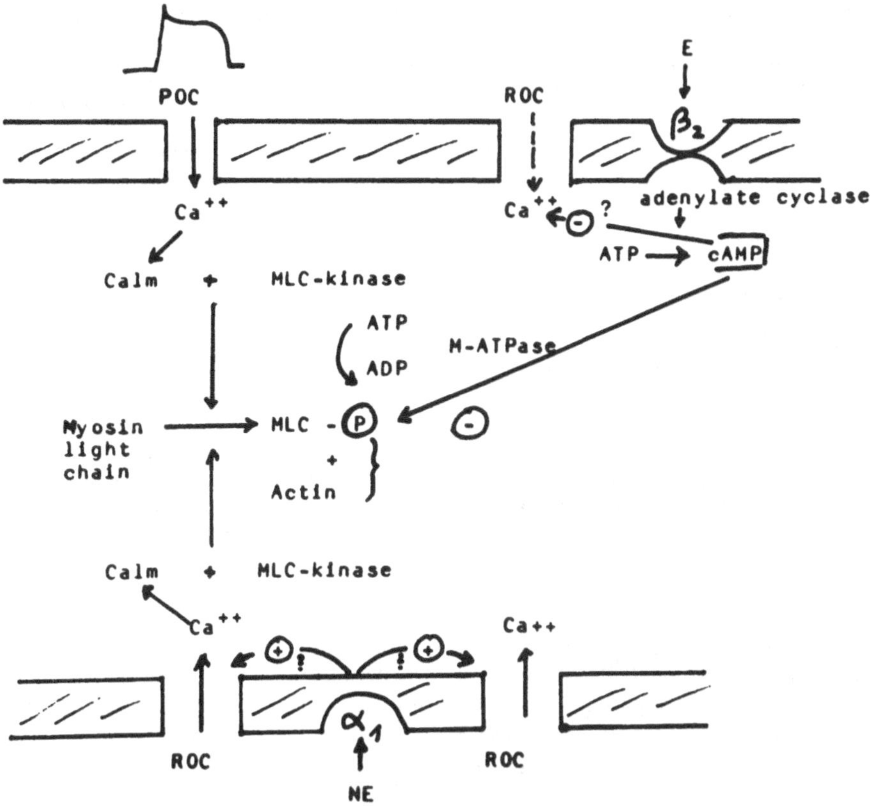

Abb. 6 Schematische Darstellung des Kontraktionsablaufes in der glatten Gefäßmuskulatur in Abhängigkeit vom Kalziumeinstrom über die Zellmembran, über den potentialabhängigen Kanal (POC), den Rezeptor-abhängigen Kanal (ROC) bzw. vermittelt durch Beta-Rezeptoren und $Alpha_1$-Rezeptoren (für Einzelheiten siehe Text).

zirkulierendes Adrenalin zur Vasodilatation, ein Vorgang, der sich durch Beta-Blockade völlig antagonisieren läßt. Auf der anderen Seite führt der Kalziumeinstrom über den potentialabhängigen Kanal zur phasischen und tonischen Kontraktion, welche auf diese Weise auf längere Zeit aufrecht erhalten wird. Der vasodilatorische Effekt der Kalzium-Antagonisten ist somit im Prinzip auf den jetzt ungehemmten Betatonus zurückzuführen, welcher offenbar nicht durch einen vermehrten Anstieg des $alpha_1$-sympathetischen Tonus und die damit verbundene Vasokonstriktion gebremst wird. Der letztere ist offensichtlich relativ schwach und kommt nicht zum Tragen, solange der Potential- und Rezeptor-abhängige Kanal funktionieren. An sich müßte angenommen werden, daß die gleichzeitige Blockierung des potentialabhängigen langsamen Kalzium-Kanales und des Rezeptor-abhängigen Beta-Kanales nur noch die Aktivität des $alpha_1$-sympathetischen Kanales zulassen (Abb. 7), welcher dann, obwohl relativ schwach in seiner Wirkung, doch wieder zu einer Vasokonstriktion führt. Eigene Untersuchungen des Koronarflusses unter der Kombination von Nifedipin und Pro-

Behaviour of vasomotion of coronary arteries depending on Pharmacological regulation of POC and ROC

Drug	POC VC	ROC-β_2 VD	ROC-α_1 VC	Vasomotion VC	Vasomotion VD
No Drug	+	++	+	↑	↑
Ca-Ant-Agonist	∅	++(+)	+(+)	↑	⇧
Ca-Ant-Agonist	∅	∅	+	↑	–

POC = Potential operated Channel, ROC = Receptor operated Channel, VC = Vasoconstriction, VD = Vasodilation

Abb. 7 Tabellarische Zusammenfassung des Verhaltens des Vasomotorentonus bei epikardialen Koronargefäßen und koronaren Arteriolen in Abhängigkeit von der pharmakologischen Regulation des Potential- und Rezeptor-abhängigen Kanales. Es wird dabei von einem normalerweise existierenden Gleichgewicht zwischen Vasokonstriktion (VC) und Vasodilatation (VD) ausgegangen.

pranolol [13] (Abb. 8) haben dann auch gezeigt, daß die fehlende autoregulative Senkung des Koronarflusses unter Kalzium-Antagonisten, z. B. während Vorhofstimulation, nach Verabreichung von Propranolol aufgehoben wird, so daß der Koronarfluß im poststenotischen Gebiet, entsprechend der massiven Senkung des Sauerstoffverbrauches, wieder deutlich abnimmt bzw. jetzt doch autoregulativ gesenkt wird. Umgekehrt verhindert die Verabreichung von Propranolol bei nachfolgender Gabe von Nifedipin eine entsprechende Flußzunahme. Der koronararterioläre Tonus wird somit bei der Kombination von einem Dihydropyridin mit einem nicht selektiven Beta-Blocker vorwiegend abhängig vom alpha$_1$-sympathetischen Tonus, so daß eine Vasokonstriktion resultiert, in seltenen Fällen sogar ein Koronarspasmus [13]. Wieweit an den extramuralen großen Koronarästen die Kombination ebenfalls zu einer Vasokonstriktion führt, ist bislang noch nicht untersucht worden, scheint aber von wesentlicher Bedeutung zu sein.

Aufgrund dieser Überlegungen wäre klinisch somit unter Umständen eher ein ungünstiger Effekt dieser Kombination zu erwarten; demgegenüber haben aber die meisten Studien, welche Kombinationen zwischen Beta-Blockern und Kalzium-Antagonisten untersuchten, bislang eine erhebliche Steigerung der Belastbarkeit gefunden, sowohl bezüglich der Zeit bis zur ST-Streckensenkung wie auch der maximalen Belastung [5, 14, 15, 16, 50].

Speziell Ekelund [17] sowie auch Leon und Mitarbeiter [28, 29] haben eine deutliche Steigerung der Belastbarkeit gefunden, wenn die Kombination mit der Behandlung durch Beta-Blocker oder Kalzium-Antagonisten allein verglichen wurde; dies wird durch die übrige Literatur bestätigt [26].

Trotzdem scheint ein Wort der Vorsicht geboten. Zweifellos senkt die Kombination den Blutdruck stärker als jedes Medikament allein; damit kann auch – insbesondere

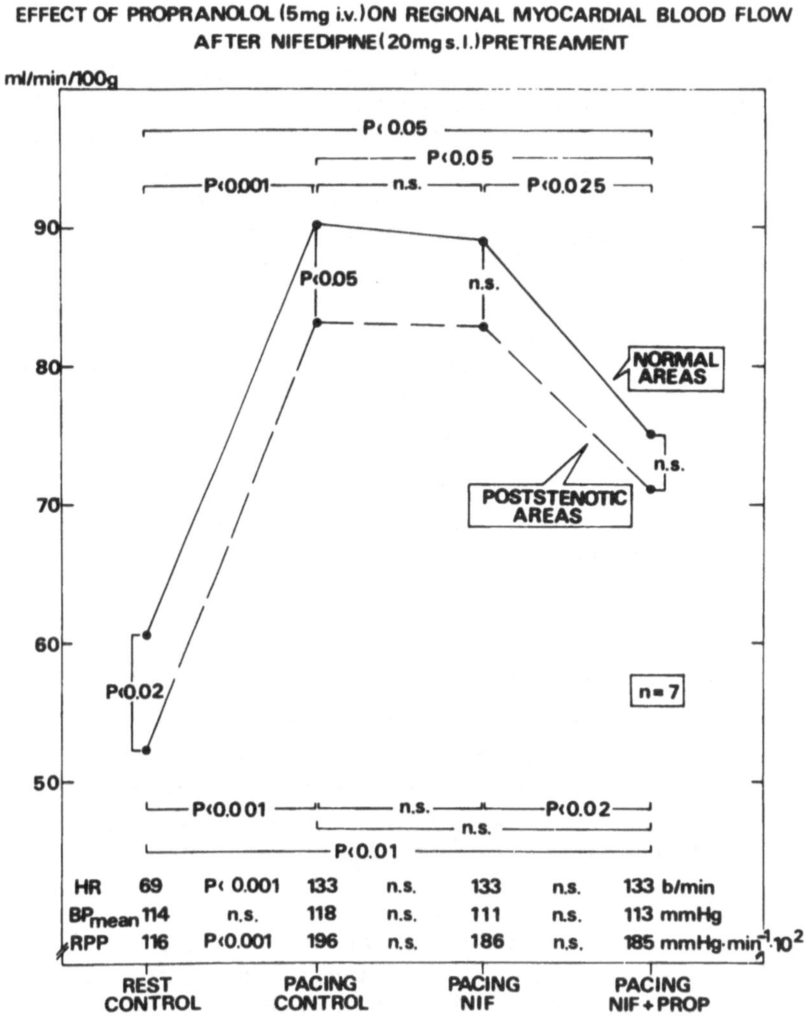

Abb. 8 Koronarfluß unter Vorhofstimulation bis zur Angina pectoris und/oder Ischämie (ST-Senkung >0,1 mV) ohne und mit Nifedipin und nachfolgend Propranolol im normalen (ausgezogene Linie) und poststenotischen (gestrichelte Linie) Areal. Untersucht wurden 7 Patienten mit isolierter hochgradiger Stenose im Bereich des Ramus interventrikularis anterior; die Flußmessung erfolgte mittels der präkordialen Xenon-Clearance-Technik. Links: Koronarfluß in Ruhe (rest, control), wobei im Mittel der poststenotische Fluß bereits signifikant tiefer lag als der Fluß im normalen Gebiet; Mitte: unter Vorhofstimulation Anstieg des Flusses im normalen und poststenotischen Gebiet, im letzteren einhergehend mit subendokardialer Ischämie bzw. typischer ST-Streckensenkung von mehr als 0,1 mV. Mitte rechts: unter der zweiten Vorhofstimulation mit gleicher Frequenz und gleicher Dauer, 15 Minuten nach Verabreichung von 20 mg Nifedipin sublingual zeigt sich trotz Senkung des myokardialen Sauerstoffverbrauches bzw. des Blutdruckes und des Frequenzdruckproduktes keine autoregulative Abnahme des Flusses und erst bei der dritten Stimulation (rechts), diesmal 10 Min. nach zusätzlicher Verabreichung von 5 mg Propranolol i. v., findet sich jetzt eine autoregulative Flußabnahme, obwohl Blutdruck und Frequenzdruckprodukt unverändert bleiben; die Senkung des Sauerstoffverbrauches erfolgt jetzt vor allem über eine Abnahme der Kontraktilität.

bei fehlendem Frequenzanstieg – das Herzzeitvolumen u. U. eine deutliche Abnahme erfahren bzw. der günstige Effekt des Kalzium-Antagonisten wäre verloren. Überdies kann durch starke Blutdrucksenkung bei Koronarpatienten mit höhergradigen Stenosen der Perfusionsdruck erheblich reduziert werden, was die Ischämie eventuell. paradox verstärken könnte. Dies könnte auch dann der Fall sein, wenn die von uns im arteriolären Bereich gesehene Vasokonstriktion sich auch im Bereich der großen epikardialen Koronararterien vollziehen würde. Weitere Studien müssen diese Punkte noch klären.

Schließlich ist unbedingt darauf hinzuweisen, daß bei der Kombination mit Verapamil, aber eventuell auch mit Diltiazem, Überleitungsstörungen im AV-Knoten auftreten können [27], unter intravenösem Verapamil bis zum totalen AV-Block. Diese Kombination, welche zwar auch mit guter Wirkung eingesetzt werden kann [62, 63, 64], verlangt somit eine besondere Überwachung des EKGs, vorallem wenn relativ hohe Dosen des Beta-Blockers verwendet werden. Bei Patienten mit vorbestehendem AV-Block sollte deshalb die Kombination eines Beta-Blockers mit Verapamil oder Diltiazem zugunsten derjenigen mit einem Dihydropyridin unterbleiben.

Diskussion und Zusammenfassung

In der Therapie der Angina pectoris lassen sich Beta-Blocker sehr gut kombinieren, und zwar sowohl mit Nitrokörpern, vor allem Langzeitnitraten, als auch mit Kalzium-Antagonisten. Die Kombination mit letzteren ist sogar aus verschiedenen Gründen häufig vorzuziehen, insbesondere immer dann, wenn neben Belastungsangina auch Ruheangina besteht und eine zusätzliche vasospastische Komponente nicht sicher ausgeschlossen werden kann. Art und Dosis des Beta-Blockers richten sich nach dem Schweregrad sowie der Klinik der Angina pectoris, wobei sowohl auf Kardiospezifität wie auf intrinsische sympathische Aktivität des Blockers zu achten ist. Klinisch spielt insbesondere der Grad der latenten Herzinsuffizienz eine Rolle, da die Nitrokörper, nicht aber die Kalzium-Antagonisten in der Lage sind, den venösen Rückfluß zu reduzieren und damit den unter Beta-Blocker leicht erhöhten enddiastolischen Druck zu normalisieren.

Bei *stabiler Angina* ohne Linksinsuffizienz bzw. bei noch normalem linkem Ventrikel, im Präinfarktstadium und fehlender Ruheangina läßt sich der Beta-Blocker sowohl mit einem Nitrokörper wie auch Kalzium-Antagonisten kombinieren, mit dem letzteren insbesondere bei gleichzeitigem Vorhandensein einer therapiebedürftigen Hypertonie, welche durch den Beta-Blocker allein nicht genügend kontrolliert wird. Bei gleichzeitiger Linksinsuffizienz bzw. vorbestehendem größerem Infarkt und durch das akinetische Areal bzw. die asynerge Kontraktion erhöhtem enddiastolischen Druck und vergrößertem enddiastolischen Volumen ist die Kombination mit Nitraten wegen gleichzeitiger Senkung der Vorlast vorzuziehen. Bei stabiler Angina und gleichzeitiger Ruheangina sollte, insbesondere bei fehlender Linksinsuffizienz, dem Kalzium-Antagonisten der Vorzug gegeben werden; bei zusätzlich vorliegender Linksinsuffizienz nach größerem Infarkt wären sowohl Diuretika zur Reduktion des zirkulierenden Blutvolumens wie auch Nitrate indiziert.

Bei typischer *unstabiler (Ruhe-)Angina pectoris* bzw. drohendem Herzinfarkt ist es schwierig, ohne Kenntnis der zugrunde liegenden Koronaranatomie einen medikamentösen Entscheid zu treffen. Zwei Interventionsstudien [42, 45] haben gezeigt, daß bei vorherbestehender Behandlung mit einem Beta-Blocker die zusätzliche Verabreichung von Nifedipin die Zahl der Ruheattacken erheblich reduziert, während umgekehrt bei vorbestehender Behandlung mit Nifedipin die zusätzliche Verabreichung von Propranolol sich als günstig auswirkt. Beide Studien waren in ihrer Aussage bezüglich der alleinigen Verabreichung eines Beta-Blockers oder auch Kalzium-Antagonisten nicht schlüssig bezüglich der infarktverhütenden Wirkung. Legt man die bekannte Pathophysiologie der unstabilen Angina zugrunde [34, 40], so ist dies zu erwarten, da die unstabile, häufig in einen Infarkt ausmündende Situation mehrheitlich durch eine starke Progredienz der Koronarsklerose bedingt wird [43], wobei sowohl Beta-Blocker wie Kalzium-Antagonisten an der in der Regel hochgradigen und überdies komplexen Stenose wenig auswirken können und lediglich eine Revaskularisation, sei es durch Bypass-Chirurgie oder Dilatation, die Lage entscheidend verbessert.

Beta-Blocker, so fragwürdig häufig ihre Monotherapie bei stabiler und insbesondere bei instabiler Angina pectoris ist, bieten sich als ideale Medikamente zur Kombination an, wobei dann ihre unerwünschten Nebenwirkungen stark in den Hintergrund treten.

Literatur

[1] Amende, I., R. Simon, W. P. Hood, et al.: Intracoronary Nifedipine in human beings: magnitude and time course of changes in left ventricular contraction/relaxation and coronary sinus blood flow. JACC 2 (1983) 1041 – 1044.

[2] Amende, I., R. Simon, W. P. Hood jr., et al.: The effects of the betablocker atenolol and nitroglycerin on left ventricular function and geometry in man. Circ. 60 (1979) 836.

[3] Amende, I., R. Simon, P. Lichtlen: Direct cardiac and peripheral actions of intravenous verapamil. JACC 2 (1986) 182 A.

[4] Aronow, W. S., H. M. Chesluk: Sublingual isosorbid-dinitrate therapy versus sublingual placebo in angina pectoris. Circ. 41 (1970) 869.

[5] Bassan, M., D. Weiler-Ravell, O. Sharev: The additive antianginal action of oral nifedipine in patients receiving propranolol. Magnitude and duration of effect. Circ. 66 (1982) 710 – 716.

[6] Becker, H. J., G. Walder, M. Kaltenbach: Gibt es eine Tachyphylaxie bzw. Gewöhnung bei der Behandlung der Angina pectoris mit Nitrokörpern? Dtsch. Gesell. Inn. Med. 82 (1976) 1209 – 1210.

[7] Bernstein, L., G. C. Friesinger, P. R. Lichtlen, et al.: The effect of nitroglycerin on the systemic and coronary circulation in men and dogs. Myocardial blood flow measured with Xenon 133. Circ. 33 (1966) 107.

[8] Black, J. W., J. S. Stevenson: Pharmacology of a new adrenergic betareceptor-blocking compound (nethalide). Lancet II (1962) 311.

[9] Bonzel, T., H. Wollschläger, H. Löllgen, et al.: Erweiterung der epikardialen Koronargefäße durch intravenöses Diltiazem bei Patienten mit koronarer Herzkrankheit. Z. Kardiol. 74 (1985) 238 – 244.

[10] Bourassa, M. G., P. Coal, P. Théroux, et al.: Hemodynamics and coronary flow following diltiazem administration in anaesthetized dogs and in humans. Chest 78 (1980) 224.

[11] Danahy, D. T., W. S. Aronow: Hemodynamic and antianginal effects of high dose oral isosorbid-dinitrate after chronic use. Circ. **56** (1977) 205 – 212.

[12] Daniel, W. G., H. J. Engel, P. R. Lichtlen: Effects of Ca-antagonists on regional myocardial blood flow. In: Ca-Antagonism. International Symposium on Calcium-Antagonism (U. Althaus, D. Buckhardt, E. Vogt, Hg.), S. 152 – 162. Universimed Verlag, Frankfurt 1984.

[13] Daniel, W. G., G. H. Reil, O. Schober, et al.: Effects of combined nifedipine and propranolol treatment on regional myocardial blood flow in coronary patients. In: 6th International Adalat Symposium (P. R. Lichtlen, Hg.), S. 414 – 421. Excerpta Medica, Amsterdam 1986.

[14] Dargie, H. J., P. G. Lynch, D. M. Krickler, et al.: Nifedipine and propranolol: a beneficial drug interaction. Am. J. Med. **71** (1981) 676 – 682.

[15] De Ponti, C., A. M. de Biasi, S. Pirelli, et al.: Effects of nifedipine, acebutolol, and their association on exercise tolerance in patients with effort angina. Cardiol. **68** (1981) Suppl. II, 195 – 199.

[16] Dietz, A., J. Walter, F. Ebner, et al.: Treatment of coronary heart disease with a combination of nifedipine and beta-blocker. Herzkreislauf. **11** (1979) 243 – 248.

[17] Ekelund, L. G., L. Oroe: Antianginal efficiency of Nifedipine with and without a betablocker, studied with exercise tests. A double-blind, randomized subacute study. Clin. Cardiol. **2** (1979) 203 – 211.

[18] Engel, J. H., P. R. Lichtlen: Beneficial enhancement of coronary blood flow by nifedipine; comparison with nitroglycerin and beta-blocking agents. Am. J. Med. **71** (1981) 658 – 667.

[19] Findlay, I. N., J. H. Dargie: The effects of nifedipine, atenolol, and their combination on left ventricular function. Postgrad. Med. J. **59** (1983) Suppl. II, 70 – 73.

[20] Fleckenstein, A., H. Meyer, H. J. Döring, et al.: Zum Wirkungsmechanismus neuartiger Koronardilatatoren mit gleichzeitig Sauerstoff-einsparenden Myokardeffekten, Prenylamin, Iproveratril. Z. Kardiol. **56** (1967) 716.

[21] Fleckenstein, A., H. Tritthard, B. Fleckenstein, et al.: Eine neue Gruppe kompetitiver Calcium-Antagonisten mit starken Hemmeffekten auf die elektromechanische Kopplung im Warmblütlermyokard. Pflüge's Archiv **307** (1969) R 25.

[22] Goldstein, R. E., D. R. Rosing, D. R. Redwood, et al.: Clinical and circulatory effects of isosorbiddinitrate: comparison with nitroglycerin. Circ. **43** (1971) 629.

[23] Gorlin, R., N. Brachfeld, C. Macleod, et al.: Effect of nitroglycerin on the coronary circulation in patients with coronary artery disease or increased left ventricular work. Circ. **19** (1959) 705 – 718.

[24] Honig, C. R., S. M. Tenney, P. V. Gabel: The mechanism of cardiovascular action of nitroglycerine. Am. J. Med. **29** (1960) 910 – 923.

[25] Hood, jr. W. P., I. Amende, R. Simon, et al.: The effects of intracoronary nitroglycerin on left ventricular systolic and diastolic function in man. Circ. **61** (1980) 1098.

[26] Julian, D. G.: Comparisons and combinations in antianginal therapy. Eur. Heart J. **6** (1985) Suppl. A, 37 – 45.

[27] Krikler, D. M., L. Harris, E. Rowland: Calcium-channel-blockers and beta-blockers: Advantages and disadvantages of combination therapy in chronic stable angina pectoris. Am. Heart J. **104** (1982) 702 – 708.

[28] Leon, M. B., D. R. Rosing, R. O. Bonow, et al.: Clinical efficacy of verapamil alone and combined with propranolol in treating patients with stable angina pectoris. Am. J. Cardiol. **48** (1981) 131 – 139.

[29] Leon, M. B., D. R. Rosing, R. O. Bonow, et al.: Combination therapy with calcium channel blockers and beta-blockers for chronic stable angina pectoris. Am. J. Cardiol. **55** (1985) 69 B – 80 B.

[30] Lichtlen, P.: Myocardial function in coronary artery disease. Triangle **9** (1970) 282 – 292.

[31] Lichtlen, P.: The hemodynamics of clinical ischemic heart disease. Ann. Clin. Res. **3** (1971) 333 – 343.

[32] Lichtlen, P.: Zur Therapie der Angina pectoris in heutiger Sicht. Z. Kardiol. **61** (1972) 32 – 39.

[33] Lichtlen, P.: The influence of nifedipine on left ventricular and coronary dynamics at rest and during exercise in patients with coronary artery disease. In: 1st International Nifedipine Symposium (K. Hashimoto, E. Kimura, T. Kobayashi, Hg.), S. 104. University of Tokyo Press, Tokyo 1975.

[34] Lichtlen, P.: Pathophysiology of coronary and myocardial function in angina pectoris: important aspects for drug treatment. Europ. Heart J. (1985) Suppl F, 11 – 25.

[35] Lichtlen, P., H. Albert: Zur Wirkung der Beta-Rezeptorenblockade bei Koronarinsuffizienz. I. Koronare Dynamik unter Propranolol. Messung der Koronardurchblutung mit Xenon 133. Z. Kardiol. **59** (1970) 193.

[36] Lichtlen, P., H. Albert, T. Moccetti: Insufficence coronaire: Evaluation par les tests d'effort de la fonction de ventricule gauche sous Propranolol administré seul ou avec Nitroglycerine. Therapie **25** (1970) 259 – 265.

[37] Lichtlen, P., H. Albert, B. Moccetti: Left ventricular dynamics at rest and during exercise under different beta-blocking agents in patients with severe coronary artery disease. In: Coronary Heart Disease (M. Kaltenbach, P. Lichtlen, Hg.), S. 205 – 221. Georg Thieme Verlag, Stuttgart 1971.

[38] Lichtlen, P., H. Albert, M. Spiegel: Zur Wirkung der Betarezeptorenblockade bei Koronarinsuffizienz. II. Linksventrikuläre Dynamik bei Arbeitsbelastung unter Propranolol und der Kombination von Propranolol und Nitroglycerin. Z. Kardiol. **59** (1970) 207.

[39] Lichtlen, P., J. H. Engel, W. Rafflenbeul: Calcium-entry-blockers, especially nifedipine in angina of effort: possible mechanisms and clinicial implications. In: Calcium-antagonists and cardivascular disease (L. H. Opie, Hg.), S. 221 – 236. Raven Press, New York 1984.

[40] Lichtlen, P., W. Rafflenbeul, H. Freudenberg: Pathoanatomy and function of coronary obstructions leading to unstable angina pectoris; anatomical and angiographic studies. In: Unstable Angina, current concepts and management (P. G. Hugenholtz, B. S. Goldman, Hg.), S. 81 – 93. Schattauer-Verlag, Stuttgart 1985.

[41] Lichtlen, P., K. Gatticker, J. Halter, et al.: The effect of nitrates (isosorbiddinitrate) on coronary and ventricular dynamics under exercise in patients with coronary artery disease. In: Coronary Heart Disease (M. Kaltenbach, P. Lichtlen, Hg.), S. 42 – 56. Georg Thieme Verlag, Stuttgart 1973.

[42] Lubsen, J., J. T. P. Tijssen, H. J. J. Kerkkamp: The Netherlands Interuniversity Cardiology Institute. HINT: Holland Interuniversity Nifedipine/Metoprolol Trial, 1986. Eur. Heart J. In press.

[43] Moise, A., P. Théroux, Y. Taeymans, et al.: Unstable angina and progression of coronary atherosclerosis. N. Engl. J. Med. **309** (1983) 685 – 689.

[44] Müller, O., H. Rørvik: Hemodynamic consequences of coronary heart disease with observations during anginal pain and on the effect of nitroglycerin. Br. Heart J. **20** (1958) 302.

[45] Muller, J. E., J. Morrison, P. H. Stone, et al.: Nifedipine therapy for threatened and acute myocardial infarction: a randomized double-blind placebo-controlled comparison. Circ. **69** (1984) 740 – 747.

[46] Murell, W.: Nitroglycerin as a remedy of angina pectoris. Lancet I (1879) 80 – 81, 113 – 115, 151 – 152, 225 – 227.

[47] Nelson, G. I. C., B. Silke, R. C. Ahuja, et al.: The effect on left ventricular performance of nifedipine and metoprolol singly and together in exercise-induced angina pectoris. Eur. Heart J. **5** (1984) 67 – 79.

[48] Packer, M., J. Muller, N. Medina, et al.: Hemodynamic consequences of combined beta-adrenergic and slow calcium channel blockade in man. Circ. **65** (1982) 660 – 668.

[49] Parmley, B. W.: Combination of beta-adrenergic blocking agents and nitrates in the treatment of stable angina pectoris. Cardiovasc. Res. **3** (1982) 1425 – 1430.

[50] Pfisterer, M., J. Müller-Brand, F. Burkard: Combined acebutolol/nifedipine therapy in patients with chronic coronary artery disease: additional improvement of ischemia-induced left ventricular dysfunction. Am. J. Cardiol. 49 (1982) 1259 – 1266.

[51] Prichard, B. N. C.: Betareceptor antagonists in angina pectoris. Ann. Clin. Res. 3 (1971) 343 – 352.

[52] Rafflenbeul, W., P. R. Lichtlen: Zum Konzept der „dynamischen" Koronarstenose. Z. Kardiol. 71 (1982) 439 – 444.

[53] Rafflenbeul, W., P. R. Lichtlen: Release of residual vascular tone in coronary artery stenoses with nifedipine and glyceril trinitrate. In: 5th International Adalat Symposium (M. Kaltenbach, H. N. Neufeld, Hg.), S. 300 – 308. Excerpta Medica, Amsterdam 1983.

[54] Rafflenbeul, W., C. Berger, P. Lichtlen: Einfluß von Beta-Rezeptorenblockern auf Koronargefäße. Symposium Beta-Rezeptoren – Beta-Rezeptorenblocker. Salzburg 1986. S. 179. Walter de Gruyter, Berlin – New York 1987.

[55] Rafflenbeul, W., F. Urthaler, R. O. Russell, et al.: Dilatation of coronary artery stenoses after isosorbiddinitrate in man. Br. Heart J. 43 (1979) 546.

[56] Reil, G. H., J. Ertl, R. Frombach, et al.: Comparison between the effects of nifedipine and isosorbiddinitrate on changes in myocardial and extracellular space and 47Ca exchange in vivo. In: 6th International Adalat Symposium (P. R. Lichtlen, Hg.), S. 204 – 210. Excerpta Medica, Amsterdam 1986.

[57] Reil, G. H., R. Frombach, W. Daniel, et al.: Effects of Ca-antagonists on 47Ca-exchange in the dog heart in situ. In: Unstable angina pectoris (W. Rafflenbeul, P. R. Lichtlen, R. Balcon, Hg.), S. 88 – 92. Georg Thieme Verlag, Stuttgart 1981.

[58] Rudolph, W., R. Blasini, G. Reiniger, et al.: Tolerance development during isosorbiddinitrate treatment: can it be circumvented? Z. Kardiol. (1983) Suppl. 3, 195 – 198.

[59] Russek, H. I.: Evaluation of nitrates in the treatment of angina pectoris. Am. J. Med. Sci. 239 (1960) 478 – 486.

[60] Shapiro, S.: Angiologie 12 (1961) 53.

[61] Silke, B., S. P. Verma, M. A. Trais, et al.: Hemodynamic analysis of the effects of nicardipine and metoprolol alone and in combination in coronary artery disease. Eur. Heart J. 6 (1985) 930 – 938.

[62] Subramanian, B., M. J. Bowles, A. B. Davis, et al.: Combined therapy with verapamil and propranolol in chronic stable angina. Am. J. Cardiol. 49 (1982) 125 – 132.

[63] Winniford, M. D., R. L. Huxley, L. D. Hillis: Randomized, double-blind comparison of propranolol alone and propranolol-verapamil combination in patients with severe angina of effort. JACC 1 (1983) 492 – 498.

[64] Winniford, M. D., R. V. Markham, B. G. Firth, et al.: Hemodynamic and electrophysiologic effects of verapamil and nifedipine in patients on propranolol. Am. J. Cardiol. 50 (1985) 704 – 710.

Alternativen zu Beta-Rezeptorenblockern in der Therapie des akuten Myokardinfarktes: Thrombolysetherapie

T. Meinertz

Kurz- und Langzeitprognose von Patienten mit akutem Myokardinfarkt werden maßgeblich durch die Ausdehnung der infarktbedingten Myokardnekrose bestimmt. Wichtigstes Ziel der Behandlung des akuten Myokardinfarktes ist es daher, die Ausdehnung der Myokardnekrose möglichst klein zu halten. Die bisherigen therapeutischen Ansätze – z. B. die medikamentöse Senkung des Sauerstoff-Verbrauches des Herzens – haben keine überzeugenden klinischen Erfolge gebracht. Der derzeit einzig erfolgversprechende Weg zur Verkleinerung der Myokardnekrose geht dahin, schon im Stadium der Infarktentstehung den koronaren Blutfluß wiederherzustellen. Dies geschieht durch Wiedereröffnung des thrombotisch verschlossenen Koronargefäßes.

Theoretisches Konzept

1. Eine in der Akutphase des Myokardinfarktes durchgeführte Koronarangiographie zeigt bei einem hohen Prozentsatz der Patienten (80 – 90%) einen frischen thrombotischen Koronargefäßverschluß. Dieser Koronarthrombus ist in aller Regel Ursache des Myokardinfarktes.

2. Die Infarktentstehung erfolgt nicht schlagartig. Der Untergang der Herzmuskelzellen läuft vielmehr über mehrere Stunden ab. Der Zeitverlauf der Infarktentstehung und die Größe des Infarktes hängen dabei von verschiedenen Variablen ab: Lokalisation, Ausmaß und Entstehungsmodus des Koronargefäßverschlusses, Vorhandensein von Kollateralen und Sauerstoffverbrauch des Herzmuskels. Eine Wiedereröffnung des Infarktgefäßes erscheint daher nicht nur unmittelbar nach Gefäßverschluß, sondern auch noch in den ersten Stunden nach Infarkteintritt sinnvoll.

3. Aus zahlreichen tierexperimentellen Untersuchungen ist bekannt, daß eine frühe Rekanalisation oder Wiedereröffnung eines verschlossenen Koronargefäßes die Infarktgröße verkleinern kann.

4. Die Frage, ob sich auch beim Menschen durch eine Wiedereröffnung des Infarktgefäßes die Infarktgröße verkleinern und die Prognose verbessern läßt, ist Gegenstand der Forschung.

Intrakoronare Lysetherapie

Die Auflösung eines Koronarthrombus erfolgt bei einem großen Prozentsatz der Patienten spontan. Diese Spontanlyse des Thrombus tritt jedoch erst innerhalb von mehreren Stunden bis zu Tagen nach Infarktbeginn ein und kann so nicht zur Infarktbegrenzung beitragen. Die „vorzeitige" Lyse bzw. Beseitigung des Koronarthrombus kann auf medikamentösem und mechanischem Wege erreicht werden. Ein kombinierter Einsatz beider Verfahren ist ebenfalls möglich. Zur mechanischen Rekanalisation ist eine Herzkatheteruntersuchung und eine intrakoronare Manipulation – z. B. mit speziellen Kathetern oder Führungsdrähten – notwendig. Es ist das große Verdienst dieses methodischen Ansatzes, den direkten Nachweis der Rekanalisierbarkeit von thrombotisch verschlossenen Koronargefäßen erbracht zu haben.

Durch eine Reihe kontrollierter Studien konnte gezeigt werden, daß sich durch rechtzeitige intrakoronare Gabe von Streptokinase – z. B. innerhalb von 4 Stunden nach Eintritt der Infarktsymptome – bei 70–80% der Patienten eine Reperfusion erzielen läßt. Dies geschieht durch intrakoronare Gabe von 250–500 000 IE Streptokinase über einen Zeitraum von 45–60 Minuten. Die Hoffnung, dabei systemische lytische Effekte – und damit Blutungskomplikationen – völlig vermeiden zu können, erfüllte sich jedoch nicht. Durch mechanische Rekanalisation allein ließen sich ähnliche Wiedereröffnungsquoten erreichen. Bei kombiniertem Einsatz pharmakologischer und mechanischer Verfahren war die Rekanalisationsrate noch größer.

In zahlreichen dieser Studien wurde geprüft, ob durch eine intrakoronare Lysetherapie bzw. durch eine erfolgreiche Rekanalisation die Funktion des linken Ventrikels verbessert werden kann. Trotz unterschiedlicher Untersuchungsverfahren und unterschiedlicher Bewertungskriterien erbringt die Mehrzahl der Studien Hinweise hierfür. In einigen Unternehmungen wurde weiterhin der Frage nachgegangen, ob sich durch diese Therapie auch die Prognose des akuten Myokardinfarktes bessern läßt. Unter statistischen Gesichtspunkten sind die jeweils untersuchten Patientenkollektive zu klein (in der Regel weniger als 100 Patienten) und zu inhomogen zusammengesetzt, um diesbezüglich Rückschlüsse zuzulassen. Lediglich zwei neuere umfangreiche und kontrollierte Studien berechtigen zu Schlußfolgerungen. In beiden wurde eine deutliche Reduktion der Mortalität bei den intrakoronar bzw. kombiniert intrakoronar und systemisch behandelten Patienten im Vergleich zu einer mit Heparin behandelten Kontrollgruppe beobachtet. Die erwähnten Studien haben exemplarisch gezeigt, daß eine frühe Wiedereröffnung des thrombotisch verschlossenen Koronargefäßes günstige Wirkungen für den Infarktpatienten hat. Die intrakoronare Lysetherapie ist jedoch ein aufwendiges und kostspieliges Verfahren, das an die Funktionsfähigkeit eines „rund um die Uhr" einsatzbereiten Katheterlabors gebunden ist. Einfache Überlegungen zur Logistik machen deutlich, daß dieses Verfahren schon aus geographischen Gründen nur einer Minderzahl der Infarktpatienten zugute kommen kann. Es stellt sich entsprechend die Frage, ob sich auch durch eine systemische Lysetherapie ähnlich günstige Effekte erreichen lassen.

Systemische Lysetherapie

Die systemische Lysetherapie des akuten Myokardinfarktes ist ein altes Verfahren. Die Ursachen für die Mißerfolge und Komplikationen der früher geübten systemischen Lysetherapie sind aus heutiger Sicht verständlich. Die „Mißerfolge" sind darauf zurückzuführen, daß die Therapie mit Streptokinase bis zu 24 Stunden nach Infarkteintritt eingeleitet wurde. Die häufigen, in diesen Studien berichteten Blutungskomplikationen sind im wesentlichen darauf zurückzuführen, daß die Lysetherapie nicht als Kurzzeitlyse über etwa 1 Stunde, sondern über 6 bis 24 Stunden durchgeführt wurde.

Es ist das Verdienst der Berliner Arbeitsgruppe um Schröder und Mitarbeiter, als erste auf die Effektivität einer hochdosierten intravenösen Kurzzeitlyse mit Streptokinase hingewiesen zu haben. Durch intravenöse Gabe von Streptokinase (0,5 Mio IE über 30 min bzw. 1,5 IE über 60 min) konnte bei etwa 50% der Patienten eine Reperfusion erreicht werden. Auch Neuhaus und Mitarbeiter konnten mit einer ähnlich hochdosierten Streptokinasetherapie in Form einer Kurzzeitlyse bei etwa 60% der Patienten eine Reperfusion erzielen. Die Blutungskomplikationen bei dieser Art der Kurzzeitlysetherapie waren erstaunlich gering (etwa in der Größenordnung von 1%).

Bei direktem Vergleich der Rekanalisationsquoten nach intrakoronarer und intravenöser Gabe von Streptokinase fand sich ein Unterschied zugunsten der intrakoronaren Verabreichung (etwa 75% versus 60%). Auch der Eintritt der Wiedereröffnung des Infarktgefäßes lag bei der intrakoronaren Verabreichung etwas früher (etwa 10–20 min) als bei intravenöser Verabreichung. Ähnlich wie die intrakoronare hat auch die intravenöse Gabe von Streptokinase günstige Wirkungen auf die linksventrikuläre Funktion. Wie für die intrakoronare Verabreichung ist es jedoch auch für die intravenöse Gabe von Streptokinase ungesichert, ob sich die Prognose der Infarktpatienten verbessern läßt. Die Ergebnisse verschiedener Studien sind diesbezüglich nicht kongruent, in der Tendenz tritt jedoch auch hier wie bei intrakoronarer Gabe zumindest in den kontrollierten Studien mit größeren Patientenzahlen ein Vorteil der mit Streptokinase behandelten Patienten zutage. Statistisch gesichert ist dieser Effekt jedoch nur in der kürzlich publizierten italienischen Studie für Patienten, die innerhalb der ersten 3 Stunden nach Symptombeginn behandelt wurden. Auch für systemisch verabreichte Urokinase konnte eine Wiedereröffnung von Koronargefäßen in einer ähnlichen Größenordnung wie für Streptokinase nachgewiesen werden. Bisher liegen jedoch nur relativ wenige Daten von mit Urokinase behandelten Infarktpatienten vor. Beide derzeitig zur Verfügung stehenden lytisch wirksamen Pharmaka – Streptokinase und Urokinase – haben entscheidende Nachteile: begrenzte Wirksamkeit, Blutungskomplikationen, systemisch lytische Effekte und hierdurch bedingte Kontraindikationen. Ein wesentlicher Fortschritt in der Lysetherapie des akuten Myokardinfarktes ist daher von effektiveren und nebenwirkungsärmeren Nachfolgesubstanzen der klassischen Fibrinolytika zu erwarten. In den letzten Jahren hat man daher die Entwicklung selektiv wirksamer fibrinolytischer Substanzen vorangetrieben. Dies trifft vor allem für den sogenannten Gewebeplasminogenaktivator zu.

Gewebeplasminogenaktivator (TPA)

Streptokinase aktiviert relativ unspezifisch verschiedene Vorstufen proteolytisch wirksamer Enzyme. Hierdurch kommt es nicht nur zur erwünschten Aktivierung von Plasminogen, sondern auch zum Abbau anderer zur Blutstillung notwendiger Gerinnungsfaktoren. Nach der bahnbrechenden Entdeckung eines spezifischen körpereigenen Gewebeplasminogenaktivators durch Collen und Mitarbeiter glaubte man das ideale Thrombolytikum gefunden zu haben. In der Folgezeit gelang es, diesen

Gewebefaktor gentechnologisch in einer für die Therapie ausreichenden Menge herzustellen.

Schon die ersten klinischen Erfahrungen ließen deutlich werden, daß sich durch systemisch verabreichte TPA – als Infusion – eine Wiedereröffnung thrombotischer Koronargefäße erreichen läßt. Die Wiedereröffnungsquoten lagen in der Größenordnung von 60–80%. In zwei großen multizentrischen Studien, jeweils in den USA und in Europa durchgeführt, hat man die diesbezügliche Effektivität von TPA mit der von Streptokinase – beide systemisch verabreicht – direkt verglichen. In beiden Studien war TPA der Streptokinase überlegen (Wiedereröffnungsrate 36–55% für Streptokinase und 66–70% für TPA). Blutungskomplikationen traten in beiden Studien sowohl mit Streptokinase als auch mit TPA auf. Sie waren bei TPA – betrachtet man beide Studien gemeinsam – etwas weniger häufig als bei Streptokinase. Aus den Ergebnissen dieser Studien lassen sich folgende Schlußfolgerungen ziehen:

– Intravenöse Gabe von TPA führt bei 60–70% der Patienten zu einer Wiedereröffnung thrombotisch verschlossener Koronargefäße.

– Die unerwünschten Wirkungen auf die Parameter der Blutgerinnung sind deutlich weniger ausgeprägt als bei Streptokinase oder Urokinase.

– Die Häufigkeit von Blutungskomplikationen scheint bei TPA jedoch nur unbedeutend geringer zu sein als bei hochdosierter intravenöser Kurzzeitlyse mit Streptokinase. Es ist möglich, daß diese unerwünschte Wirkung von TPA nicht durch die Substanz selbst, sondern durch die gleichzeitige Verabreichung von Heparin hervorgerufen wird.

– Trotz simultaner Heparingabe kommt es nach TPA bei einem relativ hohen Prozentsatz der Patienten (20–37%) zu einem Wiederverschluß des Koronargefäßes.

– Die Ursachen für diese relativ hohe Wiederverschlußrate sind unklar. Man darf jedoch annehmen, daß es infolge der relativ kurzen Halbwertszeit von TPA zu einer nicht vollständigen Thrombolyse der Koronarthrombose kommt. Das noch verbleibende thrombotische Restmaterial könnte so Ausgangspunkt für eine Rethrombosierung sein. Mit hohen TPA-Dosen läßt sich dagegen eine vollständige Thrombolyse erreichen, dies allerdings nur unter Inkaufnahme systemischer fibrinolytischer Effekte.

Anisoylierter Plasminogenaktivator (APSAC, Eminase)

Wünschenswert wäre nach den vorherigen Folgerungen eine fibrinolytisch wirksame Substanz mit ähnlicher Spezifität wie TPA, aber mit längerdauernder und ausgeprägter fibrinolytischer Wirkung. Eine solche Alternative zu TPA stellt die Entwicklung sogenannter anisoylierter Plasminogenaktivatoren dar. Hierbei handelt es sich um Substanzkomplexe, die aus einem Plasminogen-Streptokinase-Komplex bestehen. Durch Acylierung am katalytischen Zentrum ist das Enzym inert und damit enzymatisch unwirksam. Nach Injektion in die Blutbahn wird der Komplex mit einer Halbwertszeit von etwa 40 min durch Hydrolyse deacyliert und damit enzymatisch aktiviert. Die Affinität von APSAC für Fibrin ist durch die Acylierung am katalytischen Zentrum nicht betroffen. Zumindest theoretisch hat ein solcher Streptokinase-Plasminogen-Aktivatorkomplex gegenüber Streptokinase deutliche Vorzüge:

Es kommt zu einer Ablagerung und Anhäufung von APSAC im Thrombus, ohne daß es zu einer Inaktivierung des Komplexes durch Alpha-2-Antiplasmin in der Blutbahn kommt.

Die rasche Inaktivierung von deacyliertem APSAC in der Blutbahn durch Alpha-2-Antiplasmin könnte zu einer Verringerung der Effekte auf periphere Gerinnungsparameter führen.

Durch die verzögerte Aktivierung eines quasi Streptokinase-Depots am Thrombus bzw. in der Blutbahn kommt es zu einer fibrinolytischen Aktivität ohne Erschöpfung des Plasminogenpools.

Untersuchungen am Tiermodell haben gezeigt, daß der anisoylierte Plasminogenaktivator im Vergleich zur äquivalenten Dosis von Streptokinase eine höhere fibrinolytische Aktivität besitzt. Die intravenöse Bolusgabe von APSAC erzielt mit einer Dosis von 5, 15 oder 30 mg zu Reperfusionsraten in 21, 43 und 83% der Fälle. Untersuchungen verschiedener Arbeitsgruppen haben sowohl bei intrakoronarer als auch bei systemischer Gabe von APSAC gezeigt, daß sich Reperfusionsraten zwischen 60 und 70% erzielen lassen. Dabei scheinen die Reokklusionsraten deutlich geringer zu sein als bei TPA. Allerdings sind diese deutlichen fibrinolytischen Effekte mit ebenso deutlichen Veränderungen der Gerinnungsparameter verbunden. Es kommt zu einer mehrstündigen deutlichen Fibrinolyse und hierdurch bedingt in Einzelfällen auch zu Blutungskomplikationen. Die Häufigkeit dieser Komplikationen liegt in der Größenordnung der mit Streptokinase beobachteten Blutungen. Ein wesentlicher Vorteil gegenüber Streptokinase und gegenüber TPA besteht darin, daß sich APSAC als Bolusinjektion – über z. B. 5 min – verabreichen läßt.

Zusammenfassung und Schlußfolgerung

Die mit intrakoronarer Gabe von Streptokinase und mechanischer Rekanalisation von thrombotisch verschlossenen Koronargefäßen erzielten Ergebnisse haben exemplarischen Charakter. Durch diese Ergebnisse konnte klar belegt werden, daß sich ein thrombotisch verschlossenes Koronargefäß wiedereröffnen läßt. Hierdurch kommt es zur Verkleinerung der Infarktzone, zu einer Verbesserung der Kammerfunktion und wahrscheinlich auch zu einer Verbesserung der Prognose. Die mit intravenöser Gabe von Streptokinase erzielbaren Ergebnisse gehen in die gleiche Richtung. Hinsichtlich Effektivität und Nebenwirkungsmuster scheinen die neuentwickelten Plasminogenaktivatoren Streptokinase überlegen zu sein. Hierfür sprechen nicht nur die Überlegungen des Biochemikers, sondern auch die ersten klinischen Erfahrungen.

Alternativen in der Akuttherapie – weitere medikamentöse Maßnahmen

M. Holz-Slomczyk

Das wichtigste Ziel der medikamentösen Behandlung in der akuten Phase des Herzinfarktes ist die Verhinderung des plötzlichen Herztodes.

Hierzu dienen die Akutbehandlung von Herzrhythmusstörungen und die Begrenzung der Infarktgröße.

In den ersten Stunden des akuten Myokardinfarktes sind 30 bis 50% der Todesfälle auf ein Kammerflimmern zurückzuführen [7]. Zur Unterdrückung der infarktbedingten ventrikulären Arrhythmien wird in der Regel Lidocain eingesetzt. Ob sich die Häufigkeit des frühen Kammerflimmerns durch eine solche prophylaktische Anwendung senken läßt, steht noch nicht endgültig fest. Diesbezügliche Studien fielen überwiegend negativ aus oder sind methodisch anfechtbar [12]. Von 15 Studien mit Lidocain haben nur zwei, in denen Lidocain hochdosiert wurde, eine Reduktion der Flimmerinzidenz erbracht [10].

Berücksichtigt man diese Ergebnisse, so erscheint die häufig zu findende Empfehlung, Lidocain routinemäßig zur Prophylaxe des Kammerflimmerns nach akutem Myokardinfarkt einzusetzen [1], als bisher nicht gerechtfertigt.

Auch der prophylaktische Einsatz weiterer Antiarrhythmika (Disopyramid, Mexiletin, Aprindin, Tocainid und Phenytoin) bei Patienten mit akutem Myokardinfarkt ohne nachgewiesene Herzrhythmusstörungen ergab keine Verminderung des Kammerflimmerns und/oder der Reinfarkte sowie der Frühletalität [2, 6, 16, 27, 30, 34, 35]. Deswegen sollten auch diese Antiarrhythmika, ähnlich wie das Lidocain, beim akuten Myokardinfarkt nicht prophylaktisch, sondern zur Therapie der akut-ischämischen Arrhythmien eingesetzt werden [15].

Die heute bei Herzinfarktpatienten allgemein übliche fortlaufende EKG-Überwachung ermöglicht durch ein sofortiges Eingreifen eine erfolgreiche Behandlung in den meisten Fällen von Kammerflimmern.

Die durch Rhythmusstörung bedingte Letalität nach Herzinfarkt ist zwischen 1966 und 1979 von 14% auf 2% zurückgegangen, während Pumpversagen als Ursache mit 11 bzw. 9% sich kaum geändert hat [18].

Folglich konnte bisher die akute Letalität des Myokardinfarktes, die mit dem Ausmaß des Unterganges von Herzmuskelgewebe im Zusammenhang steht, kaum wirkungsvoll beeinflußt werden.

Durch Begrenzung der Infarktgröße wird versucht, die Verbesserung der Prognose und eine Verminderung der Reinfarkte bei Patienten mit akutem Myokardinfarkt zu erreichen. Es gibt verschiedene Ansätze, um die Infarktgröße zu begrenzen, z. B. durch Aktivierung des Herzmuskelstoffwechsels, Reduzierung des myokardialen Sauerstoffverbrauchs, Verbesserung der Perfusion – und damit der Sauerstoffversorgung – durch Wiedereröffnung der verschlossenen, das Infarktgebiet versorgenden Koronararterien.

In zahlreichen Berichten über Ergebnisse experimenteller Untersuchungen werden günstige Wirkungen auf das Ausmaß der Nekrose durch unterschiedliche pharmakologische Interventionen, die den Herzmuskelstoffwechsel positiv beeinflussen sollen, mitgeteilt (Übersicht s. [7, 9, 22, 29, 36]).

Durch Glukose-Insulin-Infusionen sollen Glykolyse und der Elektronentransport aktiviert werden, hyperosmolares Mannitol ein Ödem beseitigen, durch Gabe von L-Carnitin der mitochondriale Nukleotidtransport aktiviert und die Freisetzung lysosomaler Enzyme durch Kortikosteroide reduziert werden. Es ist bisher nicht bewiesen, daß durch derartige Behandlungen die Infarktzone zu verkleinern ist, da die Fallzahlen in den einzelnen klinischen Studien generell zu gering sind, um den Nutzen abschätzen zu können.

Inwieweit Kalziumantagonisten die Infarktgröße, die Inzidenz der Reinfarkte und die Letalität nach Infarkt beeinflussen können, ist bisher noch nicht geklärt [24].

Klinische Studien mit Nifedipin [14, 23, 25, 28] und Verapamil [33] zeigten keinen signifikant positiven Effekt beider Kalziumantagonisten auf die Infarktausdehnung, Morbidität (Inzidenz von Reinfarkten) und die Letalität.

Die retrospektive Auswertung der Patienten, die innerhalb von 6 bis 24 Stunden mit Verapamil in der dänischen Studie behandelt wurden [33], ergab eine signifikante Senkung der Letalität (9 gegenüber 17%). Dies ist möglicherweise auf eine geringere Rate an totalen Koronarverschlüssen (siehe Seite 526 der Publikation) zurückzuführen und würde die Theorie von Hugenholtz unterstützen, daß die Kalziumantagonisten ihre Wirkung am besten bei vorhandenem Koronarfluß vor oder am Anfang der Ischämie entfalten und nicht nach Beginn der Nekrose [17].

Eine positive Beeinflussung der Inzidenz von Reinfarkten um 51,2% im Vergleich zum Placebo ergab eine Studie mit Diltiazem an Infarktpatienten mit einem nichttransmuralen Infarkt, die 4 × 90 mg Diltiazem pro Tag erhielten [13]. Zwei Wochen nach dem akuten Infarktereignis hatten 12,9% der Placebo-Gruppe und 6,3% der Verum-Gruppe ein Rezidiv bekommen. Die Letalität wurde durch Diltiazem nicht beeinflußt. Langzeitergebnisse dieser Studie liegen noch nicht vor.

Nitrate (Nitroglycerin, Dinitrat, Natriumnitroprussid) werden in der Behandlung des akuten Herzinfarktes eingesetzt. Bei Herzinfarktpatienten wird vor allem das Nitroglycerin sowohl zur Behandlung der akuten Linksinsuffizienz und des Lungenödems als auch zur Beeinflussung der Infarktgröße eingesetzt.

Indem Nitroglycerin die Vor- und Nachlast reduziert, wird die Hämodynamik gebessert und der O_2-Bedarf gesenkt.

Das Infarktareal kann durch intravenöse Gabe von Nitroglycerin reduziert werden, wenn die Behandlung innerhalb der ersten 10 Stunden nach Einsetzen der Infarktsymptome beginnt und der Infarkt nicht zu ausgedehnt ist [11].

In einer Studie verringerte sich die per Thalliumszintigramm ermittelte Infarktgröße bei 48% der früh-, aber nur bei 14% der spätbehandelten Patienten [11].

Aufgrund der Reduktion der infarktbedingten ST-Streckensenkungen, der CK- und CKMB-Aktivität wurde die Abnahme der Infarktgröße vor allem bei frühem Einsatz der Nitroglycerin-Behandlung nachgewiesen [19, 20, 26]; Literaturübersicht bei [3, 31, 32].

Unter Nitroglycerin werden Dyspnoe und Schmerzen infolge eines Herzinfarktes vermindert, so daß man mit weniger Morphin auskommt [21]. Auch über eine Abnahme ventrikulärer Arrhythmien wird berichtet [3, 5, 31].

Der Einfluß der Nitroglycerin-Behandlung auf die Letalität und Mortalität bei akutem Myokardinfarkt ist zur Zeit nicht schlüssig beurteilbar [32]. Über einen günstigen Einfluß auf die Früh- und Spätletalität und die Reinfarkt-Rate wird in Studien mit kleinen Patientenzahlen berichtet [3, 4], Übersicht bei [8]. Die Ergebnisse dieser Studien bedürfen einer Bestätigung an größeren Patientenkollektiven.

Zusammenfassung

Die Letalität beim akuten Myokardinfarkt ist zur Zeit noch unakzeptabel hoch. Unabhängig von dem therapeutischen Vorgehen läßt sich das ischämische Areal nur dann wirksam eindämmen und damit die Prognose der Herzinfarktpatienten verbessern, wenn die Therapie frühzeitig nach Beginn der Infarktsymptome einsetzt.

Literatur

[1] Berte, L. E., D. C. Harrison: Should prophylactic antiarrhythmic drug therapy be employed in acute myocardial infarction? Cardiovasc. Clin. **13** (1983) 173 – 183.

[2] Bungeroth, K.-A.: Sekundärprävention und Kardioprotektion. Therapiewoche **36** (1986) 3095 – 3101.

[3] Bussmann, W.-D.: Nitroglycerin therapy in acute myocardial infarction. An overview. Z. Kardiol. **72** (1983) Suppl. 3, 137 – 140.

[4] Bussmann, W.-D., M. Haller: Hinweis auf eine Abnahme der Früh- und Spätmortalität beim frischen Herzinfarkt unter Nitroglycerintherapie. Klin. Wochenschr. **61** (1983) 417 – 422.

[5] Bussmann, W.-D., K. Neumann, M. Kaltenbach: Effects of intravenous nitroglycerin on ventricular ectopic beats in acute myocardial infarction. Am. Heart J. **107** (1984) 940 – 944.

[6] Campbell, R. W. F., I. Hutton, R. A. Elton, et al.: Prophylaxis of primary ventricular fibrillation with tocainide in acute myocardial infarction. Br. Heart J. **49** (1983) 557 – 563.

[7] Campbell, C. A., K. Przyklenk, R. A. Kloner: Infarct size reduction: A review of the clinical trials. J. Clin. Pharmacol. **26** (1986) 317 – 329.

[8] Chatterjee, K., W. W. Parmley: Vasodilator therapy for acute myocardial infarction and chronic congestive heart failure. J. Am. Coll. Cardiol. **1** (1983) 133 – 153.

[9] Corday, E., S. R. Corday: Advances in clinical management of acute myocardial infarction in the past 25 years. J. Am. Coll. Cardiol. **1** (1983) 126 – 132.

[10] DeSilva, R., et al.: Lignocaine prophylaxis in acute myocardial infarction: An evaluation of randomized trials. Lancet **II** (1981) 855 – 858.

[11] Flaherty, J. T., L. C. Becker, B. H. Bulkley, et al.: A randomized prospective trial of nitroglycerin in patients with acute myocardial infarction. Circ. **68** (1983) 576 – 588.

[12] Foelske, H., H. Berndt: Lidocainprophylaxe beim akuten Myokardinfarkt. Z. Ärztl. Fortbild. (Jena) **78** (1984) 165 – 166.

[13] Gibson, R. S., et al.: N. Engl. J. Med. **315** (1986) 423 – 429.

[14] Gottlieb, S. O., J. L. Weiss, J. T. Flaherty, et al.: Effect of nifedipine on clinical course and left ventricular function in low risk myocardial infarction: a double-blind randomized trial. Circ. 70 (1984) Abstr. 1028.

[15] Gülker, H.: Herzrhythmusstörungen bei Myokardischämie. DIA **8** (1982) 4 – 15.

[16] Halinen, M. O., P. J. Pentikainen, M. J. Helin, et al.: Antiarrhythmic efficacy of combined intravenous and oral mexiletine in acute myocardial infarction. A double blind placebo-controlled study. Eur. Heart J. **5** (1984) 675 – 683.

[17] Hugenholtz, P. G., P. W. Serruys, A. Fleckenstein, et al.: Warum Ca^{++}-Antagonisten vor oder bei früher Myokardischämie, jedoch nicht nach gesichertem Infarkt besonders nützlich sind. Therapiewoche **36** (1986) 1409 – 1423.

[18] Infarktzone verkleinern, Versagen des Restmyokards verhindern. Münch. Med. Wschr. **124** (1982) 14 – 16.

[19] Jaffe, A., E. M. Geltman, A. J. Tiefenbrunn, et al.: Reduction of infarct size in patients with inferior infarction with intravenous glyceryl trinitrate. A randomised study. Br. Heart J. **49** (1983) 452 – 460.

[20] Jugdutt, B. I., B. A. Sussex, J. W. Warnica, et al.: Persistent reduction in left ventricular asynergy in patients with acute myocardial infarction by intravenous infusion of nitroglycerin. Circ. **68** (1983) 1264 – 1273.

[21] Lis, Y., D. Bennet, G. Lambert, et al.: A preliminary double-blind study of intravenous nitroglycerin in acute myocardial infarction. Intens. Care Med. **10** (1984) 179 – 184.

[22] Mäurer, W., H.-C. Mehmel, W. Kübler: Die Therapie des akuten Myokardinfarktes. Internist **24** (1983) 383 – 395.

[23] Majid, P. A., J. Niznick, S. Nishizaki: Hemodynamic effects of nifedipine in acute myocardial infarction with observations on infarct size. J. Cardiol. Pharmacol. **8** (1986) 262 – 267.

[24] Moss, A. J.: Current status of calcium channel blocking drugs after myocardial infarction. Eur. Heart J. **7** (1986) Suppl. A, 31 – 34.

[25] Muller, J. E., J. Morrison, P. H. Stone, et al.: Nifedipine therapy for patients with threatened and acute myocardial infarction: a randomized, double-blind, placebo-controlled comparison. Circ. **69** (1984) 740 – 747.

[26] Roberts, R.: Intravenous nitroglycerin in acute myocardial infarction. Am. J. Med. **74** (1983) 45 – 52.

[27] Sharma, B. D., S. Chug, K. P. Mathur: Effect of oral disopyramide on mortality and extension of infarction in cases of acute myocardial infarction admitted to open wards. J. Ass. Physic. Ind. **31** (1983) 149 – 151.

[28] Sirnes, P. A., K. Overskeid, T. R. Pedersen, et al.: Evolution of infarct size during the early use of nifedipine in patients with acute myocardial infarction: The Norwegian Nifedipine Multicenter Trial. Circ. **70** (1984) 638 – 644.

[29] Sleight, P.: Interventions during and after acute myocardial infarction. Drugs **25** (1983) Suppl. 2, 282 – 294.

[30] Smyllie, H. C., J. W. H. Doar, C. D. Head, et al.: A trial of intravenous and oral mexiletine in acute myocardial infarction. Eur. J. Clin. Pharmacol. **26** (1984) 537 – 542.

[31] Stratton, M. A.: Use of nitrates in patients with acute myocardial infarction. Clin. Pharm. 3 (1984) 32 – 39.

[32] Taylor, S. H.: Nitrates in acute myocardial infarction. Scand. J. Clin. Lab. Invest. **44** (1984) Suppl. 173, 27 – 32.

[33] The Danish Study Group on Verapamil in Myocardial Infarction: Verapamil in acute myocardial infarction. Eur. Heart J. **5** (1984) 516 – 528.

[34] U. K. Rythmodan Multicentre Study Group: Oral disopyramide after admission to hospital with suspected acute myocardial infarction. Postgrad. Med. J. **60** (1984) 98–107.

[35] Vedin, A.: Sekundärprävention – was nützt und was nicht? Herz + Gefäße **4** (1984) 336–357.

[36] Yusuf, S., P. Sleight: Limitation of myocardial infarct size. Present status. Drugs **25** (1983) 441–450.

VI Epidemiologie

Ein Überblick über die Anwendung intravenös applizierter Beta-Blocker im frühen Stadium des akuten Myokardinfarktes

P. Sleight

Einführung

Waagstein und Hjalmarson [11] berichteten über die Wirksamkeit einer intravenösen Beta-Blockade zur Schmerzlinderung. Die offensichtliche Sicherheit dieser Behandlung bestärkte andere Autoren, weitere Untersuchungen durchzuführen.

Ende der siebziger Jahre begannen wir, Beta-Blocker intravenös anzuwenden, nachdem Yusuf [12] Meßverfahren für die Infarktgröße sowohl durch Enzym- als auch EKG-Methoden entwickelt und verbessert hatte. Wir konnten zeigen, daß intravenöse Gaben von Atenolol, durchschnittlich 5 Stunden nach Anfallsbeginn gegeben, die Infarktgröße und schwere Kammerarrhythmien vermindern und die Intensität von Brustschmerzen herabsetzen [6, 7, 13]. Vergleichbare Ergebnisse zeigten andere Beta-Blocker wie Metoprolol [1] und Timolol [2]. Eine bemerkenswerte Ausnahme dieser ermutigenden Ergebnisse bildete die sorgfältig kontrollierte Untersuchung von intravenösen Gaben von Propranolol bei akuten Myokardinfarkten, die von der MILIS-Gruppe durchgeführt wurde [8]. In dieser Untersuchung wurden 269 Patienten aus 5 verschiedenen Herzzentren 8 – 18 h nach Infarktbeginn randomisiert und erhielten entweder Propranolol oder Placebo. Es gab keinen Hinweis auf verringerte Infarktgröße, weder durch Pyrophosphatdarstellung, Enzymfreisetzung oder Anzahl der R-Zacken, und auch keine Veränderung der Auswurffraktion und der Früh- und Spätmortalität (innerhalb von 3 Jahren). Man muß allerdings sagen, daß die Aufnahme in diese komplexe Studie langsam geschah und weniger als 2% der Patienten innerhalb der ersten 4 Stunden behandelt wurden. Das ist erheblich später als bei den meisten Untersuchungen mit positiven Ergebnissen.

Große Studien

Unsere Pilotstudie mit 477 Patienten [13] bestärkte uns in der Meinung, eine umfangreiche Multicenter-Studie durchzuführen, die Mitte 1981 begonnen und Ende 1984 beendet wurde. In dieser wurden 16 027 Patienten randomisiert und erhielten entweder 5 – 10 mg Atenolol intravenös und anschließend 7 Tage Atenolol peroral zusätzlich

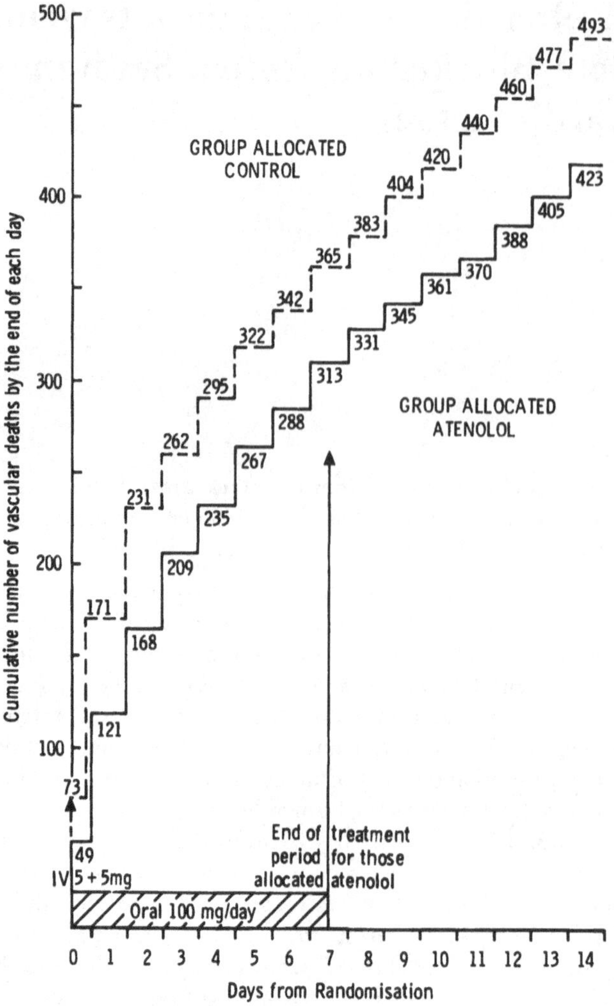

Abb. 1 Sterblichkeit durch Gefäßschäden während der Therapiephase (Tag 0–7) und im Anschluß daran (bis Tag 14). – In beiden Gruppen zeigte die Life-table-Analyse eine Sterblichkeit durch Gefäßschäden von 4% nach einer Woche, 7% nach einem Monat sowie 11%, 14% bzw. 16% nach 1, 2 bzw. 3 Jahren. Nach dem geplanten Ende der Studie am 7. Tag trat keine „rebound"-Erhöhung der Mortalität auf. Die Atenolol-Gruppe enthielt einige Patienten mehr (8037) als die Kontrollgruppe (7990): bei einer entsprechenden Korrektur ergäben sich 2 zusätzliche Todesfälle in der Kontrollgruppe. (Aus [3], mit freundl. Genehmigung.)

zur routinemäßigen Koronarbehandlung, oder ausschließlich routinemäßige Koronarbehandlung. Es handelt sich hierbei nicht um eine Doppelblindstudie, weil es sehr schwierig ist, wirklich „blind" bei der Behandlung zu sein, wenn die Reduzierung der Herzfrequenz durch intravenös verabreichtes Atenolol sofort auftritt und dies auch im Prüfprotokoll vermerkt werden muß. Außerdem steht am Ende im Prinzip kardiovaskuläre Mortalität, bei deren Bewertung man unserer Meinung nach nicht voreingenommen sein kann.

Diese Ergebnisse wurden kürzlich veröffentlicht [3]. Sie zeigen eine signifikante Verringerung der Mortalität um 15% bei denen, die Beta-Blocker erhielten ($p \leq 0{,}04$). Dieser Effekt scheint jedoch auf die ersten 36 h beschränkt zu sein (121 Atenolol – gegenüber 171 Kontrollpatienten, $p \leq 0{,}003$). Dies ist beruhigend hinsichtlich der Bedenken über direkte Nebenwirkungen auf die Herzfunktion (Abb. 1). Es gab zwar einen geringen, aber signifikanten Anstieg bei der Verwendung inotroper Medikamente (5% in der Atenolol-Gruppe gegenüber 3,4% in der Kontrollgruppe), aber es traten keine vermehrten Todesfälle auf – die Nebenwirkungen durch Schock und Herzblock waren also größtenteils reversibel. Nach siebentägiger Behandlungszeit waren keine vermehrten „rebound"-Todesfälle bei den behandelten Patienten zu beobachten, sondern eher eine kleine, nichtsignifikante Abweichung der Kurven im Sinne eines noch nach einem Jahr vorhandenen deutlichen Nutzeffekts der anfänglichen siebentägigen Behandlung. Die 15%ige Reduzierung der Mortalität war zwar signifikant, lag aber innerhalb sehr weiter Vertrauensgrenzen von 1% – 27%. Daher haben wir unsere Ergebnisse mit früher veröffentlichten, randomisierten Studien über den Gebrauch intravenös applizierter Beta-Blocker im frühen Stadium des Myokardinfarktes [3] verglichen, um mehr Daten zum Vergleich vorliegen zu haben.

Eine vergleichbar umfangreiche Untersuchung, über die die MIAMI-Gruppe letztes Jahr berichtet hat, wurde bei diesem Treffen schon angesprochen [4]. In dieser Studie, die nach ISIS-1 anfing, aber bereits früher beendet wurde, wurden 5678 Patienten randomisiert und erhielten Metoprolol oder Placebo intravenös. Auch sie erreichten eine Verringerung der Mortalität um 15% (± 14), dieses Ergebnis war aber nicht signifikant. Weitere 27 Studien waren zwar kleiner, aber sie lieferten insgesamt Daten von ca. 11 000 weiteren Patienten. Die von Peto et al. [5] entwickelte Methode, von den aufgetretenen Todesfällen die unter der Annahme der Nutzlosigkeit der Behandlung erwarteten Todesfälle zu subtrahieren, erlaubt es, aussagekräftige Vergleiche zwischen Patienten innerhalb derselben Studie anzustellen und dann die Ergebnisse aus den zwischen erwarteten und eingetretenen Todesfällen gebildeten Differenzen zusammenzufassen [3]. Falls die Behandlung tatsächlich keinen Erfolg hat, werden die Differenzen zwischen erwarteten und eingetretenen Todesfällen nicht signifikant von Null abweichen. Alle diese Studien, ISIS-1 eingeschlossen, liefern Daten über ungefähr 27 000 Patienten. Dieses Gesamtergebnis erhärtet die Schlußfolgerung von ISIS-1 bezüglich Atenolol und weist darauf hin, daß eine frühzeitige Behandlung mit Beta-Blockern Mortalität, Reinfarkt und plötzliche Todesfälle ($p \leq 0{,}02$, 0,02 bzw. 0,05) signifikant vermindert. Das Auftreten dieser drei Ereignisse wird bei den randomisierten Patienten von 10,3% auf 8,7% ($p < 0{,}0002$) vermindert (Abb. 2). Wir haben daraus den Schluß gezogen, daß das Maß der Unsicherheit (bei vorgegebenem Signifikanzniveau von 5%) bezüglich des Rückgangs der Mortalität (1 – 27%) auf einen zuverlässigeren Wert von 10 – 15% reduziert werden kann.

Wir möchten noch darauf hinweisen, daß unsere Patienten in diesen Studien bei einer Mortalität der Kontrollgruppe von 5% relativ leichte Fälle waren, denn viele Patienten, die in die Herzzentren eingeliefert werden, werden für zu krank gehalten, um die intravenöse Gabe von Beta-Blockern zu tolerieren. Durch Analyse der Untergruppen

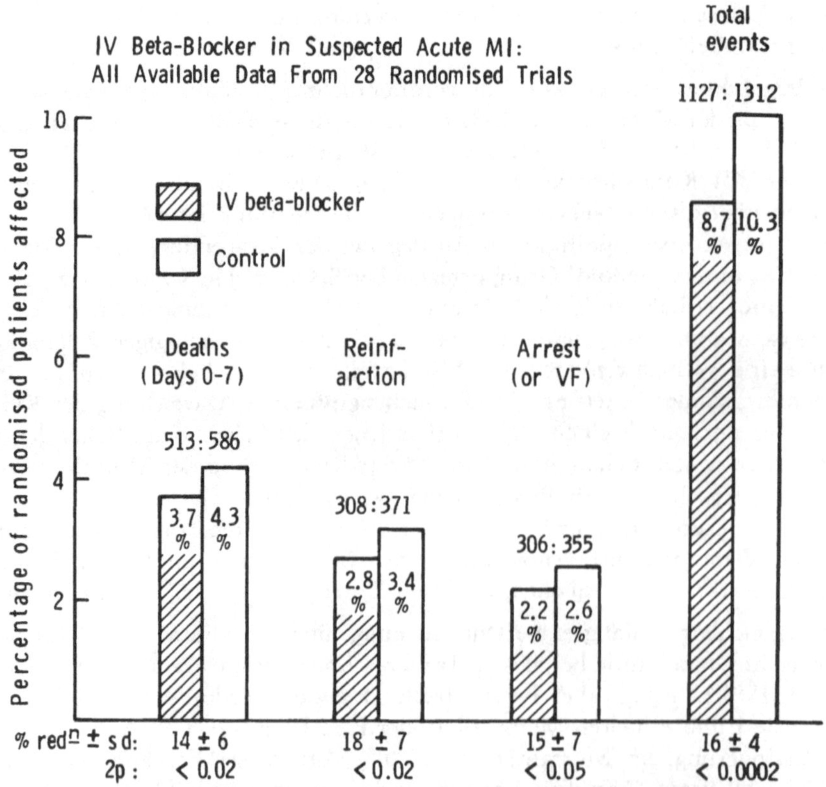

Abb. 2 Mortalität während Tag 0 – 7, Reinfarkte und Kammerflimmern in der Klinik in allen Studien über den Einsatz von i. v. Beta-Blockade im frühen Stadium eines akuten Myokardinfarkts. – „Summe der Ereignisse" entspricht der Summe der Prozentanteile für Herzstillstand, Reinfarkt und Todesfälle während Tag 0 – 7. Die Prozentzahlen beziehen sich nur auf anwendbare Daten. (Bestimmte Informationen, insbesondere bezüglich der Reinfarkte, wurden in einigen Studien nicht festgehalten.) (Aus [3], mit freundl. Genehmigung.)

konnte die MIAMI-Forschungsgruppe den größten Nutzeffekt bei denjenigen Patienten feststellen, deren Risiko innerhalb dieser relativ günstig gelegenen Gruppe eher hoch war. Wir von der ISIS-1-Gruppe können dies weder bestätigen noch widerlegen, denn die prozentuale Verminderung der Todesfälle war in allen untersuchten Untergruppen vergleichbar. Im Gegensatz zur logischen Folgerung war die Erfolgsquote bei Patienten mit anfänglicher hoher Herzfrequenz oder anfänglichem hohem Blutdruck nicht größer. Bei den Untersuchungen von ISIS-1 wurden diejenigen Patienten ausgeschlossen, die schon vorher mit Beta-Blockern behandelt worden waren (ca. 25% der Patienten).

Diese eingeschlossen schätzen wir, daß 50 – 60% der Patienten in den Herzzentren für unsere Behandlung in Frage kommen. Das schließt natürlich die Anwendung zusätzlicher, langerprobter Behandlungsmöglichkeiten wie Thrombolysis und/oder Angioplastik keinesfalls aus.

Kosten-Nutzen-Verhältnis

Wir haben bereits darauf hingewiesen [3], daß unsere Behandlung sehr kostengünstig ist, verglichen mit den höheren Kosten zur Lebenserhaltung bei langdauernder Beta-Blockade nach der Erholung von einem Myokardinfarkt und den sehr hohen Kosten für die Behandlung leichter Hypertonie. Nach einer groben Schätzung konnten pro 150–200 Patienten, die 7 Tage behandelt wurden, ein Todesfall, ein Herzstillstand und ein Reinfarkt verhindert werden. Bei einer Analyse der Untergruppen (die vorsichtig bewertet werden sollte) war ein Trend zu erkennen, daß innerhalb von 2 Stunden nach Anfallsbeginn behandelte Patienten besonders gute Ergebnisse zeigten (17 Todesfälle bei Atenolol- und 38 bei Kontrollbehandlung).

Schlußfolgerung

Die ISIS-1-Studie ist der erste überzeugende Beweis dafür, daß frühe i. v. Beta-Blockade innerhalb der ersten Stunden bei Verdacht auf Myokardinfarkt zu einem geringgradigen, aber nennenswerten Absinken der Mortalität um 15% führt. Zusammen mit der MIAMI-Studie über Metoprolol und den anderen früheren Studien mit verschiedenen anderen Medikamenten reduzierte auch diese Behandlung die Anzahl der Fälle von Herzstillstand und frühem Reinfarkt.

Unveröffentlichte Daten von den Herzzentren, die an ISIS-1 teilgenommen haben, zeigten enorme Unterschiede bei der Anwendung von Medikamenten, besonders in verschiedenen Ländern, aber auch innerhalb des gleichen Landes. Diese Unterschiede im Gebrauch von z. B. Digitalis, Nitraten und Kalziumantagonisten sind durch genaue wissenschaftliche Daten nicht begründbar, sondern spiegeln persönliche Ansichten wider und zum großen Teil auch Medikamenten-Marketing. Wir benötigen dringend die Rationalisierung der Grundvoraussetzungen. Die Übersicht weist darauf hin, daß eine effiziente frühe Beta-Blockade nützlich ist. Wir konnten zeigen, daß Beta-Blocker i. v. gegeben werden müssen, um schnell wirksam zu sein [10]. Zu viele Herzzentren benutzen im frühen Stadium Kalziumantagonisten (für deren Nutzen hinsichtlich der Mortalität es in diesem Zusammenhang keinen klaren Beweis gibt) oder setzen zu geringe Dosen oraler Beta-Blocker ein. Diese Übersicht über alle Studien bezüglich i. v. Beta-Blockade deutet darauf hin, daß diese Behandlung sinnvoll ist. Außerdem zeigte sie, daß unter Ausschluß von Patienten mit offensichtlich gestörter Linksherzfunktion die Sorge vor Auslösung eines Linksherzversagens im Großen und Ganzen unbegründet ist.*

* Diese kurze Übersicht bezieht sich in erster Linie auf die Veröffentlichungen von Yusuf et al. [3], Sleight [9] und ISIS-1 [3].

Literatur

[1] Herlitz, J., D. Elmfeldt, Å. Hjalmarson, et al.: Effect of indirect signs of the size and severity of acute myocardial infarction. Am. J. Cardiol. **51** (1983) 1282–1288.

[2] International Collaborative Study Group: Reduction of infarct size with the early use of timolol in acute myocardial infarction. N. Engl. J. Med. **310** (1984) 9–15.

[3] ISIS-1: Randomised trial of intravenous atenolol among 16.027 cases of suspected acute myocardial infarctions: ISIS-1. Lancet **II** (1986) 57 – 66.

[4] MIAMI trial research group: Metoprolol in acute myocardial infarction (MIAMI). A randomized placebo-controlled international trial (with discussion). Eur. Heart J. **6** (1985) 199 – 226.

[5] Peto, R., M. C. Pike, P. Armitage, et al.: Design and analysis of randomized clinical trials requiring prolonged observation of each patient: 1. Introduction and design. Br. J. Cancer. **34** (1976) 585 – 612.

[6] Ramsdale, D. R., E. B. Faragher, D. H. Bennett, et al.: Ischemic pain relief in patients with acute myocardial infarction by intravenous atenolol. Am. Heart J. **103** (1982) 459 – 467.

[7] Rossi, P. R. F., S. Yusuf, D. Ramsdale, et al.: Reduction of ventricular arrhythmias by early intravenous atenolol in suspected acute myocardial infarction. Br. Med. J. **286** (1983) 506 – 510.

[8] Roberts, R., C. Croft, H. K. Gold, et al.: Effect of propranolol on myocardial-infarct size in a randomized blinded multicenter trial. N. Engl. J. Med. **311** (1984) 218 – 225.

[9] Sleight, P.: Use of beta adrenoceptor blockade during and after acute myocardial infarction. Ann. Rev. Med. **37** (1986) 415 – 425.

[10] Sleight, P., S. Yusuf, R. Peto, et al.: Early intravenous atenolol treatment in suspected acute myocardial infarction. Acta. Medica. Scand. **210** (1981) 185 – 192.

[11] Waagstein, F., Å. C. Hjalmarson: Double-blind study of the effect of cardioselective beta-blockade on chest pain in acute myocardial infarction. Acta. Med. Scand. (Suppl.) **587** (1975) 201 – 211.

[12] Yusuf, S.: Beta-adrenergic blockade in acute myocardial infarction. (doctoral thesis) Oxford University, 1980.

[13] Yusuf, S., P. Sleight, P. Rossi, et al.: Reduction in infarct size, arrhythmias and chest pain by early intravenous beta blockade in suspected acute myocardial infarction. Circulation **67** (1983) 32 – 45.

Beta-Rezeptorenblocker in der Sekundärprävention des Myokardinfarktes

– Herzinfarktregister des MONICA-Projektes Augsburg –

H.-D. Bolte, H. Löwel, J. Stieber, U. Keil

Im Jahr 1981 sind in rascher Folge mehrere Studien publiziert worden, die für eine Wirksamkeit einer Beta-Rezeptorenblockade zur Prävention eines Zweitinfarktes (Sekundärprävention) sprachen [1]. Dabei waren die Letalitätsziffern sowohl bei der Anwendung von Beta-Blockern bei akutem Myokardinfarkt, wie die von Å. Hjalmarson und Mitarb., publiziert in Lancet [5], vielversprechend sowie die Studien, die langfristig eine Reduktion plötzlicher Todesfälle nach Myokardinfarkt unter einer Beta-Rezeptorenblockade dokumentiert haben. Eindrucksvoll war dies besonders bei der Timolol-Studie [8] und bei der multizentrischen Propranolol-Studie [6, 7], die bekanntlich aus ethischen Gründen vorzeitig abgebrochen wurde wegen der überzeugenden Wirksamkeit im Hinblick auf das sogenannte Präventionsziel.

Da in der Folgezeit wiederholt Studien ähnlichen Typus, allerdings mit unterschiedlichen Einschränkungen und mit z. T. unterschiedlichen Randomisierungsstrategien vorgelegt worden sind, die letztlich zu einem ähnlichen Resultat geführt haben, stellt sich die Frage, in welchem Ausmaß eine praktische Bedeutung inzwischen für die Patienten mit koronarer Herzkrankheit erzielt worden ist. Epidemiologische Studien wie beispielsweise das groß angelegte WHO-MONICA-Project (**Moni**toring of Trends and Determinants in Cardiovascular Disease) sowie insbesondere Kohortenstudien mit einer prospektiven Fragestellung, wie sie im MONICA-Projekt Augsburg auch durchgeführt werden, sind geeignet, auf diese Frage eine Antwort zu geben.

Es sollen daher im Folgenden aus klinischer Sicht einige z. T. noch nicht veröffentlichte Daten dargestellt werden, die durch das MONICA-Projekt Augsburg erarbeitet und mir freundlicherweise für diesen Beitrag zur Verfügung gestellt wurden. Im Rahmen der 1. MONICA-Querschnittsstudie (1984/85) kann durch Hochrechnung der Ergebnisse geschätzt werden, daß bei den 25–64jährigen Männern der Studienregion Augsburg (rd. 141 000) mit rd. 16 600 Hypertonikern (RR bei der Untersuchung ≥ 160 und/oder ≥ 95 mmHg), die von ihrer Erkrankung wissen (bekannte Hypertoniker), zu rechnen ist. In der gleichen Bevölkerung werden hochgerechnet 4200 Personen ambulant mit Beta-Blockern therapiert (Tab. 1). Bei den 141 000 Männern (25–64 Jahre) traten im Jahre 1985 523 Herzinfarkte auf, das sind durchschnittlich 4 pro 1000. Bei Patienten mit einer bekannten Hypertonie war die Herzinfarkthäufigkeit mit 9 pro 1000 mehr als doppelt so hoch, eine Zahl, die die Bedeutung des Hypertonus als Risikofaktor unterstreicht. Erstaunlich und nicht ohne weiteres zu deuten ist der Befund, daß bei hochgerechnet 4212 Personen, bei denen ambulant eine Beta-Rezeptorenblockade durchgeführt wurde, bei 16 je 1000 ein Myokardinfarkt beobach-

Tabelle 1 MONICA-PROJEKT AUGSBURG: Herzinfarkthäufigkeit der 25–64jährigen männlichen Einwohner der Studienregion Augsburg 1985 (vorläufige Ergebnisse)

	Männer absolut	Herzinfarktereignisse absolut*	Je 10^3d. Gruppe
Insgesamt	141 035	523	4
Bekannte Hypertonie	16 589**	142	9
Ambulante Beta-Blocker-Therapie	4 212**	69	16

* Ergebnisse des MONICA Herzinfarktregisters
** Geschätzte Häufigkeit aus der 1. MONICA Querschnittsstudie (1984/85)

tet wurde. Daraus alleine läßt sich nicht ableiten, daß die Beta-Rezeptorenblockade selbst einen Risikofaktor darstellt. Vielmehr läßt sich zu erkennen, daß der Verordnungsmodus insbesondere bei offensichtlicher koronarer Herzkrankheit und/oder bei Hypertonie heute eine allgemein anerkannte Indikation ist, so daß damit möglicherweise die Gruppe mit dem höchsten Herzinfarktrisiko gekennzeichnet wird.

Im Vergleich dazu ist die Zahl der Personen, die aus unterschiedlichen Gründen in der sog. Durchschnittsbevölkerung Beta-Rezeptorenblocker zu sich nehmen, verhältnismäßig hoch. So ist der Abb. 1 zu entnehmen, daß im Jahre 1985 insgesamt 3% der Studienbevölkerung von Augsburg ambulant Beta-Rezeptorenblocker eingenommen haben, vorzugsweise in der Altersgruppe zwischen 55 und 64 Jahren. Ca. 30% der 25–64jährigen Patienten mit einem überlebtem, längere Zeit zurückliegenden

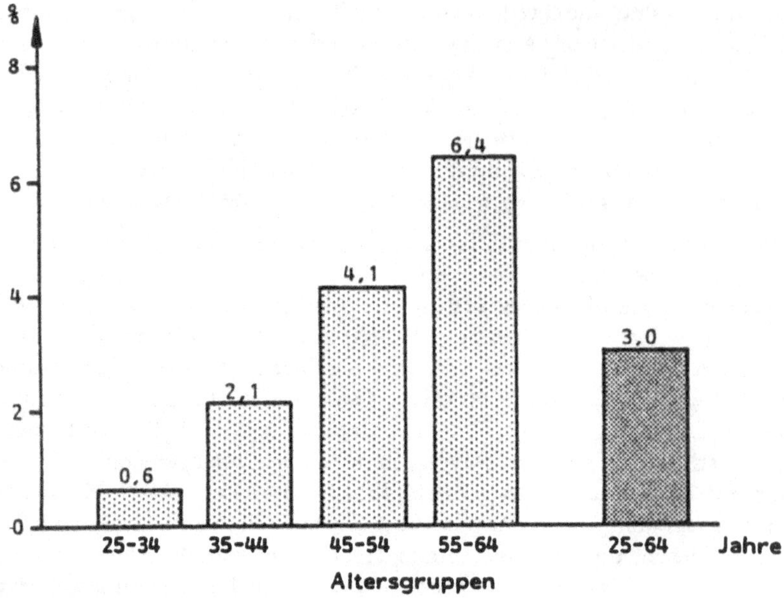

Abb. 1 MONICA-Projekt Augsburg – 1. Querschnittsstudie 1984/85: Medikation mit Beta-Rezeptorenblockern bei 25–64jährigen Männern der Studienbevölkerung (Ausgangsgruppe einer Kohortenstudie). [4]

Herzinfarkt erhielten eine ambulante Beta-Rezeptorenblockade. Da nur 20% der Patienten, die im Jahre 1985 einen erneuten akuten Myokardinfarkt erlitten haben, vor diesem Ereignis mit Beta-Blockern behandelt worden sind, kann das dafür sprechen, daß eine Beta-Rezeptorenblockade den Eintritt eines erneuten Myokardinfarktes doch erheblich hinausschiebt.

Allerdings scheint die zunehmende Behandlung mit Beta-Rezeptorenblockern bei Eintritt eines Erst- oder Reinfarktes noch keinen Einfluß auf die Letalitätsziffern zu haben. So zeigten die Untersuchungen, daß nach wie vor der größte Teil der Patienten an einem Myokardinfarkt verstirbt, bevor er das Krankenhaus erreicht (Abb. 2).

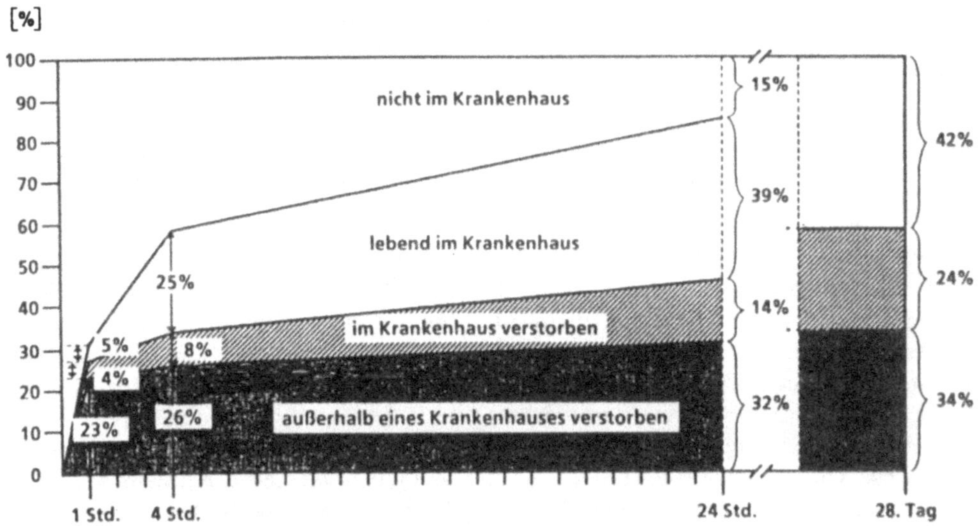

Abb. 2 MONICA-Projekt Augsburg: Herzinfarktregister (01. 10. 84 – 30. 09. 85): Zeitlicher Verlauf der Letalität und der Krankenhausaufnahme für 25 – 74jährige Herzinfarktpatienten (MONICA-Diagnose 1,2,3,9; n = 880).

Innerhalb von 24 Stunden nach dem akuten Infarktereignis verstarben 32% der 25 – 74jährigen männlichen Herzinfarktpatienten, ohne ein Krankenhaus erreicht zu haben, weitere 14% verstarben nach Erreichen des Krankenhauses. Diese Zahlen entsprechen den Beobachtungen in anderen Zentren [3]. Die 28-Tage-Letalität erhöht sich für außerhalb eines Krankenhauses Verstorbene auf 34% und zusammengenommen im Krankenhaus 24%. Dabei ist zu berücksichtigen, daß die Letalität nur noch 9% beträgt, wenn die Patienten die ersten 24 Stunden nach dem Eintritt des Myokardinfarktes überlebt haben.

In der Übersicht wurde kein Unterschied gemacht zwischen einem Erst- und einem Reinfarkt. In unserem Zentralklinikum waren 75% Erstinfarkt- und 25% Reinfarktpatienten.

Im Hinblick auf die Wirksamkeit einer Beta-Rezeptorenblockade zur Sekundärprävention ist es auch von Bedeutung, ob Patienten bereits vor Eintritt des Myokardinfarktes mit Beta-Rezeptorenblockern behandelt wurden, d. h. ob sie unter einer Beta-Rezeptorenblockade einen Myokardinfarkt erleiden, oder ob erst nach Eintritt des Myokardinfarktes mit einer Beta-Rezeptorenblockade begonnen wurde. So wurde dokumentiert, daß nur 8% (66 von 858) der Patienten mit einem ersten Myokardinfarkt zuvor Beta-Rezeptorenblocker eingenommen haben, daß aber immerhin 20% (73 von 341) vor Eintritt eines Reinfarktes mit Beta-Rezeptorenblockern behandelt wurden. Dieser Befund spricht dafür, daß die anfangs erwähnten Studien das Indikationsverhalten unserer Ärzte bereits geändert haben.

Nach eingetretenem Myokardinfarkt erhalten unter Beachtung der Kontraindikationen heute in unserer Klinik 48% der Patienten Beta-Rezeptorenblocker. Aus unterschiedlichen Gründen geht die Zahl dann in der Therapieempfehlung für die ambulante Praxis auf 30% zurück. Ohne jegliche Beta-Rezeptorenblocker bleiben demnach 52% der Herzinfarktpatienten.

Es stellt sich nun die Frage, ob sich eine ambulante Behandlung mit Beta-Blockern vor dem akuten Herzinfarkt auf die 24-Stunden-Letalität oder 28-Tage-Letalität auswirkt und ob dabei Unterschiede zwischen Erstinfarkt- und Reinfarktpatienten nachzuweisen sind.

Interessanterweise zeigt sich, daß Patienten ohne vorherige Beta-Rezeptorenblockade in geringerer Zahl einem Myokardinfarkt innerhalb der ersten 24 Stunden erliegen als Patienten mit Beta-Rezeptorenblockade (Tab. 2). Dieser Befund kann bedeuten, daß es sich bei der letzten Gruppe um eine krankheitsbedingte schwerere Verlaufsform handelt, es könnte aber auch sein, daß eine vorher bestehende Beta-Rezeptorenblockade bei Eintritt des Myokardinfarktes wegen der negativ inotropen Effekte eine zusätzliche Gefährdung für den Patienten darstellt. Bestätigen sich diese Ergebnisse, müßte das Konzept der Primärprävention des Myokardinfarktes durch Beta-Rezeptorenblockade neu diskutiert werden. Bei einem Reinfarkt sind die Verhältnisse anders. Ob mit oder ohne Beta-Rezeptorenblockade vor Eintritt des Reinfarktes, das wären also die Patienten, die aus Gründen der Sekundärprävention Beta-Rezeptorenblocker erhalten haben, sind die Letalitätsziffern identisch. Bei Reinfarktpatienten sind die

Tabelle 2 MONICA-PROJEKT AUGSBURG: Herzinfarktregister (01. 10. 1984 – 31. 12. 1985) 24-Stunden- und 28-Tage-Letalität bei 25 – 74jährigen Patienten mit akutem Myokardinfarkt (MONICA-Diagnose 1,2,3,9) nach Erst- und Reinfarkt und Beta-Blockertherapie vor dem akuten Myokardinfarkt (n = 1199) [4]

	Letalität 24 Stunden	(in %) 28 Tage
Erstinfarkt	46	51
ohne Beta-Blocker	44	49
mit Beta-Blocker	73	74
Reinfarkt	61	65
ohne Beta-Blocker	60	65
mit Beta-Blocker	63	64
Gesamt	50	55

24-Stunden- und die 28-Tage-Letalität mit rd. 60% mit oder ohne Beta-Rezeptorenblockade, wie in Tab. 2 zusammengefaßt, nahezu identisch. Bei den Letalitätsraten ist zu beachten, daß im MONICA-Herzinfarktregister **alle** Herzinfarktpatienten berücksichtigt werden, d. h. also auch diejenigen, die bereits außerhalb des Krankenhauses verstorben sind. Das bedeutet, daß die relevanten, für die Letalität entscheidenden Vorgänge sich bereits innerhalb der ersten 24 Stunden abgespielt haben.

Man muß wohl zum jetzigen Zeitpunkt davon ausgehen, daß in der Praxis bei der Verordnung von Beta-Rezeptorenblockern nicht die strengen Kriterien angewendet werden können, wie sie bei der Randomisierung für kontrollierte klinische Studien erfolgen müssen. So ist es auch nicht verwunderlich, daß in einer epidemiologischen Studie (z. B. MONICA-Projekt), in der die Ergebnisse der realen Verordnungspraxis sichtbar werden, die Resultate beispielsweise in der Sekundärprävention des Herzinfarktes durch Beta-Rezeptorenblockade weniger günstig ausfallen.

Die im Rahmen des MONICA-Projektes Augsburg begonnene Langzeitbeobachtung der überlebenden Herzinfarktpatienten, die insgesamt über 10 Jahre fortgeführt werden soll, dürfte weitere Aufschlüsse zu den diskutierten Fragen geben. Insbesondere erwarten wir als Kardiologen, daß es möglich wird, bei Patienten genau diejenigen Merkmale herauszufinden, bei denen eine Beta-Rezeptorenblockade im Sinne der Sekundärprävention erfolgreich ist, mit dem Ziel, auch nur diese Patienten einer Beta-Rezeptorenblocker-Therapie zuzuführen.

Zusammenfassung

1. Im Unterschied zu gezielten Studien zur medikamentösen Sekundärprävention des Myokardinfarktes erlaubt das MONICA-Projekt Augsburg Aussagen über die Behandlung mit Beta-Rezeptorenblockern in der prozentualen Häufigkeit, sowohl bei der Durchschnittsbevölkerung (Ausgangsgruppe einer Kohortenstudie) als auch vor und nach Myokardinfarkt.
2. Die 25 – 64jährige männliche Durchschnittsbevölkerung nimmt in 3% der Fälle hauptsächlich wegen einer Hypertonie und/oder koronaren Herzkrankheit regelmäßig Beta-Rezeptorenblocker ein.
3. Eine medikamentöse Beta-Rezeptorenblockade wurde **vor** Eintritt eines Myokardinfarktes bei 8% der Patienten mit Erstinfarkt und bei 20% der Patienten mit Reinfarkt durchgeführt.
4. Eine medikamentöse Beta-Rezeptorenblockade wurde **nach** einem Myokardinfarkt eingeleitet bei 48% der Patienten und nach der Entlassung bei insgesamt 30% der Patienten beibehalten.
5. Die 24-Stunden-Letalität ist bei Erstmyokardinfarkt mit bestehender Beta-Rezeptorenblockade deutlich höher (73%) als ohne Beta-Rezeptorenblockade (44%). Für Beta-Blocker vorbehandelte Erstinfarktpatienten besteht nach Überleben der ersten 24 Stunden eine günstigere Prognose als für die nicht vorbehandelten Patienten, so daß die Unterschiede in der 28-Tage-Letalität geringer werden.

6. Bei Reinfarkt sind die 24-Stunden- und die 28-Tage-Letalität mit und ohne Beta-Rezeptorenblockade mit rund 60% dokumentiert.
7. Über die Prospektivbeobachtung der Herzinfarktpatienten und der Teilnehmer der 1. MONICA-Querschnittsstudie wird erwartet, daß die Patientenmerkmale identifiziert werden, die es dem Arzt erlauben, tatsächlich nur die Patienten mit Beta-Rezeptorenblockern zu behandeln, die von dieser Behandlung auch profitieren.

Literatur

[1] Yusuff, S., R. Peto, J. Lewis, et al.: Beta-Blockade during and after Myocardial Infarktion: An Overview of the Randomized Trials Progr. Cardiovasc. Dis. XXVII (1985) 335–371.

[2] MIAMI Trial Research Group: Metoprolol in Acute Myocardial Infarction. Am. J. Cardiol. **56**, (1985) No. 14.

[3] Bolte, H. D.: Die Prognose des Myokardinfarkts. Internist **21** (1980) 665–680.

[4] MONICA-Projekt Augsburg – unveröffentlicht 1986.

[5] Hjalmarson, Å., D. Einfeldt, J. Herlitz, et al.: Effect on mortality of metoprolol in acute myocardial infarction – a double blind randomized trial. Lancet **II** (1981) 823–827.

[6] Beta-blocker Heart Attack Trial Research Group: A randomized trial of propranolol in patients with acute myocardial infarction: I. Mortality results. JAMA **247** (1982) 1707–1714.

[7] Beta-Blocker Heart Attack Trial Research Group: A randomized trial of propranolol in patients with acute myocardial infarction: II. Morbidity results. JAMA **250** (1983) 2814–2819.

[8] Norwegian Multicenter Study Group: Timololinduced reduction in mortality and reinfarction in patients surviving acute myocardial infarction. N. Engl. J. Med. **304** (1981) 801–807.

Morbidität und Mortalität bei Langzeittherapie der Hypertonie unter Beta-Blockern

K. O. Stumpe

Zusammenfassung

Beta-Rezeptorenblocker gehören heute neben Diuretika zu den Mitteln der ersten Wahl bei der Behandlung der Hypertonie. Nach wie vor ist unklar, ob diese Substanzen einen günstigen Effekt in der primären Prävention besitzen, d. h. ob sie in der Lage sind, die Inzidenz des Myokardinfarkts und des plötzlichen Herztodes bei Patienten mit hohem Blutdruck und ohne bevorstehende koronare Gefäßschäden zu reduzieren. Drei große, prospektive Interventionsstudien an jeweils mehreren tausend Patienten sind in den vergangenen Jahren zur Frage der primären Prävention mit Beta-Blockern bei milder Hypertonie durchgeführt worden. Es handelt sich im einzelnen um die MRC-Studie (Medical Research Council), um die IPPPSH-Studie (International Prospective Primary Prevention Study in Hypertension) und um die HAPPHY-Studie (Heart Attack Primary Prevention in Hypertension). Zusammengefaßt sind in diesen Studien folgende Ergebnisse erzielt worden:

Der präventive Effekt der Beta-Blocker auf die Inzidenz von cerebrovaskulären und koronaren Ereignissen bei Hypertonie ist gering. Gegen die Folgen der koronaren Herzkrankheit, d. h. gegen tödliche und nicht-tödliche Herzinfarkte und gegen den plötzlichen Herztod schützt die ausschließliche antihypertensive Therapie wenig. Bei nichtrauchenden hypertensiven Männern scheinen Beta-Blocker ein gewisses myokardinfarktreduzierendes Potential zu besitzen, und sie senken geringgradig die Inzidenz von Schlaganfällen. Bei rauchenden Männern und Frauen scheinen Beta-Blocker dagegen keinen Schutz vor dem Auftreten von Schlaganfällen und Myokardinfarkten zu bieten. Die Erwartung, daß Beta-Blocker den Diuretika langfristig überlegen sein könnten, hat sich in diesen Untersuchungen nicht erfüllt. Im Gegenteil, bei rauchenden Männern und Frauen senken Diuretika deutlich die Inzidenzrate an Schlaganfällen, während Beta-Blocker in diesen Gruppen keinen oder nur einen geringen protektiven Effekt besitzen.

Insgesamt scheinen die zur Zeit verfügbaren und als Mittel der ersten Wahl eingesetzten antihypertensiven Medikamente über die Blutdrucksenkung hinaus keine zusätzlichen präventiven Wirkungen zu besitzen. Es gibt Hinweise dafür, daß die in den Präventionsstudien durch Beta-Blocker erzielte Blutdrucksenkung nicht adäquat war und durch Reduktion des Blutdruckes auf niedrigere Werte eine stärkere Abnahme der kardiovaskulären Morbiditäts- und Mortalitäts-Inzidenz erreicht worden wäre.

Schlaganfall, myokardiale Insuffizienz und koronare Herzkrankheit sind die drei häufigsten Komplikationen der arteriellen Hypertonie. Mehrere klinische Untersuchungen haben gezeigt, daß durch antihypertensive Therapie die Inzidenz von Schlaganfall und Herzinsuffizienz deutlich gesenkt werden kann [14, 15]. Nach wie vor besteht aber Ungewißheit darüber, ob sich auch der Myokardinfarkt oder der plötzliche Herztod durch eine Behandlung verhindern lassen. Keine der bisher durchgeführten kontrollierten therapeutischen Studien bei Hypertension hat eindeutig einen günstigen protektiven kardialen Effekt der Behandlung nachgewiesen [6, 10, 12, 15]. In fast allen diesen Studien wurden die Patienten mit Diuretika therapiert. Diuretika können ungünstige Effekte auf kardiovaskuläre Risikofaktoren haben [3, 4, 11], und es ist vermutet worden, daß hohe therapeutische Diuretika-Dosen bei Patienten mit abnormen Ruhe-Elektrokardiogrammen für die kardiale Exzeßmortalität in der speziellen Interventionsgruppe des Multiple-Risk-Factor-Intervention-Trial (MRFIT) verantwortlich waren [5, 10].

Beta-Rezeptorenblocker gehören heute neben Diuretika zu den Mitteln der ersten Wahl bei der Behandlung der Hypertonie. Diese Substanzen sind effektiv und sicher, und es fehlen ihnen einige der unerwünschten Wirkungen der Diuretika [2]. Weiterhin haben sich Beta-Blocker als günstig in der sekundären Prävention erwiesen, und es konnte gezeigt werden, daß sie bei Patienten mit abgelaufenem Myokardinfarkt die kardiale Mortalität um 23%, den plötzlichen Herztod um 33% und die nicht-tödliche Reinfarktrate um 23% reduzieren [8, 13]. Es stellte sich daher die Frage, ob diese Substanzen auch einen günstigen Effekt in der primären Prävention besitzen, d. h. ob sie in der Lage sind, die Inzidenz des Myokardinfarktes und des plötzlichen Herztodes bei Patienten mit hohem Blutdruck und ohne vorbestehende koronare Gefäßschäden zu reduzieren. Theoretisch besitzen Beta-Blocker das Potential für eine kardioprotektive Wirkung. Sie reduzieren den sympathischen Antrieb des Herzens und können auf diesem Wege z. B. das Auftreten von Rhythmusstörungen verhindern. Weiterhin reduzieren sie die Herzfrequenz, die Herzarbeit und den myokardialen Sauerstoffbedarf, insbesondere dann, wenn der Blutdruck gesenkt wird. Es ist daher auch die Frage gestellt worden, ob Beta-Blocker den Diuretika in der primären Prävention überlegen sind. Mehrere primäre Präventionsstudien mit Beta-Rezeptorenblockern [1, 7, 9, 16] bei Hypertonie sind durchgeführt worden (Tab. 1). Im Folgenden sollen die wichtigsten Ergebnisse dieser Untersuchungen dargestellt und diskutiert werden.

In der *Göteborg-Studie* [1] wurde die Inzidenzrate tödlicher und nicht-tödlicher Herzinfarkte und Schlaganfälle bei 635 mit Beta-Blockern behandelten Männern mit

Tabelle 1 Studien zur primären Prävention mit Beta-Blockern bei Hypertonie

Göteborg	1978	
MRC	1985	Medical Research Council
IPPPSH	1985	International Prospective Primary Prevention Study in Hypertension
HAPPHY	1986	Heart Attack Primary Prevention in Hypertensives

derjenigen von 391 nicht behandelten Männern verglichen (Tab. 2). Der Ausgangsblutdruck der Therapiegruppe lag aufgrund zweier Messungen über 175 mmHg systolisch oder über 115 mmHg diastolisch. Die Patienten der nicht behandelten Kontrollgruppe hatten bei der ersten Screening-Messung ebenfalls Blutdruckwerte über 175 mmHg systolisch oder 115 mmHg diastolisch, doch war der Blutdruck bei diesen Patienten bei einer zweiten Messung auf unter 175 mmHg systolisch und unter 115 mmHg diastolisch abgefallen. Die mittlere Beobachtungszeit betrug 4,3 Jahre. Die beiden Gruppen, obwohl unterschiedlich groß, waren vergleichbar bezüglich der beiden kardiovaskulären Risikofaktoren Rauchen und Serum-Cholesterin-Konzentration. Die Ergebnisse dieser Untersuchung zeigen, daß die Gesamt-Todesrate in der Behandlungsgruppe mit 3,3% signifikant niedriger lag als in der Kontrollgruppe mit 6,1%. Auch wurden bei den mit Beta-Blockern behandelten Patienten weniger häufig ein plötzlicher Herztod und ein nicht-tödlicher Herzinfarkt beobachtet. Doch waren diese Unterschiede nicht signifikant. Ebenso unterschied sich die Häufigkeit nicht-tödlicher und tödlicher Schlaganfälle in der behandelten Gruppe nicht von derjenigen der unbehandelten Gruppe. Wurde dagegen die Anzahl der plötzlichen Herztodesfälle und der nicht-tödlichen Herzinfarkte addiert, wurde der Unterschied zwischen der mit Beta-Blockern behandelten und der nicht therapierten Gruppe statistisch signifikant ($p < 0{,}03$). Auch die kummulative Inzidenz der nicht-tödlichen Herzinfarkte und des plötzlichen Herztodes lag in der unbehandelten Gruppe signifikant höher.

Tabelle 2 Göteborg-Studie*

Nicht-Placebo kontrollierter Vergleich einer mit Beta-Blockern therapierten Gruppe (D) mit einer unbehandelten Gruppe (C)	
Gruppe D: β-Blocker; N = 635	Blutdruck: systol. > 175 mmHg oder diastol. > 115 mmHg
Gruppe C: Nicht therapiert; N = 391	Blutdruck: systol. < 175 mmHg oder diastol. < 115 mmHg
Dauer: 4.3 Jahre	

* G. Berglund et al.; Lancet 1978

Zusammengefaßt weisen diese Ergebnisse darauf hin, daß eine Langzeitbehandlung der Hypertonie mit Beta-Blockern das Auftreten einer koronaren Herzkrankheit verhindern oder hinausschieben kann. Die Ergebnisse dieser Untersuchung müssen aber mit Vorsicht interpretiert werden. Die Tatsache, daß es sich nicht um eine doppel-blinde kontrollierte Untersuchung handelte und eine Plazebo-Gruppe fehlte, schränkt den Aussagewert der Befunde stark ein. Weiterhin war die Anzahl der behandelten und nicht-behandelten Patienten gering und nicht miteinander vergleichbar.

Methodisch besser und konsequenter wurde die Frage des Einflusses einer chronischen Beta-Rezeptorblockade auf die kardiovaskuläre Morbidität und Mortalität bei Hypertonie in der Studie des Britischen *Medical Research Council (MRC)* zu beantworten versucht [9]. Es handelt sich hier um die bisher größte prospektive kontrollierte

Langzeitstudie zur Behandlung des Bluthochdruckes. Insgesamt wurden 17 354 Männer oder Frauen im Alter zwischen 35 und 64 Jahren mit diastolischen Blutdruckwerten von 90 bis 109 mmHg und systolischen Druckwerten unter 200 mmHg (Mittelwert aus 6 Messungen zu 3 verschiedenen Zeitpunkten) aufgenommen. Nach Zufallskriterien erfolgte für die Dauer von $5^1/_2$ Jahren eine Behandlung entweder mit Plazebo, mit dem Beta-Blocker Propranolol oder mit dem Diuretikum Bendrofluazid (Tab. 3). Bei unzureichender Blutdrucksenkung wurde zusätzlich Alpha-Methyldopa verabreicht. In der aktiv therapierten Gruppe wurde eine Senkung des diastolischen Blutdruckes unter 90 mmHg angestrebt. Die MRC-Studie wurde in den Praxen niedergelassener Ärzte in Großbritannien durchgeführt.

Tabelle 3 Medical Research Council (MRC)-Studie*

Einfach-blinder Vergleich einer aktiven Therapie (Beta-Blocker o. Diuretikum) mit Placebo
17 354 ♂ oder ♀ Pat.; Alter: 35 – 64 J. Diastol. Druck 90 – 109 mmHg Systol. Druck < 200 mmHg
Behandlung: 8654 Pat. → Placebo 4403 Pat. → Propranolol (bis zu 240 mg/Tag) 4297 Pat. → Bendrofluazid (10 mg/Tag) Senkung d. diastol. Drucks auf < 90 mmHg **Dauer:** $5^1/_2$ Jahre 85 572 Patientenjahre

* Br. Med. J. **291** (1985) 97 – 104

In allen drei Gruppen, einschließlich der der plazebobehandelten Patienten, fiel der systolische und diastolische Blutdruck in den ersten 2 Wochen deutlich, in den darauffolgenden 3 Monaten nur noch allmählich ab. Die mit dem Beta-Blocker therapierten Patienten erreichten weniger häufig den angestrebten diastolischen Blutdruckwert unter 90 mmHg als die mit dem Diuretikum therapierten Patienten.

Die Auswertung der Studie bezüglich Morbidität und Mortalität erbrachte einige bemerkenswerte Ergebnisse. Die Gesamtzahl der kardiovaskulären Ereignisse (nichttödliche und tödliche Schlaganfälle und Myokardinfarkte, rupturierte Aneurysmen) war in der aktiv behandelten Gruppe mit 286 Ereignissen signifikant niedriger als in der Plazebo-Gruppe mit 352 Ereignissen. Der Beta-Blocker Propranolol hatte keinen günstigeren Effekt auf die Inzidenz aller kardiovaskulären Ereignisse als das Diuretikum. Die Häufigkeit des Schlaganfalls wurde durch die aktive Therapie signifikant reduziert. Propranolol führte zu einer signifikanten Senkung der Rate an Schlaganfall-Fällen, doch war die Senkung unter dem Diuretikum stärker ausgeprägt.

Die Häufigkeit aller koronaren Ereignisse, wie tödlicher und nicht-tödlicher Herzinfarkt und plötzlicher Herztod, wurde durch die medikamentöse Therapie nicht signifikant reduziert, obwohl die Inzidenzrate der koronaren Ereignisse in der mit Propranolol therapierten Gruppe niedriger lag.

Von besonderer Bedeutung war der Einfluß des Rauchens für das Ansprechen auf die Therapie. So fand sich eine Abnahme der Inzidenzrate aller kardiovaskulären Ereignisse nur bei Nichtrauchern unter Propranolol; der Raucher-Status beeinflußte dagegen nicht das Ansprechen auf das Diuretikum. Behandelte und nicht behandelte Raucher hatten doppelt so hohe Inzidenzraten an kardiovaskulären Ereignissen wie Nichtraucher.

Auch die Schlaganfallrate war unter Propranolol nur bei den Nichtrauchern reduziert, während das Diuretikum die Häufigkeit des Schlaganfalles auch bei Rauchern senkte.

Die Rate an koronaren Ereignissen wurde durch Propranolol nur in der Gruppe der Nichtraucher gesenkt, während der Beta-Blocker keinen Einfluß bei den Rauchern hatte. Das Diuretikum senkte weder in der Raucher- noch in der Nichtraucher-Gruppe die Inzidenz der koronaren Ereignisse.

Unterschiede im Ansprechen auf die Therapie fanden sich auch bezüglich des Geschlechts. So führte der Beta-Blocker nur bei nichtrauchenden Männern und Frauen zu einer Abnahme der Inzidenz des Schlaganfalls, während männliche Raucher unter der Beta-Blocker-Therapie einen geringen, nicht signifikanten Anstieg in der Schlaganfall-Inzidenzrate aufwiesen. Dagegen senkte das Diuretikum Bendrofluazid unabhängig vom Raucherstatus und vom Geschlecht die Rate an Schlaganfällen.

Die Häufigkeit der koronaren Ereignisse wurde bei nichtrauchenden Männern durch den Beta-Blocker gesenkt, obwohl der Unterschied nicht signifikant war. Bei rauchenden Männern und Frauen hatte der Beta-Blocker keinen Einfluß auf die Inzidenz der koronaren Ereignisse, bei nichtrauchenden Frauen war die Häufigkeit der koronaren Ereignisse unter Plazebo so niedrig, daß sich ein signifikanter Effekt der aktiven Therapie nicht nachweisen ließ.

Insgesamt hat diese Untersuchung gezeigt, daß eine aktive medikamentöse Behandlung mit einem Beta-Blocker oder einem Diuretikum signifikant die Häufigkeit des Schlaganfalls reduziert, während die Inzidenz der koronaren Ereignisse nur bei Nichtrauchern unter Beta-Blockade günstig beeinflußt wird. Die Erwartung, daß Beta-Blocker langfristig den Diuretika überlegen sind, hat sich in dieser Untersuchung nicht erfüllt. Man kann annehmen, daß der Therapieerfolg nicht von der Art des Antihypertensivums, sondern von der erreichten Blutdrucksenkung abhängt. In dieser Untersuchung senkte der Beta-Blocker den Blutdruck stärker bei jüngeren und nichtrauchenden Patienten als bei älteren und rauchenden. Wie wichtig die Beachtung anderer Risikofaktoren bei der Behandlung der Hypertonie ist, zeigt der Befund, daß ein Raucher mit hohem Blutdruck, der mit Beta-Blocker behandelt wird, eine doppelt so hohe kardiovaskuläre Mortalität und Morbidität hat wie ein unbehandelter Nichtraucher mit gleich stark erhöhtem Blutdruck. Sowohl für den Schlaganfall als auch für alle kardiovaskulären Ereignisse war der Unterschied zwischen den Inzidenzraten zwischen Rauchern und Nichtrauchern größer als der Effekt der medikamentösen Therapie. Die Untersuchung hat auch gezeigt, daß die medikamentöse Therapie mit einem Beta-Blocker oder einem Diuretikum nicht die Gesamt-Mortalitätsrate reduzierte. Es fand sich aber ein Geschlechtsunterschied insofern, als die Mortalitätsrate bei Männern abnahm, aber bei Frauen anstieg, da bei diesen die nicht-kardiovaskulären tödlichen Ereignisse, im wesentlichen Neoplasien, zunahmen.

Zum Teil ähnliche Befunde wie in der MRC-Studie wurden in der *International Prospective Primary Prevention Study in Hypertension (IPPPSH)* erhoben [7]. In diese Untersuchung wurden 6357 hypertensive Männer oder Frauen mit diastolischen Druckwerten zwischen 100 und 125 mmHg im Alter zwischen 40 und 64 Jahren aufgenommen (Tab. 4). Die eine Hälfte der Patienten wurde mit dem Beta-Blocker Oxprenolol (160 bis 320 mg pro Tag) behandelt, die andere Hälfte erhielt anstelle von Oxprenolol eine antihypertensive Therapie, die keinen Beta-Blocker enthielt. Oxprenolol ist ein nicht-kardioselektiver Beta-Blocker mit sympathikomimetischer Eigenwirkung. 67% der Patienten der Beta-Blocker-Gruppe und 82% der Patienten der Nicht-Beta-Blocker-Gruppe nahmen ein Diuretikum, um den diastolischen Zielblutdruck von ≤95 mmHg zu erreichen. Die Patienten wurden über einen Zeitraum von 3 bis 5 Jahren beobachtet.

Tabelle 4 IPPPSH*

Doppel-blinder Vergleich einer Beta-Blocker- mit einer Nicht-Beta-Blocker-Therapie

6357 ♂ oder ♀ Pat.; Alter: 40 – 64 J.
Diastol. Druck: 100 – 125 mmHg

Therapie:
3172 Pat → Placebo
Diuretikum in 82%
3185 Pat. → Oxprenolol (160 mg)
Diuretikum in 67%

Senkung d. diastol. Drucks auf ≤ 95 mmHg
Dauer: 3 – 5 Jahre
25 651 Patientenjahre

* International Prospective Primary Prevention Study in Hypertension J. Hypertension 3 (1985) 379 – 392.

Beide Behandlungsmaßnahmen führten zu einem vergleichbaren Blutdruckabfall. Die Herzfrequenz nahm in der Beta-Blocker-Gruppe um 7/min ab. Kritische Ereignisse wie plötzlicher Herztod, tödliche und nicht-tödliche Herzinfarkte oder Schlaganfälle traten in der Beta-Blocker-Gruppe in gleicher Häufigkeit wie in der Nicht-Beta-Blocker-Gruppe auf. Auch die Gesamt-Mortalität war in beiden Gruppen gleich.

Wie in der MRC-Studie wurden kritische kardiale Ereignisse bei Männern, etwa dreimal so häufig wie bei Frauen beobachtet. Männer, die mit Oxprenolol therapiert wurden, wiesen insgesamt weniger kritische kardiale Ereignisraten auf als Männer in der Nicht-Beta-Blocker-Gruppe. Das Auseinanderweichen der Kurven für den kummulativen Prozentsatz der Patienten mit einem kritischen kardialen Ereignis, obwohl nicht signifikant, reflektiert die niedrigere Myokardinfarktrate in der Beta-Blocker-Gruppe im Vergleich zur Nicht-Beta-Blocker-Gruppe.

Auch der Anteil der Männer und Frauen, die einen Schlaganfall erlitten, lag in den ersten drei Jahren in der Beta-Blocker-Gruppe signifikant niedriger als in der Nicht-Beta-Blocker-Gruppe. Nach vier Jahren waren diese Unterschiede aber nicht mehr nachweisbar.

Ähnlich wie in der MRC-Studie wurde der günstige Effekt der Beta-Blockade auf die kardiale Morbidität und Mortalität nur bei nichtrauchenden Männern beobachtet, die eine nur halb so hohe Inzidenzrate an Myokardinfarkt und plötzlichem Herztod aufwiesen wie die nicht-rauchenden Patienten in der Nicht-Beta-Blocker-Gruppe. Diese Beeinflussung der Therapieantwort durch das Rauchen ließ sich bei den Frauen nicht beobachten.

Einer der wichtigsten Befunde dieser Studie ist die Beobachtung, daß unabhängig von der Art der Behandlung das Risiko, einen Schlaganfall oder ein kardiales Ereignis zu erleiden, direkt mit der durch die Therapie erzielten Blutdruckhöhe assoziiert war. Dies weist auf die Notwendigkeit einer besseren Kontrolle der erhöhten Blutdruckwerte hin, und es ist die Frage gestellt worden, ob die nur geringen günstigen Effekte der Beta-Blocker- oder der Diuretika-Therapie auf die kardiovaskuläre Morbidität und Mortalität, insbesondere bei leichter Hypertonie, nicht Folge einer ungenügenden Blutdrucksenkung sind.

In der *Heart-Attack-Primary-Prevention in Hypertensives (HAPPHY)*Studie [16] sollte die Frage beantwortet werden, ob sich die Inzidenzrate an Myokardinfarkten und Schlaganfällen von Patienten, die mit Beta-Blockern therapiert werden, von derjenigen von Patienten, die eine Diuretika-Therapie erhalten, unterscheidet (Tab. 5). Die Untersuchung wurde an 6570 Patienten durchgeführt, von denen die eine Hälfte mit den Beta-Blockern Atenolol oder Metoprolol therapiert wurde, während die andere Hälfte die Diuretika Hydrochlorothiazid oder Bendrofluazid erhielten. Die mittlere Beobachtungszeit betrug 5 Jahre. Die Ergebnisse der Studie, die noch nicht veröffentlicht sind, wurden auszugsweise auf dem 11. Scientific Meeting der International Society of Hypertension 1986 vorgetragen [16]. Im Prinzip wurden ähnliche Befunde wie in der IPPPSH- und der MRC-Studie erhoben. Es fand sich keine Überlegenheit der Beta-Blocker bezüglich einer Senkung der Inzidenzrate von koronaren Ereignissen im Vergleich zu Diuretika.

Tabelle 5 HAPPHY-Studie*

Vergleich einer Beta-Blocker- mit einer Diuretikum-Therapie
6570 ♂ Pat.; Alter: 40 – 60 J. Diastol. Druck 100 – 130 mmHg
Therapie: Diuretikum: Hydrochlorothiazid oder Bendrofluazid Beta-Blocker: Metoprolol oder Atenolol **Ziel:** Diastol. Druck < 95 mmHg

* Heart Attack Primary Prevention in Hypertensives L. Wilhelmsen; 11th Scientific Meeting of ISH, 1986

Zusammengefaßt ergibt sich unter Berücksichtigung der in den großen kontrollierten Studien – MRC, IPPPSH und HAPPHY – erhobenen Daten folgendes Bild: Der präventive Effekt der Beta-Blocker auf die Inzidenz von zerebrovaskulären und koronaren Ereignissen bei Hypertonie ist gering. Gegen die Folgen der koronaren Herzkrankheit, d. h. gegen tödliche und nicht-tödliche Herzinfarkte und gegen den plötzlichen Herztod, schützt die ausschließliche antihypertensive Therapie mit Beta-Blockern nur wenig. Bei nicht-rauchenden hypertensiven Männern scheinen Beta-Blocker ein gewisses myokardinfarktreduzierendes Potential zu besitzen, und sie senken geringgradig die Inzidenz von Schlaganfällen. Bei rauchenden Männern und Frauen scheinen Beta-Blocker dagegen keinen Schutz vor dem Auftreten von Schlaganfällen und Myokardinfarkten zu bieten. Die Erwartung, daß Beta-Blocker den Diuretika langfristig überlegen sein könnten, hat sich nicht erfüllt. Im Gegenteil, bei rauchenden Männern und Frauen senken Diuretika deutlich die Inzidenzrate an Schlaganfällen, während Beta-Blocker in diesen Gruppen keinen protektiven Effekt besitzen.

Insgesamt scheinen die z. Z. verfügbaren und als Mittel der ersten Wahl eingesetzten antihypertensiven Medikamente über die Blutdrucksenkung hinaus keine zusätzlichen präventiven Wirkungen zu besitzen. Alle kontrollierten Präventionsstudien haben deutlich gemacht, daß eine aggressive Behandlung und Prävention der kardiovaskulären Risikofaktoren, insbesondere des Zigarettenrauchens, von entscheidender Bedeutung sind. Dies schließt selbstverständlich für den individuellen Patienten nicht die Anwendung von antihypertensiven Medikamenten, die am besten seinen Blutdruck kontrollieren, ohne dabei mit seinem Wohlbefinden zu interferieren, aus. So könnten die aus den Präventionsstudien vorliegenden Daten darauf hinweisen, daß die durch Beta-Blocker erzielte Blutdrucksenkung nicht adäquat war und durch Reduktion des Blutdruckes auf niedrigere Werte eine stärkere Abnahme der kardiovaskulären Morbiditäts- und Mortalitätsinzidenz erreicht worden wäre.

Literatur

[1] Berglund, G., L. Wilhelmsen, R. Sannerstedt, et al.: Coronary heart disease after treatment of hypertension. Lancet I (1978) 1–5.

[2] Bühler, F. R., P. Bolli: The cardioprotective potential of antihypertensive therapy based on betablockade. In: Modulation of Sympathetic Tone in the Treatment of Cardiovascular Diseases (F. Gross, Hg.), S. 259–266. Hans Huber, Bern.

[3] Duke, M.: Thiazide-induced hypokalemia: association with acute myocardial infarction and ventricular fibrillation. JAMA **239** (1978) 43–46.

[4] Goldman, A. I., B. W. Steele, H. W. Schnaper, et al.: Serum lipoprotein levels during chlorthalidone therapy. JAMA **244** (1980) 1691–1695.

[5] Holme, I., A. Helgeland, I. Hjermann, et al.: Treatment of mild hypertension with diuretics: the importance of ECG abnormalities in the Oslo study and in MRFIT. JAMA **251** (1984) 1298–1299.

[6] Hypertension Detection and Follow-up Program Cooperative Group: Five-year findings of the Hypertension Detection and Follow-up Program. I. Reduction in mortality in persons with high blood pressure, including mild hypertension. JAMA **242** (1979) 2562–2571.

[7] The IPPPSH Collaborative Group: Cardiovascular risks and risk factors in a randomized trial of treatment based on the beta blocker oxprenolol: The International Prospective Primary Prevention Study in Hypertension (IPPPSH). J. Hypertension 3 (1985) 379–392.

[8] May, G. S., K. A. Eberlein, C. D. Furberg, et al.: Secondary prevention after myocardial infarction: a review of long term trials. Prog. Cardiovasc. Dis. 4 (1962) 331–352.

[9] MRC trial of treatment of mild hypertension: principal results. Br. Med. J. **291** (1985) 97–104.

[10] Multiple Risk Factor Intervention Trial Research Group: Multiple Risk Factor Intervention Trial. JAMA **248** (1982) 1465–1477.

[11] Murphy, M. B., P. J. Lewis, E. Kohner, et al.: Glucose intolerance in hypertensive patients treated with diuretics: a fourteen-year follow-up. Lancet **II** (1982) 1293–1295.

[12] Report of the management committee: The Australian national therapeutic trial in mild hypertension. Lancet **1** (1980) 1261–1267.

[13] Staessen, J., C. Bulpitt, A. Cattaert, et al.: Secondary prevention with beta-adrenoceptor blockers in post-myocardial infarction patients. Am. Heart J. **104** (1982) 1395–1399.

[14] Veterans Administration Cooperative Study Group on Antihypertensive Agents: Effects of treatment on morbidity in hypertension. I. Results in patients with diastolic blood pressures averaging 115 through 129 mmHg. JAMA **202** (1967) 1028–1034.

[15] Veterans Administation Cooperative Study Group in Antihypertensive Agents: Effects of treatment on morbidity in hypertension. II. Results in patients with diastolic blood pressures averaging 90–114 mmHg. JAMA **213** (1970) 1143–1152.

[16] Wilhelmsen, L.: Beta-blockers versus saluretics in hypertension – results of the HAPPHY Trial. 11th Scientific Meeting of the International Society of Hypertension 1986; Abstr. Nr. 0803, S. 398.

VII Toxikologische Probleme

Toxikologische Befunde bei Beta-Blockern (experimentell)

T. Lehnert, W. Wendtlandt

Abstract

This paper summarizes the most important toxicological findings of beta-blocker in animal studies. Most of the toxicological effects appear depending on exaggerated pharmacodynamic effects which are determined by 3 important properties:

1. Cardioselectivity,
2. Intrinsic sympathomimetic activity (ISA),
3. Unspecific membrane stabilizing properties, the so called chiniden-like, local anesthetising or papaverin like effects.

From the preclinical data – with the exception of cancerogenicity, pigmentation, teratogenicity and oculotoxicity – no irreversible – independent of efficacy – organ damages are known.

Only 4 substances (Bunolol, Pamatolol, Tolamolol, Zami 1305) showed cancerogenic properties in animal studies, an effect, which is probably bound to definite molecular structures. Hitherto a teratogenic effect only in Exaprolol could be found (skeletal malformation).

The „practolol syndrome", observed in man, could not be found in animals; only ophthalmic lesions like atrophy of the lacrimal gland and alterations of the tapetum lucidum were observed in dogs.

Some beta-blockers induced pigmentation and depositions in different organs. In man no pigmentations were observed.

Generally, beta-blockers are very safe in man and animal species. The limit tolerability will be determined by the pharmacodynamic (beta-blocking) effect.

Nachdem das pharmakologische Profil von Dichlorisoprenalin als dem ersten Vertreter der sogenannten Beta-Rezeptorenblocker aufgeklärt war, kam es zu einer sehr stürmischen Forschung und Entwicklung dieser Substanzklasse. Durch die rasche Verbreitung der Beta-Blocker auf dem Arzneimittelmarkt und Erschließung neuer Indikationen verfügen wir heute über ein sehr umfangreiches Erkenntnismaterial sowohl in der Klinik als auch Präklinik.

Diese Ausführungen werden sich mit den toxikologischen Befunden aus der Präklinik befassen; sie können jedoch keinen Anspruch auf Vollständigkeit erheben und werden aufgrund der Zeitvorgabe nur die wichtigsten Probleme ansprechen. Die Toxikologie der einzelnen Beta-Blocker ist ein komplexes Geschehen. Sie ist unter anderem abhängig von:

1. der Basispharmakologie,
2. dem Spektrum der additiven pharmakologischen Aktivitäten,
3. speziesspezifischen Effekten,
   (Practolol-Syndrom nur beim Menschen)
4. pharmakodynamischen Interaktionen,
5. der chemischen Struktur.

Drei wichtige Eigenschaften bestimmen das Profil der Beta-Blocker:

1. die Kardioselektivität,
2. die sympathomimetische Eigenwirkung (ISA),
3. die unspezifischen membranstabilisierenden Eigenschaften, die sogenannten chinidinartigen, lokalanästhesierenden oder papaverinartigen Wirkungen ([9, 17], Tab. 1).

Tabelle 1 Pharmakologische Eigenschaften der Beta-Blocker

Substanz	Kardiose-lektivität	ISA	Unspezifische Membranwirkung
Acebutolol	+	+	+
Alprenolol	–	+	+
Atenolol	+	–	–
Bisoprolol	+	–	+
Bupranolol	–	–	+
Carteolol	–	+	–
Celiprolol	+	+	–
Metropolol	+	–	–
Levobunolol	–	–	+
Oxprenolol	–	+	+
Penbutolol	–	+	+
Pindolol	–	+	+
Practolol	+	+	+
Propranolol	–	–	+
Sotalol	–	–	–
Timolol	–	–	–

Am Beispiel der Beta-Blocker Zami 1305, Zami 1327, Practolol und Bunolol soll gezeigt werden, welche Bedeutung der chemischen Struktur bei dieser Substanzklasse zukommt und gleichzeitig soll das eigentlich heißeste toxikologische Thema der Beta-Blocker – die Kanzerogenität – angesprochen werden [18, 31].

Zami 1305 wirkt eindeutig karzinogen bei der Ratte. Bei weiblichen Tieren, nicht bei männlichen, kam es nach chronischer Gabe dieses Beta-Blockers zu einer signifikanten Inzidenzsteigerung von Leberkarzinomen. Durch Versuche mit Kastraten konnte nachgewiesen werden, daß die kanzerogene Wirkung hormonabhängig ist. Mit dem Isomer von Zami 1305 – Zami 1327 konnten dagegen unter gleichen Versuchsbedingungen keine Leberkarzinome und keine anderen Tumore erzeugt werden ([14] s. Abb. 1).

ZAMI 1305
karzinogen

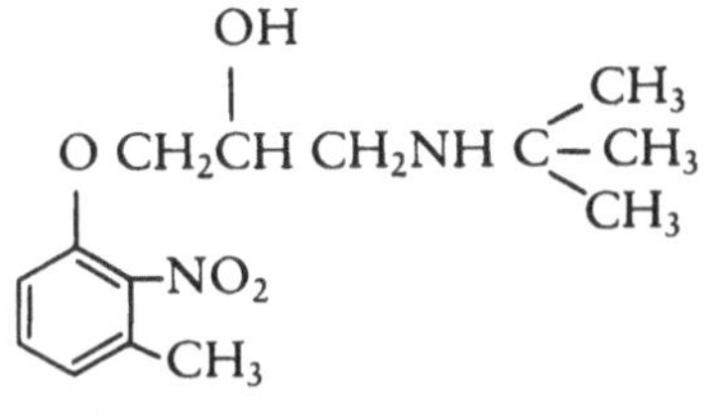

ZAMI 1327 (Isomer)
nicht-karzinogen

Pharmakodynamische Aktivität vergleichbar mit Zami 1305.

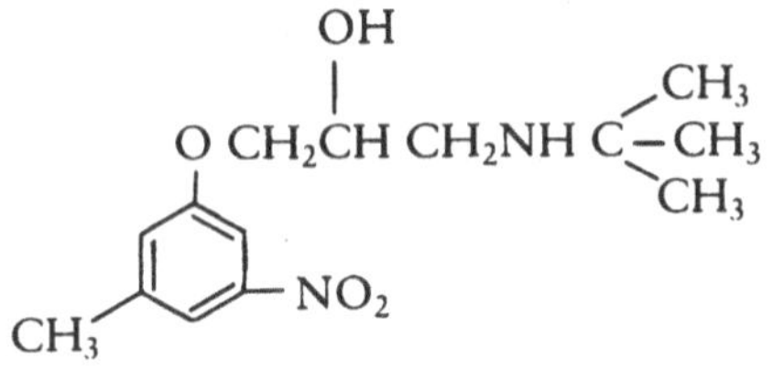

Abb. 1

Ähnlich verhält sich der Beta-Blocker Bunolol und sein Isomer Levobunolol. Bunolol erwies sich in Langzeitstudien an Maus und Ratte als kanzerogen – Uterus-Leiomyome und Leberadenome traten vermehrt auf. Dagegen wies Levobunolol weder bei der Maus noch bei der Ratte ein kanzerogenes Potential auf.

Auch unterschiedliche Reste am Grundkörper der wirksamen Substanz können das toxikologische Profil hinsichtlich Kanzerogenität verändern. Der Beta-Blocker Practolol ist nicht kanzerogen. Er unterscheidet sich vom kanzerogenen Beta-Blocker Zami 1305 lediglich durch Änderung der Reste 1–3. Die pharmakodynamische Wirkung ist vergleichbar mit der von Zami 1305 (s. Abb. 2).

Der Anlaß zur Durchführung zahlreicher Kanzerogenitätsstudien war die Aufdeckung des kanzerogenen Potentials von Pronethanol durch Paget [14]. Pronethanol war der erste suspekte Beta-Blocker, und damit geriet die ganze Substanzklasse unter Verdacht. Pronethalol erzeugte bei Mäusen nach oraler Gabe lymphoretikuläre Tumore, hauptsächlich Thymuslymphosarkome. Weitere Studien mit anderen Mäusestämmen zeigten sehr unterschiedliche Ergebnisse – nur bei 2 von 8 Stämmen konnte durch Pronethalol ein Anstieg der Lymphosarkome des Thymus hervorgerufen werden [12]. Andere getestete Spezies (Ratte 2 Jahre, Meerschweinchen 9 Monate, Hund 6 Monate, Affe 15 Monate) zeigten keine Erhöhung der Tumorinzidenz, wobei natürlich die Aussagekraft der Nichtnagerstudien und Meerschweinchenstudie durch die kurze Laufzeit sehr eingeschränkt ist [1, 3].

ZAMI 1305
karzinogen

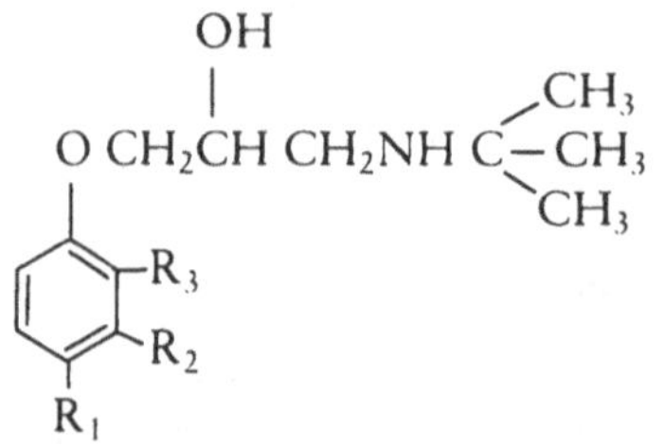

ZAMI 1305
Leberkarzinome
w. Ratte
$R_1 = H$
$R_2 = CH_3$
$R_3 = NO_2$

PRACTOLOL = nicht karzinogen
$R_1 = NH\,CO\,CH_3$
$R_2 = H$
$R_3 = H$

Abb. 2

How [6] stellt die Hypothese auf, daß ein möglicher Mechanismus der Kanzerogenität von Pronethalol in der Bildung des karzinogenen Metaboliten Äthylenamin in einigen Mäusestämmen zu suchen ist. Der Verdacht besteht, daß Pronethalol eine mäusespezifische karzinogene Wirkung hat. Solange dies aber nur eine Hypothese ist, bleibt der Makel der Kanzerogenität am Pronethalol haften.

Eine weitere nicht ganz „makellose" Substanz ist Primidolol. Primidolol rief bei weiblichen Mäusen in der höchsten Dosisgruppe (50 mg/kg) einen Anstieg der Gesamttumorrate von 48% im Vergleich zur Kontrollgruppe mit 24% hervor. Bei den männlichen Tieren konnten in der höchsten Dosisgruppe 48% und in der Kontrollgruppe 30% tumortragende Tiere ermittelt werden. Das Fehlen eines Targetorgans läßt diese Befunde allerdings zweifelhaft erscheinen. Diskutiert werden ein möglicher statistischer Zufall oder ein eventueller cokarzinogener Effekt, der indirekt über einen hormonellen Mechanismus abläuft (s. Tab. 2). Eine 24-Monatsstudie an der Ratte mit Primidolol zeigte weder eine Erhöhung der Gesamttumorrate noch eine Inzidenzsteigerung einer bestimmten Tumorart [4].

Nicht verwunderlich ist, daß in den zahlreich durchgeführten Kanzerogenitätsstudien mit Beta-Blockern immer wieder einmal eine Tumorart gehäuft auftrat. Das ist kein Phänomen der Beta-Blocker, sondern eine Erscheinung, die allen bekannt ist, die Kanzerogenitätsstudien durchgeführt oder zu beurteilen haben ([30, 31], s. Tab. 3).

A priori kann den Beta-Blockern eine kanzerogene Wirkung nicht nachgesagt werden ([8, 11, 16, 26, 32], s. Tab. 4).

Zur Mutagenität liegen umfangreiche Untersuchungsergebnisse mit negativem Ergebnis vor ([7, 8, 13, 33], s. Tab. 5).

Tabelle 2 Kanzerogenität von Beta-Blockern

	Kanzerogen
Bunolol	– Leiomyome-Uterus, Leberadenome (Ratte)
Pamatolol	– Leberkarzinome (Ratte)
Tolamolol	– Leberkarzinome (Ratte), Mammakarzinome (Maus)
Zami 1305	– Leberkarzinome (Ratte)
	Unklar
Primodolol	– Erhöhung der Gesamttumorrate (Maus)
Pronethalol	– Lymphosarkome-Thymus (Maus)

Tabelle 3 In der Literatur beschriebene Tumore

Alprenolol:	Anstieg der Thymuslymphome (Maus) nur in 1 von 2 Studien im Bereich der Spontanvariabilität
Metoprolol:	Lungenadenome (Maus) nur in 1 von 2 Studien im Bereich der Spontanvariabilität
Timolol:	Lungenadenome (w. Maus) im Bereich der Spontanvariabilität
	Phäochromozytome (m. Ratte) im Bereich der Spontanvariabilität
	Adenokarzinome Mamma (w. Maus, Ratte) prolaktinabhängig, stammspezifisch
	Uteruspolypen (Maus) nur in 1 von 2 Studien im Bereich der Spontanvariabilität

Tabelle 4 Nicht kanzerogene Beta-Blocker

Acebutolol	Levobunolol
Alprenolol	Metoprolol
Atenolol	Nadolol
Betaxolol	Oxprenolol
Bevantolol	Pindolol
Bisoprolol	Practolol
Carteolol	Propranolol
Celiprolol	Sotalol
Cetamolol	Timolol
Epanolol	Xamatolol
Labetalol	

Tabelle 5 Beta-Blocker ohne mutagenes Potential

Acebutolol	Penbutolol
Atenolol	Pindolol
Betaxolol	Practolol
Bisoprolol	Primidolol
Carteolol	Pronethanol
Celiprolol	Propranolol
Levobunolol	Sotalol
Metoprolol	Timolol
Oxprenolol	

Außer einer gewissen Augentoxizität und Pigmentablagerung zeigen die Beta-Blocker in der Präklinik keine organspezifischen wirkungsunabhängigen toxischen Effekte. Teratogene Effekte traten nur bei einem Beta-Blocker auf. Die beobachteten klinischen, autoptischen und histologischen Veränderungen sind fast ausnahmslos durch eine dem Beta-Blocker eigene, bei extremer Dosierung übersteigerte pharmakodynamische Wirkung erklärbar. Das beim Menschen beobachtete okulo-muko-kutane Practolol-Syndrom, welches am Auge als Pankonjunktivitis mit Hornhautbeteiligung auftrat, konnte im Tierversuch nicht ausgelöst werden [5, 35]. Beim Hund senkte Practolol bei hoher Dosierung die Tränensekretion. Histologisch wurde eine Atrophie der Tränendrüse mit lymphozytärer Infiltration diagnostiziert. Im Elektroretinogramm zeigte sich eine deutliche Erniedrigung der Amplitude der A + B-Welle. Morphologische Veränderungen wies die Retina jedoch nicht auf. Auch andere Beta-Blocker bewirkten beim Hund eine Minderung des Tränenflusses mit und ohne morphologischen Veränderungen der Tränendrüse [29].

Nach 13wöchiger oraler Gabe des Beta-Blockers Sch 19927 kam es beim Beaglehund am Tapetum lucidum zur Pigmentierung, Degeneration und Nekrose mit entzündlicher Infiltration. Atapetale Hunde, Albinoratten und Cynomolgus-Affen zeigten keinerlei Augentoxizität. Bei diesem toxischen Effekt des Beta-Blockers ist das Tapetum lucidum eindeutiges Targetorgan; der Befund ist ohne Relevanz für den Menschen, da der Mensch und etliche Versuchstiere diese lichtreflektierende Gewebsstruktur der Chorioidea nicht besitzen [22].

Nicht nur am Tapetum lucidum kann es nach Beta-Blockergabe zu Pigmentierung kommen; andere Beta-Blocker initiierten Pigmentbildung und -ablagerung in den verschiedensten Organen. So bewirkt Bunolol bei Ratten nach 6monatiger Gabe eine stahlgraue Verfärbung der inneren Organe und nach 18 Monaten auch der Haut [2]. Pindolol ruft bei Ratten, Hunden und Affen die Bildung von drei Pigmenten hervor. Abnorme Pigmentierungen werden beim Menschen nicht beobachtet [16].

Die bei Hunden beobachtete Braunfärbung des Körperfettes nach Carteolol hat vermutlich ihre Ursache in einer durch die intrinsische Aktivität bedingte Beeinflussung des Fettstoffwechsels [8]. Dafür spricht die starke sympathische Innervation des Fettgewebes. Es gibt keine Hinweise, daß dieses beim Hund (im Gegensatz zu Primaten und Nagern) normalerweise nicht auftretende braune Fettgewebe eine toxikologische Bedeutung hat. Nach neuesten Untersuchungsergebnissen soll die

Hauptfunktion des braunen Fettgewebes in der Wärmeerzeugnis ohne Muskelzittern liegen.

Die bei chronischen Rattenstudien nach hoher Beta-Blockergabe beobachteten intraalveolären Schaumzellen sind keine Beta-Blocker-spezifischen Veränderungen. Es handelt sich um eine Phospholipidose der Lunge (keiner anderen Organe), die als Störung des bei Ratten besonders ausgeprägten Lungen-Lipid-Stoffwechsels verstanden wird und auch durch andere amphiphile kationische Stoffe ausgelöst werden kann [11].

Die Beta-Blocker scheinen bis auf Exaprolol frei von teratogenen Effekten zu sein. Auch bei Kindern von Patientinnen, die mit Beta-Blockern behandelt wurden, konnten bislang keine teratogenen Effekte beobachtet werden ([25, 28, 34], s. Tab. 6).

Tabelle 6 Teratogenität von Beta-Blockern

Beta-Blocker	Ratte	Kaninchen	Maus	Hamster
Acebutolol	–	–		
Atenolol	–	–		
Betaxolol	–	–		
Bisoprolol	–	–		
Bunitrolol	–	–	–	
Bupranolol	–		–	
Carteolol	–	–	–	
Celiprolol	–	–		
Exaprolol	+ Skelett-mißbildung		+ Skelett-mißbildung	
Labetalol	–	–		
Levobunolol	–	–		
Metoprolol	–	–		
Nadolol	–	–		–
Penbutolol	–	–	–	
Practolol	–		–	
Pronethanol			–	
Propranolol	–		–	
Pindolol		–	–	
Talinolol	–			

In den Studien zur Fertilität und allgemeinen Vermehrungsfähigkeit sowie zur Peri- und Postnataltoxizität zeigen sich mit Beta-Blockern nur marginale Effekte. Embryotoxische bzw. fetotoxische Effekte wurden bei sehr hoher Dosierung oder maternaltoxischen Dosen beobachtet. So kann unter Beta-Blockergabe

- die Resorptionsrate erhöht sein,
- die Ossifikation verzögert sein,
- vermehrt „wavy ribs“ auftreten,
- das Fetengewicht erniedrigt sein,
- die postnatale Mortalität erhöht sein,

- das Plazentagewicht und die Plazentadurchblutung vermindert sein – als Ausdruck einer übersteigerten pharmakodynamischen Wirkung [16, 19, 20, 23, 24, 26, 27].

Obwohl das Rattenherz ab 10. Tag der Gestation bereits schlägt, erfolgt bis zum 6. Tag nach der Geburt nur eine minimale nervale Steuerung des Herzens. Beta-Adrenorezeptoren sind erst ab 13. Tag der Gestation vorhanden und in der Lage, auf ISA zu reagieren [10, 21].

Beta-Blocker mit sympathomimetischer Eigenwirkung können bei Ratten (nicht bei Primaten) in der Spätschwangerschaft einen Blutdruckanstieg im Fötal-Plazenta-Kreislauf bewirken. Das Plazentagewicht und das Herzgewicht der Föten sowie der Uterustonus können zunehmen.

Zusammenfassend kann gesagt werden:

1. Beta-Blocker sind generell sehr sicher bei Mensch und Tier. Die Grenze der Verträglichkeit wird durch die pharmakodynamischen Hauptwirkungen bestimmt.
2. Aus der Präklinik sind außer der Kanzerogenität, der einmal beobachteten Teratogenität, den Pigmentierungen und der Augentoxizität keine irreversiblen wirkungsunabhängigen Organschäden bekannt.
3. Bis auf Exaprolol scheinen die Beta-Blocker frei von teratogenen Effekten zu sein.
4. Nur wenige Beta-Blocker zeigen im Tiermodell kanzerogene Eigenschaften, die vermutlich an bestimmte Molekülstrukturen gebunden sind (s. Tab. 7).

Tabelle 7 Toxische Effekte der Beta-Blocker in der Präklinik

Kanzerogenität	– Bunolol, Pamatolol Tolamolol, Zami 1305
Teratogenität	– nur 1 Substanz (Exaprolol, Ratte, Maus)
Auge	– verminderter Tränenfluß (Hund) Atrophie der Tränendrüse – Practolol
Pigmentierungen	– Bunolol (Ratte) – stahlgraue Verfärbung der inneren Organe und der Haut Pindolol (Hund, Ratte, Affe) – 3 Pigmente
Braunes Fett	– durch „intrinsic activity“ (Hund) – Carteolol
Intraalveoläre „Schaumzellen“	– Phospholipidose der Lunge Störung des Lungen-Lipid-Stoffwechsels (Ratte), nicht Beta-Blocker-spezifisch
Übersteigerte pharmakodynamische Wirkung	– Erhöhung des Serum-Triglyzerid-Spiegels (Ratte) Herz-Kreislaufdepression Atemdepression embryotoxische, fetotoxische Effekte

Literatur

[1] Alcock, S. J., P. A. Bond: Study of drug toxicity. Proc. Eur. Soc. Study Drug Tox. **4** (1964) 30–37.

[2] Bunolol. US Food and Drug Administration. Beta Blocker status report to the Cardial-Renal Advisory Committee. May 1977.

[3] Cranstone, E.: Report to US FDA Advisory Committee on Cardial-Renal Drugs. April 1972.

[4] Faccini, J. M., E. Irisarri, A. M. Monroe: A carcinogenicity study in mice of a β-adrenergic antagonist, Primidolol increased to tumours incidence without tissue specificity. Toxicol. **21** (1981) 279–290.

[5] Felix, R. H., F. A. Ive, M. G. Dahl: Cutaneus and ocular reaction to Practolol. Br. J. **4** (1974) 321–324.

[6] Howe, R.: Carcinogenicity of Alderin (Pronethalol) in mice. Nature **207** (1965) 594–595.

[7] Kurosumi, M., M. Hatori, H. Nishino: Carcinogenicity of Carteolol hydrochloride in Balb/C mice. Il. Farmaco-Ed. Pr. **34** (1978) 202–209.

[8] Lang, W.: Zur Toxikologie von Carteol. Arzneim. Forsch. Drug. Res. **33** (1983) 290–296.

[9] Lydtin, H., L. Lohmüller: Betarezeptorenblocker. Aesopus Verlag. München 1977.

[10] Martin, S., B. A. Levey, G. S. Levey: Development of the cardiac beta adrenergic receptor in fetal rat heart. Biochem. Biophys. Res. Com. **54** (1973) 949–954.

[11] Metprolol. Product information „Lopressor". Geigy Pharmaceuticals. Ardsley. New York 1985.

[12] Newberne, P. M., et al.: Lack of carcinogenicity of Oxprenolol, a β-adrenergic blocking agent. Toxicol. Appl. Pharmacol. **41** (1977) 535–546.

[13] Okine, L. K. N., C. Ioannides, D. V. Parke: Studies on the possible mutagenicity of β-adrenergic blocker drugs. Toxikol. Letters **16** (1983) 167–174.

[14] Paget, G. E.: Carcinogenic action of pronethanol. Br. J. **2** (1963) 1266–1267.

[15] Passetti, G. L., E. Grassi, A. Trebbi: Metabolisms of an aryloxy beta blocking drug. Recent development in mass spectrometry in biochemistry and medicine. Vol. 2 (A. Frigeria Hg.) S. 53–68. Plenum Press. New York 1979.

[16] Pindolol. US FDA Summary Basis of Approval. NDA 18-285 (1985) 16.

[17] Podrid, Ph. J.: Antiarrhythmic drug therapie (Part 1). Benefits and hazard. Chest **88**, 3 (1985) 452–460.

[18] Ragnotti, G., et al.: Liver tumors induced by a new beta-adrenoreceptor blocking agents in female rats. JNCI **68** (1982) 669–672.

[19] Redmond, G. P.: Effect of drug on intrauterine growth. Symposium on pharmacology. Clin. Perinatal. **6** (1979) 5–19.

[20] Redmond, G. P.: Propranolol and fetal growth retardation. Seminars in Perinatalogy **6** (1982) 142–147.

[21] Robkin, M., T. H. Shepard, D. Baum: Autonomic drug effects on the heart rate of early rat embryos. Teratology **9** (1973) 35–44.

[22] Schiavo, D. M., et al.: I. Ocular changes after oral administration of a beta-adrenergic blocking agent – SCH 19927. Toxicol. Appl. Pharmacol. **72** (1984) 187–194.

[23] Schoenfeld, N., et al.: I. Adverse effects during pregnancy. Pediatr. Res. **12** (1978) 747–750.

[24] Schoenfeld, N., et al.: II. Adverse effects on development. Eur. J. Pediatr. **143** (1985) 194–195.

[25] Schardein, J. L.: Chemically induced birth defects. Drug Chem. Toxiocol. **2** (1985) 71–86.

[26] Sibley, P. L., et al.: Preclinical toxicologic evaluation of Nadolol, a new β-adrenergic antagonist. Toxicol. Appl. Pharmacol. **44** (1978) 379–389.

[27] Tamagawa, M., et al.: Reproduction study of carteolol hydrochloride in mice. Part. 2 peri- and postnatal toxicity. J. Toxicol. Sci. **4** (1979) 59–78.

[28] Tamari, L., M. Eldar, B. Rabinowitz: Medical treatment of cardiovascular disorders during pregnancy. Am. Heart J. **104** (1982) 135.

[29] Tanaka, N., et al.: Evaluation of ocular toxicity of two beta blocking drugs. Carteolol and Pracctolol in Beagle dogs. J. Pharmacol. Exp. Ther. **224** (1983) 424–430.

[30] Timolol. US FDA Summary Basis of Approval. (1982) NDA 18-017 and 18-016.

[31] US Food and Drug Administration. Status report on beta-blockers. FDA Bull. 1978, 8 : 13.

[32] Weikel, J. H., W. A. Kelly: Tumorigenicity assays of sotalol hydrochloride in rats and mice. J. Clin. Pharmacol. **19** (1979) 591–604.

[33] Wendtlandt, W., H. Pittner: Toxikologische Prüfung von Celiprolol, einem kardioselektiven β-Rezeptoren-Blocker. Arzneim. Forsch., Drug Res. **33** (1983) 41–49.

[34] Wendler, D., W. Schmidt: Talinolol (Cordanum, 02-115) im teratologischen Versuch. Pharmazie **30** (1975) 669–671.

[35] Wright, P.: Untoward effects associated with Practolol administration: Oculomucocutaneous syndrome. Br. Med. J. **1** (1975) 595–598.

Unerwünschte Wirkungen von Beta-Blockern

K. H. Rahn

Abstract

When used for the treatment of hypertension and of angina pectoris, beta-adrenergic blocking agents cause side-effects in about 10% of the patients. The main unwanted effects of beta-blockers are congestive heart failure, abnormalities of cardiac rate and rhythm such as sinus bradycardia and AV conduction disturbances as well as bronchial constriction. Furthermore, patients treated with beta-receptor blocking agents sometimes complain of cold extremities and of muscular fatigue. During chronic treatment of hypertensive patients with beta-blockers, subjective side effects prevail and not rarely are the cause of withdrawal from treatment.

Beta-Rezeptorenblocker werden bei den quantitativ wichtigsten Indikationen, der arteriellen Hypertonie und der koronaren Herzerkrankung, jahrelang, oft sogar lebenslang verabreicht. Eine derartige Langzeittherapie kann zu unerwünschten Effekten führen. Diese müssen gegen die Nachteile aufgewogen werden, die sich aus der Nichtbehandlung der Erkrankungen ergeben können. Im folgenden sollen die Begriffe unerwünschte Wirkungen von Arzneimitteln und Nebenwirkungen als Synonyma gebraucht werden.

Die Häufigkeit von Nebenwirkungen ist außer von der Art des verwendeten Medikaments von einer Reihe zusätzlicher Faktoren abhängig. Hierzu gehören Art und Schwere der Erkrankung. Im Falle der Hypertonie ist es beispielsweise wichtig, ob eine primäre oder sekundäre Hochdruckerkrankung vorliegt und welche Komplikationen das Hochdruckleiden bereits verursacht hat. Bedeutsam für die Nebenwirkungshäufigkeit sind eventuelle Beschwerden bereits vor Therapiebeginn sowie zusätzliche Erkrankungen. Besonderheiten der beobachteten Patienten spielen eine Rolle. Hierbei kommt dem Alter des beobachteten Patientenkollektivs eine besondere Bedeutung zu. Ganz generell ist bei älteren Menschen häufiger mit Arzneimittelnebenwirkungen zu rechnen als bei jüngeren. Die Nebenwirkungshäufigkeit nimmt in der Regel zu mit der Dosis der verwendeten Medikamente und mit der Dauer der Therapie. Eine zusätzliche Therapie kann die Nebenwirkungsfrequenz steigern oder vermindern. Bedeutsam ist oft auch der angestrebte Therapieerfolg, bei Hypertonie das Ausmaß der angestrebten Blutdrucksenkung. Verständlicherweise hängt die Häufigkeit von Nebenwirkungen auch ab von der Zuverlässigkeit der Medikamenteneinnahme. Diese ist besonders gering bei Hypertonikern, die ja häufig über viele Jahre hin keine Beschwerden von seiten ihrer Erkrankung haben. Die Funktion der für die Elimination von Arzneimitteln wesentlichen Organe, der Leber und der Nieren, hat Einfluß auf die Nebenwirkungsfrequenz. Man kann davon ausgehen, daß die Nebenwirkungsfrequenz bei Patienten mit deutlich eingeschränkter Nierenfunktion etwa doppelt so hoch ist wie bei Patienten mit einer normalen Nierentätigkeit. Schließlich hat für die Nebenwirkungshäufigkeit die Art der Nebenwirkungserfassung Bedeutung. Mit Hilfe einer gezielten Befragung der Patienten etwa im Rahmen einer Intensivüberwachung von Arzneimittelnebenwirkungen werden durchweg mehr unerwünschte Effekte erfaßt als allein auf Grund spontaner Äußerungen der Patienten.

Aus den bisherigen Darlegungen geht hervor, daß die Angaben über die Art und die Häufigkeit von Arzneimittelnebenwirkungen außerordentlich schwanken. Besonders schwierig zu erfassen sind meistens unerwünschte Arzneimitteleffekte, die von Patienten lediglich subjektiv empfunden werden. Quantitative Angaben können dabei oft nur ungefähre Anhaltspunkte geben. Insbesondere ist zu berücksichtigen, daß vor allem subjektiv empfundene Nebenwirkungen auch durch Placebo verursacht werden. Daher sollte insbesondere bei Studien, bei denen subjektive Nebenwirkungen erfaßt werden, ein Vergleich der Medikamente mit Placebo erfolgen. Verhältnismäßig zuverlässig werden in der Regel schwere Nebenwirkungen erfaßt. Hierunter versteht man im allgemeinen alle unerwünschten Arzneimittelnebenwirkungen, die zu einer Krankenhausaufnahme bzw. zu einer Verlängerung der Krankenhausbehandlung führen, alle Schockformen, alle Dauerschäden und alle tödlichen Nebenwirkungen. Glücklicherweise sind derartige schwere Nebenwirkungen im Falle der Beta-Blocker heute außerordentlich selten, falls diese Substanzen zur Behandlung der Hypertonie eingesetzt werden. Im Rahmen einer Nebenwirkungserfassungsstudie bei insgesamt 1592 Patienten im Behandlungszeitraum von einem Jahr wurde keine einzige durch Beta-Adrenolytika verursachte schwere Nebenwirkung im Sinne der genannten Definition registriert [5].

Beta-Rezeptorenblocker verursachen, wenn sie bei Hypertonie oder Angina pectoris eingesetzt werden, bei etwa 10% der Patienten Nebenwirkungen [2]. Schwere unerwünschte Effekte sind bei Beachtung der Kontraindikationen sehr selten. Im Vordergrund des Nebenwirkungsspektrums stehen Auslösen einer Herzinsuffizienz, bradykarde Herzrhythmusstörungen und Verschlimmerung einer Bronchospastik. Aus diesem Grunde sind Beta-Blocker bei manifester Herzinsuffizienz kontraindiziert. Das gleiche gilt für das Syndrom des kranken Sinusknotens sowie für den AV-Block II oder III. Auch bei obstruktiven Ventilationsstörungen sollten Beta-Rezeptorenblocker nicht gegeben werden. Allenfalls kommen bei derartigen Patienten unter sorgfältiger Beobachtung kardioselektive Blocker in Frage. Nicht selten verursachen Beta-Adrenolytika das Gefühl kalter Extremitäten. Es hat bemerkenswert lange gedauert, bis der Zusammenhang dieser Nebenwirkung mit dem Gebrauch von Beta-Rezeptorenblockern bekannt wurde. Manche mit Beta-Blockern behandelte Patienten klagen über eine rasche Ermüdung bei körperlicher Anstrengung. Auch dieser unerwünschte Effekt war lange Zeit objektiv nicht faßbar. Dies liegt daran, daß bei den üblichen Ergometerstudien kurzzeitig hohe Belastungen angewendet werden. Bei derartigen Untersuchungen hatten Beta-Blocker keinen oder nur einen sehr geringgradigen Effekt auf die körperliche Belastbarkeit. Erst bei Verwendung submaximaler Belastungsformen über längere Zeit konnte eine deutliche Abnahme der Belastbarkeit während Behandlung mit Beta-Blockern nachgewiesen werden.

Im Rahmen einer vor mehr als zehn Jahren durchgeführten Nebenwirkungserfassungsstudie bei 319 mit Propranolol behandelten hospitalisierten Patienten wurden lebensbedrohliche Nebenwirkungen des Beta-Blockers bei 8 Kranken (2.5%) gefunden [2]. Im einzelnen handelte es sich um Lungenödem (3 Patienten), Bradykardie mit Schock (3 Patienten), totalen AV-Block (1 Patient) und Bradykardie mit Angina pectoris (1 Patient).

Inzwischen liegen mehrere Studien über Art und Häufigkeit von Nebenwirkungen der Beta-Rezeptorenblocker vor allem bei Patienten mit Hypertonie vor. Beim Vergleich mit der Publikation von Greenblatt und Koch-Weser [2] fällt auf, daß sich das Nebenwirkungsspektrum der Beta-Adrenolytika entscheidend verändert hat. Die von den Autoren beschriebenen lebensbedrohlichen Nebenwirkungen kommen praktisch nicht mehr vor. Dabei muß man wohl berücksichtigen, daß ihre Untersuchungen an hospitalisierten Patienten mit unterschiedlichen, im einzelnen nicht genannten Indikationen für Beta-Blocker durchgeführt wurden. Im Gegensatz dazu wurden bei den neueren großen Studien mit Beta-Blockern ambulant behandelte Hypertoniker erfaßt. Dennoch kann man aus den veröffentlichten Daten schließen, daß zumindest im Rahmen solcher Studien die Kontraindikationen für Beta-Blocker sorgfältig beachtet werden und eine Behandlung rechtzeitig abgebrochen wird, bevor lebensbedrohliche Nebenwirkungen auftreten.

Im Rahmen einer Studie über antihypertensive Wirkung und unerwünschte Effekte einer acht Wochen dauernden Behandlung mit Metoprolol bei Hypertonikern im Alter zwischen 60 und 75 Jahren wurde die Behandlung mit dem Beta-Blocker bei insgesamt 5 Patienten (1.9%) wegen Nebenwirkungen abgebrochen [6]. Der Grund für die Beendigung der Therapie war nur bei einem Patienten Ödem beider Unterschenkel, möglicherweise als Ausdruck einer beginnenden Herzinsuffizienz. Bei den übrigen Hypertonikern wurde die Behandlung mit Metoprolol wegen Schwindelgefühl (2 Patienten), Müdigkeit (1 Patient) und Kopfschmerzen (1 Patient) abgebrochen. Diese Studie zeigt, daß auch bei einem Hypertonikerkollektiv, das im allgemeinen als Risikogruppe für die Behandlung mit Beta-Rezeptorenblockern angesehen wird, schwere objektiv feststellbare Nebenwirkungen außerordentlich selten sind, wenn die Kontraindikationen der Substanzen beachtet werden. Für den Abbruch einer Behandlung mit Beta-Adrenolytika sind vorwiegend subjektive Nebenwirkungen bestimmend.

Ähnliche Schlußfolgerungen ergeben sich aus der Studie der MEDICAL RESEARCH COUNCIL WORKING PARTY [4]. Dabei wurde die Wirkung von Propranolol mit der eines Diuretikums und mit der von Placebo bei Patienten mit leichter essentieller Hypertonie im Alter von 35 – 64 Jahren verglichen. Insgesamt 17 354 Patienten wurden für diese Studie rekrutiert. Ergebnisse über die Nebenwirkungen einer alleinigen Behandlung mit Propranolol wurden 1981 veröffentlicht [3]. Zum Abbruch der Therapie mit Propranolol gaben Klagen über Impotenz, Raynaud Phänomen, Exantheme, Dyspnoe, Müdigkeit, Übelkeit, Schwindelgefühl und Kopfschmerzen Anlaß. Der Therapieabbruch wegen dieser unerwünschten Effekte erfolgte statistisch signifikant ($p < 0.01$) häufiger in der Propranololgruppe als bei den mit Placebo behandelten Patienten.

Die soeben genannten Nebenwirkungen von Propranolol wurden bei der Studie [3] auch von einer Reihe weiterer Patienten geäußert, ohne daß dies die Beendigung der

Therapie bewirkte. Andere unerwünschte Effekte, die mit Hilfe von Fragebogen regelmäßig registriert wurden, waren bei den mit Propranolol behandelten Patienten nicht häufiger als in der Placebogruppe. Insgesamt zeigt die Studie [3], daß im Nebenwirkungsspektrum von Propranolol während einer Langzeitbehandlung bei Hypertonikern subjektive Symptome dominieren. Ähnliche Ergebnisse zeigt auch eine kürzlich in den USA publizierte Untersuchung [1].

Eine weitere wichtige Erkenntnis aus der vorgenannten Studie [3] ist die Tatsache, daß Therapieabbrüche wegen Nebenwirkungen bei chronischer Behandlung von Hypertonikern mit Beta-Rezeptorenblockern keineswegs selten sind. In den ersten Wochen der Therapie wurde auch in dieser Studie bei nur weniger als 5% der mit Propranolol behandelten Hypertoniker die Therapie wegen unerwünschter Effekte abgebrochen. Am Ende einer Behandlungsperiode über 5 Jahre mit dem Beta-Blocker war diese Zahl jedoch auf 15,5% bei Männern und 18% bei Frauen gestiegen. In Anbetracht der Tatsache, daß dabei vor allem subjektiv empfundene Nebenwirkungen einen bestimmenden Einfluß hatten, wird man derartigen unerwünschten Effekten bei der zukünftigen Entwicklung neuer Antihypertensiva besondere Beachtung schenken müssen.

Literatur

[1] Croog, S. H., S. Levine, M. A. Testa, et al.: The effects of antihypertensive therapy on the quality of life. N. Engl. J. Med. **314** (1986) 1657 – 1664.

[2] Greenblatt, D. J., J. Koch-Weser: Adverse reactions to beta-adrenergic receptor blocking drugs: a report from the Boston Collaborative Drug Surveillance Program. Drugs 7 (1974) 118 – 125.

[3] Medical Research Council Working Party on Mild to Moderate Hypertension: Adverse reactions to bendrofluazide and propranolol for the treatment of mild hypertension. Lancet **II** (1981) 539 – 543.

[4] Medical Research Council Working Party on Mild to Moderate Hypertension: MRC trial of treatment of mild hypertension: principal results. Br. Med. J. **291** (1985) 97 – 103.

[5] Stephany, W., H. W. Gierlichs, G. Planz, et al.: Zahl und Art von Arzneimittelnebenwirkungen in einer Medizinischen Klinik. Dtsch. med. Wschr. **101** (1976) 9 – 13.

[6] Wikstrand, J., G. Westergren, G. Berglund, et al.: Antihypertensive treatment with metoprolol or hydrochlorothiazide in patients aged 60 to 75 years. Report from a double-blind international multicenter study. JAMA, **255** (1986) 1304 – 1310.

Spezielle Erfassung von Beta-Blocker-Nebenwirkungen am Auge

U. Eckerskorn, O. Hockwin

Abstract

The beta-adrenergic blocking agents lower intraocular pressure by reducing the formation of aqueous humour. The physiological basis for such a drug has not been clearly elucidated. Ocular side effects are rare but mydriasis, blurring of vision, decreased corneal sensation, reduced tear production, punctate keratitis and local hypersensitivity reactions such as follicular conjunctivitis may occur. Local side effects following systemic application of beta-blockers include reduced tear production and ptosis in some patients. The oculo-muco-cutaneous syndrome described in 1974 was associated with systemic practolol administration. Systemic toxicity is more frequent and much more troublesome after local application. Beta-blockers may aggravate or precipitate certain cardiovascular and pulmonary disorders. Apnoic spells have been reported in the neonate. Symptoms of hypoglycemia may be masked in insulin-dependent diabetes. Adverse central nervous system effects such as fatigue, confusion, depression, or somnolence occur occasionally especially in elderly patients. Rare systemic reactions include exacerbation of myasthenia gravis, sexual impotence and gastrointestinal distress with nausea, diarrhoe and cramping.

Der primäre Pathomechanismus des Glaukoms ist ein Mißverhältnis zwischen intraokularem Druck und intraokularer Durchblutung. Dabei reagieren besonders empfindlich auf Druckbelastung die hinteren Ziliararterien, denen die nutritive Versorgung des Sehnervenkopfes obliegt. Der Verbesserung der intraokularen Durchblutung sind enge Grenzen gesetzt; es erscheint also die Senkung des Augeninnendruckes als der effektivste Therapieansatz in der Glaukombehandlung. Die Pharmakotherapie des Glaukoms umfaßt eine Vielzahl von Wirkstoffgruppen und Einzelsubstanzen, deren Wirkung auf den Augeninnendruck zumeist über Beeinflussung des sympathischen und parasympathischen Nervensystems vermittelt wird [10].

Im Jahre 1967 berichteten Phillips und Mitarbeiter [20] erstmals über eine Senkung des Augeninnendruckes bei Glaukompatienten nach intravenöser Propranololgabe. Dieser drucksenkende Effekt konnte in der Folgezeit in einer Vielzahl experimenteller und klinischer Studien auch nach lokaler Applikation von Beta-Blocker-haltigen Augentropfen bestätigt werden, sowohl für hypertensive als auch normotensive Augen. Der Einsatz von Beta-Blockern in der Augenheilkunde revolutionierte in wenigen Monaten die konservative Glaukomtherapie; in den USA werden gegenwärtig schätzungsweise 600 000 Patienten mit Beta-Blocker-haltigen Augentropfen therapiert [12]. Der drucksenkende Effekt von Beta-Blockern beruht auf einer Reduktion der

Kammerwasserproduktion; der exakte Wirkmechanismus ist bis heute noch nicht endgültig erklärt. Es gelang, Beta-Rezeptoren im und am Auge in den folgenden sechs Geweben zu lokalisieren: im M. dilatator pupillae und M. ciliaris, in der glatten Gefäßwandmuskulatur, in der Hornhaut, in der Tränendrüse, im Bereich des Kammerwinkels und in einzelnen Zellschichten der Ziliarkörperfortsätze. Eine Unterteilung der okulären Beta-Rezeptoren in Beta-1- und Beta-2-Rezeptoren liegt bisher nur in Ansätzen vor, auch ist die physiologische und pharmakologische Relevanz dieser Befunde noch weitgehend unklar. Es bestehen jedoch Hinweise auf eine „klassische" Wirkung der Beta-Blocker über die Hemmung der entsprechenden Rezeptoren im Ziliarepithel. Daneben kennen wir aber auch den drucksenkenden Effekt von beta-adrenergen Substanzen wie z. B. Isoproterenol, ein Befund, der auf die Möglichkeit weiterer, noch unbekannter Wirkmechanismen der Substanzgruppe der Beta-Blocker aufmerksam machen muß [15, 17].

Während in den USA der dritte Beta-Blocker von der FDA zur lokalen Therapie des Glaukoms erst in diesem Jahr zugelassen wurde, werden in der Bundesrepublik Deutschland bereits 9 verschiedene Beta-Blocker-haltige Augentropfen angeboten. Sie differieren in ihrer Rezeptorspezifität, intrinsischen sympathomimetischen Aktivität, ihrer Wirkungsstärke sowie ihrer Membranwirkung. Die unbestrittene Präferenz der Beta-Blocker in der Glaukomtherapie seitens der Augenärzte als auch der Patienten erklärt sich aus dem breiten Anwendungsspektrum, der nur unbedeutenden Einwirkung auf Pupille und Ziliarkörper sowie einer guten Kombinationsmöglichkeit mit anderen drucksenkenden Medikamenten.

Die inzwischen 10 Jahre umfassenden Erfahrungen auf der Basis eines breiten therapeutischen Einsatzes dieser Substanzklasse in der Augenheilkunde vermittelte zunehmend detailliertere Kenntnisse über das Nebenwirkungsspektrum.

Bei grundsätzlich guter lokaler Verträglichkeit wurden vereinzelt folgende unerwünschte Wirkungen notiert:

- verringerte Tränenproduktion [18];
- Keratitis superficialis punctata, welche in ernsthaften Fällen von einer tiefen, reversiblen Hornhautanästhesie begleitet ist [5];
- Erweiterung der Pupille (Mydriasis) bei gleichzeitiger Verabreichung von Epinephrin [6, 16];
- lokale Überempfindlichkeitsreaktionen, wie z. B. follikuläre Konjunktivitis [6, 16];
- anhand einiger klinischer Fälle wurde die Vermutung diskutiert, daß Beta-Blocker über eine Reduktion der Kammerwasserbildung und damit des Nährstoffangebotes für die Augenlinse die Entwicklung von Linsentrübungen initiieren oder beschleunigen oder eine Erhöhung der Disposition für kataraktogene Mechanismen bewirken könnte [9];
- trotz Drucknormalisierung unter Therapie mit Beta-Blockern zeigten einige Patienten eine Progredienz der Gesichtsfeldausfälle. Mit hoher Wahrscheinlichkeit ist eine Perfusionsproblematik im Papillenbereich als Ursache für dieses pathologische Geschehen anzusprechen [23].

Nach systemischer Applikation von Beta-Blockern konnten folgende unerwünschte Wirkungen am Auge beobachtet werden:

- Unter Propranololtherapie wurde vereinzelt eine Verengung (Ptosis) der Lidspalte beschrieben, vorwiegend als Ausdruck einer neurologischen Komplikation bei Langzeittherapie, welche zu einer Unterfunktion eines oder beider Lidheber führt [2].
- Neben anderen neurotropen Substanzen vermögen auch Beta-Blocker eine Unterfunktion der Tränendrüse auszulösen mit den für den betroffenen Patienten sehr unangenehmen Symptomen des trockenen Auges hin bis zur Keratoconjunctivitis sicca vom Typ des Sjögren-Syndroms [11].
- Erinnert sei an dieser Stelle an das Practolol-Syndrom vor rund 12 Jahren [1, 4, 22]: Bei Tagesdosen von 100 bis 600 mg oder mehr wurden 2 Wochen bis 26 Monate nach Behandlungsbeginn okulo-muko-kutane Syndrome beobachtet. Symptome waren Keratoconjunctivitis sicca, Vernarbung und Schrumpfung der Konjunctiva sowie perforierende Hornhautulzerationen. Die okulären Affektionen waren von ekzem- oder psoriasisartigen Hautveränderungen besonders der Extremitäten begleitet sowie von Hyperkeratosen, exfoliativer Dermatitis oder Stomatitis. Absetzen des Medikamentes führte zur Besserung.
- Nach systemischer Gabe von Beta-Blockern wurde bislang kein Effekt auf Refraktion, Akkomodation oder Pupillengröße registriert [3, 21].

Häufiger und ernsthafter als die soeben aufgezeigten okulären Nebenwirkungen sind unerwünschte systemische Wirkungen nach lokaler Applikation von Beta-Blockerhaltigen Augentropfen. Es gelangen von einem Augentropfen lediglich etwa 20% unmittelbar in die Augengewebe; 80% werden nach Ableitung durch das nasolakrimale System von der Nasenschleimhaut resorbiert und erreichen über die Blutbahn ohne Metabolisierung in der Leber in therapeutisch hohen Dosen Zielorgane im Allgemeinorganismus. Das „National Registry of drug-induced ocular side effects" in Portland (Oregon/USA) verzeichnete bis 1986 2000 Meldungen über unerwünschte Wirkungen nach Applikation von timololhaltigen Augentropfen, davon betreffen 63% systemische Nebenwirkungen. Auch sind an dieser Stelle 42 Todesfälle nach lokaler Beta-Blocker-Gabe registriert [7, 13]. Infolge der unvermeidbaren systemischen Resorption nach lokaler Beta-Blocker-Applikation entspricht das beobachtete systemische Nebenwirkungsspektrum weitgehend demjenigen nach systemischer Beta-Blokker-Gabe.

- So können obstruktive Atemwegserkrankungen verschlimmert werden bis hin zur Auslösung eines akuten Status asthmaticus.
- Zu berücksichtigen ist auch die Möglichkeit einer negativen Beeinflussung bei folgenden Krankheitsbildern: Sinusbradykardie, AV-Block höheren Grades, kardiogener Schock, Cor pulmonale, dekompensierte Herzinsuffizienz, Hypotonie sowie periphere Durchblutungsstörungen.
- Bei insulinpflichtigen Diabetikern kann eine verstärkte Blutzuckersenkung unter Beta-Blocker-Therapie zum hypoglykämischen Schock führen.
- Ein Fallbericht aus der ophthalmologischen Fachliteratur beschreibt einen apnoischen Zustand bei einem Neugeborenen nach lokaler Timolotherapie [19].
- Des weiteren sind zentralnervöse Störungen wie z. B. Müdigkeit und Verschlechterung von depressiven Grundstimmungen sowie ausgeprägte Muskelrelaxation [8] nach lokaler Beta-Blocker-Therapie bekannt geworden.

- Schließlich wurde in seltenen Fällen eine Herabsetzung der Libido bis hin zur Impotenz beschrieben.
- Gastrointestinale Beschwerden betreffen Erbrechen, Übelkeit, Diarrhoe und Krämpfe.
- Vereinzelt wurde über das Auftreten von Alopezie und Nagelpigmentierungen unter Beta-Blocker-Therapie berichtet.

Dem behandelnden Augenarzt sollte bei den vorgenannten Krankheitsbildern – sofern sie von ihm anamnestisch zu erfragen sind – empfohlen werden, den Einsatz von Beta-Blockern zur intraokularen Drucksenkung nur nach vorhergehender Absprache mit dem betreuenden Internisten und Hausarzt abzuwägen.

Die pharmazeutische Industrie arbeitet weiter an der Entwicklung spezifischer Beta-Blocker zur Glaukomtherapie. Die vielfach vorgelegten präklinischen Untersuchungen der neueren Präparate lassen jedoch erkennen, daß der mögliche Methodenumfang zur frühzeitigen Erkennung von okulären Nebenwirkungen (z. B. an der Linse) meist nicht ausgeschöpft worden ist [14]. Einige klinische Studien weisen auf ein vermindertes Nebenwirkungsspektrum einiger neuerer Präparate hin; sie erlauben dem behandelnden Augenarzt jedoch noch nicht die Anwendung solcher Substanzen ungeachtet des gesundheitlichen Gesamtstatus seines Patienten.

Zusammenfassung

Beta-adrenerge Rezeptorenblocker senken den Augeninnendruck durch Verminderung der Kammerwasserproduktion. Der dabei wirksam werdende pharmakologische Mechanismus ist bislang nur unzureichend geklärt. Lokale Nebenwirkungen am Auge nach topischer Applikation von Beta-Blocker-haltigen Augentropfen sind selten; vereinzelt wird über Mydriasis, Verschwommensehen, verminderte Tränensekretion, herabgesetzte Hornhautsensibilität, Keratitis punctata superficialis sowie lokale Überempfindlichkeitsreaktionen berichtet. Nebenwirkungen am Auge nach systemischer Beta-Blocker-Applikation umfassen verminderte Tränenproduktion, Ptosis in einigen wenigen Fällen unter Langzeittherapie sowie das 1974 erstbeschriebene okulo-mukokutane Syndrom nach Practolol-Gabe. Häufiger und klinisch relevanter sind systemische Nebenwirkungen, welche nach lokaler Beta-Blocker-Applikation am Auge auftreten. Besonders einige Erkrankungen des kardiovaskulären und pulmonalen Formenkreises können nach Gabe solcher Augentropfen exazerbieren oder in ihrer Symptomatik zunehmen. Einige Fallberichte schildern das Auftreten von apnoischen Zuständen bei Neugeborenen nach Applikation von Beta-Blocker-haltigen Augentropfen. Die Symptome einer Hypoglykämie können bei insulinpflichtigem Diabetes mellitus maskiert werden. Zentralnervöse Nebenwirkungen besonders bei älteren Patienten sind Müdigkeit, depressive Verstimmtheit, Verwirrtheit sowie Schläfrigkeit. Auch sind Abdominalbeschwerden, Störungen der Sexualfunktion und Exazerbation von Myasthenia gravis als systemische Nebenwirkungen einer ophthalmologisch indizierten Beta-Blocker-Therapie bekannt geworden.

Literatur

[1] Amos, H. E., W. D. Bridgen, R. A. McKerron: Untoward effects associated with practolol: demonstration of antibody binding to epithelial tissue. Brit. Med. J. **1** (1975) 598–600.

[2] Bleeker, G. M., N. J. van Haeringen: Lider und Tränenapparat. In: Arzneimittelnebenwirkungen am Auge (O. Hockwin, H.-R. Koch Hg.). Gustav Fischer Verlag, Stuttgart 1977.

[3] Boger, W. P., R. F. Steinert, C. A. Puliafito, et al.: Clinical trial comparing Timolol ophthalmic solution to Pilocarpine in open-angle glaucoma. Am. J. Ophth. **86** (1978) 8.

[4] Brown, P., H. Baddeley, A. E. Read, et al.: Sclerosing peritonitis, an unusual reaction to a β-adrenergic-blocking drug (practolol). Lancet **II** (1974) 7895 1477–1481.

[5] van Buskirk, E. M.: Corneal anesthesia after timolol maleate therapy. Am. J. Ophthal. **88** (1979) 739–743.

[6] van Buskirk, E. M.: Adverse reactions from timolol administration. Ophthalmology **87** (1980) 447.

[7] van Buskirk, E. M., F. T. Fraunfelder: Ocular Beta-Blockers an systemic effects. Am. J. Ophthal. (1984) 623–624.

[8] Coppeto, J. R.: Timolol-associated myasthenia gravis, letter. Am. J. Ophthal. **88** (1984) 244.

[9] Dreis, M. W.: Adverse reactions to timolol. Intern. Symposium on drug-induced ocular side effects and ocular toxicity. Portland, Oregon 1980.

[10] Fechner, P. U., D. Teichmann: Medikamentöse Augentherapie. Grundlagen und Praxis. Bücherei des Augenarztes, Heft 67, 2. Auflage. Ferdinand Enke Verlag, Stuttgart 1982.

[11] Felix, R. H., F. A. Ive, M. G. Dahl: Cutaneous and ocular reactions to practolol. Br. Med. J. **4** (1974) 321.

[12] Fraunfelder, F.: Ocular betablockers and systemic effects. Arch. Intern. Med. **146** (1986) 6.

[13] Fraunfelder, F. T., S. M. Meyer: Recent advances in ocular drug toxicity. 5th International Symposium on dry-induced ocular side effects and ocular toxicology. S. Karger, Basel. In press.

[14] Hockwin, O., U. Eckerskorn: Toxikologische Wirkungen von Beta-Blockern am Auge (experimentell). Symposium Beta-Rezeptoren und Beta-Rezeptorenblocker, Salzburg 1986. 5. Walter de Gruyter, Berlin-New York 1987.

[15] Lotti, V. J., J. C. Le Douarec, C. A. Stone: Autonomic Nervous System: Adrenergic Antagonists. In: Pharmacology of the Eye (M. Sears Hg.) S. 249–277. Springer Verlag, Berlin-Heidelberg-New York-Tokyo 1986.

[16] McMahon, C. D., R. N. Shaffer, H. D. Hoskins Jr., et al.: Adverse effects experienced by patients taking timolol. Am. J. Ophthalmol. **88** (1979) 736.

[17] Neufeld, A. H., S. P. Bartels, I. H. K. Lin: Laboratory and clinical studies on the mechanism of action of Timolol. Serv. Ophthalmol. **28** (1983) Suppl. 12.

[18] Nielsen, N. V., J. S. Eriksen: Timolol, transitory manifestation of dry eyes in long term treatment. Acta Ophthalm. **157** (1979) 418.

[19] Olson, R. J., B. B. Bromberg, T. J. Zimmermann: Apneic spells associated with timolol therapy in a neonate. Am. J. Ophthal. **88** (1979) 120–122.

[20] Phillips, C. I., G. Howitt, D. L. Rowlands: Propranolol as ocular hypotensive agent. Br. J. Ophthalmol. **51** (1967) 222.

[21] Stiegler, G.: Bupranolol Augentropfen (Ophthorenin) in der Glaukom Dauertherapie. Klin. Mbl. Augenheilk. **174** (1979) 267.

[22] Wright, P.: Untoward effects associated with practolol administration: oculo-muco-cutaneous syndrome. Br. Med. J. **1** (1975) 595–598.

[23] Zorowka, G., M. Tost, J. Herde: Untersuchungen zur systemischen Wirkung lokal applizierter Beta-Blocker bei Glaukompatienten. Fol. Ophthalmol. **11** (1986) 304–307.

VIII Nutzen-Risiko-Abwägung

Nutzen-/Risiko-Abwägungen bei Beta-Blocker-Therapie

J. Schuster

Die Forderung, daß Arzneimittel nur dann in Verkehr gebracht werden dürfen, wenn sie wirksam und unbedenklich sind, ist im Arzneimittelrecht fest verankert.

Das deutsche Arzneimittelgesetz, das ja eine Umsetzung europäischer Normen darstellt, enthält eine Reihe von Vorschriften, die der Gewährleistung dieser Forderung dienen. Es sollen hier nur die genannt werden, die für die Entscheidung über die Zulassung eines Arzneimittels von Bedeutung sind [1]:

Die Zulassung ist von der Genehmigungsbehörde danach zu versagen, wenn
„dem Arzneimittel die ... angegebene therapeutische Wirksamkeit fehlt oder diese nach dem jeweils gesicherten Stand der wissenschaftlichen Erkenntnisse ... unzureichend begründet ist ..."
oder wenn
„bei dem Arzneimittel der begründete Verdacht besteht, daß es bei bestimmungsgemäßem Gebrauch schädliche Wirkungen hat, die über ein nach den Erkenntnissen der medizinischen Wissenschaft vertretbares Maß hinausgehen."

Entsprechende Vorschriften an anderer Stelle des Gesetzes gelten für die ggf. notwendige Entscheidung über ein Verbleiben eines Arzneimittels auf dem Markt.

Was also sind nun wirksame und unbedenkliche Arzneimittel und was haben diese Begriffe mit dem Thema zu tun? Beide Begriffe „wirksam" und „unbedenklich" sind wertende Aussagen, d. h. ein Bewertungsprozeß muß vorausgegangen sein.

Den Begriff „wirksam" oder „Wirksamkeit" oder auch „therapeutische Wirksamkeit" darf man etwa gleichsetzen mit dem Begriff „therapeutischer Nutzen", den ein Arzneimittel bei den dafür angegebenen Anwendungsgebieten hat. (Ich bin mir bewußt, daß diese Definition eine Definition aus der Sicht der Genehmigungsbehörde ist, daß Arzneimittel natürlich auch bei anderen als den genehmigten oder angegebenen Anwendungsgebieten wirksam sein können.) Dieser Nutzen sollte möglichst klar so beschrieben werden, daß Art und Umfang der Erkrankung wie auch das Ausmaß der durch das Arzneimittel erreichbaren Heilung oder Linderung deutlich erkennbar sind. Als ein Maßstab gilt dabei der Verlauf der nichtbehandelten Erkrankung (hilfsweise auch der Verlauf der Erkrankung unter einer anderen, einer sogenannten Standard-Therapie); s. auch [2].

Der Begriff „unbedenklich" oder „Unbedenklichkeit" umfaßt die den jeweiligen Stand der Wissenschaft – zu dem hier natürlich in erster Linie auch der jeweilige Stand der Arzneimittelforschung zu rechnen ist – widerspiegelnde ärztliche Wertung einer Vielzahl von Überlegungen und Abwägungen, deren Ergebnis eine positive Nutzen-/Risiko-Abwägung ist.

Eingang in diese abwägenden Überlegungen müssen finden:

- die therapeutischen Risiken, also Schwere, Häufigkeit, Spontanverlauf und Reversibilität der unter der Therapie prinzipiell zu erwartenden Nebenwirkungen, sowie mögliche Gegenmaßnahmen – einschließlich daraus sich ergebender Risiken.

  Die Erkennbarkeit durch Arzt und Patient sind von Bedeutung (schwer erkennbare Risiken haben unter Umständen ein anderes Gewicht als gut erkennbare) wie auch die Risiken, die sich aus einem vielleicht notwendig werdenden Therapieabbruch oder -wechsel ergeben.

- Zu den möglichen Risiken werden bei Zulassung eines neuen Vertreters einer bekannten Stoffgruppe auch alle aus dieser Stoffgruppe bekannten Risiken gezählt, auch dann, wenn sie sich in der klinischen Prüfung, die sich in der Regel auf begrenzte Stichproben stützt, nicht haben ermitteln lassen. In diesem Falle genügt das Vorkommen dieser Risiken in der Gruppe selbst dann den Kriterien des begründeten Verdachts, den die Behörde berücksichtigen muß, wenn nicht alle bekannten Vertreter der Stoffgruppe diese Risiken aufweisen. Der begründete Verdacht besteht solange, bis durch geeignete Untersuchungen oder genügend breite Erfahrung feststeht, daß der neue Stoff sich in dieser Hinsicht von verwandten Stoffen unterscheidet.

  Gerade bei der neueren Generation von Beta-Rezeptorenblockern ist diese Entscheidung schwieriger geworden, da es offensichtlich Änderungen im Wirkungsprofil gibt, die sich auch und gerade auf die Risikobeurteilung auswirken, denken wir z. B. nur an die dosisabhängig qualitativ unterschiedlichen Wirkungen des Levobunolol auf den Atemwegswiderstand. In solchen Fällen wird man ungünstige Auswirkungen bei Patienten mit obstruktiven Atemwegserkrankungen wegen der nicht vorhersehbaren individuellen Reaktion nicht ganz ausschließen können. Deshalb ist hier ein entsprechender Hinweis bei den Gegenanzeigen erforderlich. Bei anderen Stoffen scheint die Wirkung auf den Atemwegswiderstand dagegen entweder ganz zu fehlen – oder sogar eine Widerstandsverminderung einzutreten. Hier entfällt selbstverständlich der für die ganze Gruppe der Beta-Rezeptorenblokker sonst geltende Hinweis.

- Abzuwägen ist bei der Beurteilung der Unbedenklichkeit auch, ob therapeutische Alternativen zur Verfügung stehen. Diese können ganz anderer stofflicher Herkunft sein:
  z. B. Nitrate oder Kalziumantagonisten anstelle von Beta-Rezeptorenblockern in der Behandlung der Angina pectoris,
  z. B. Kalziumantagonisten, Diuretika, ACE-Inhibitoren anstelle von Beta-Rezeptorenblockern in der Behandlung der Hypertonie
  usw.

  Sie können aber auch aus der gleichen Stoffgruppe kommen und nebenwirkungsärmere Neuentwicklungen bei voll erhaltener Wirksamkeit darstellen.

„Ein allgemein anerkannter Maßstab, an dem ein Nutzen-/Risiko-Verhältnis gemessen werden kann, steht nicht zur Verfügung. Es sind jeweils nur Einzelentscheidungen möglich ...“ [2]. Für die Zulassungsbehörde, die solche Abwägungen vor jeder

Entscheidung über die Marktfähigkeit eines Arzneimittels vorzunehmen hat, heißt das konkret, daß sie die Bewertung von Wirkstoffen und den sie enthaltenden Fertigarzneimitteln bei unbestrittenem therapeutischen Wert der Stoffgruppe jeweils gegen die bekannten Vertreter dieser Stoffgruppe bzw. einen Repräsentanten aus dieser vornehmen wird. Im allgemeinen wird sie dabei auf die Vergleichssubstanzen angewiesen sein, die vom pharmazeutischen Unternehmer ausgewählt wurden. Es gibt wenige Beispiele, in denen diese Auswahl nicht akzeptiert und weitere Untersuchungen im Vergleich zu einer von der Behörde – gemäß dem Stand der Wissenschaft – als repräsentativ bezeichneten Substanz gefordert wurden. Dennoch, so muß man wohl zugeben, gibt es – das gilt jedenfalls heute noch auch für die Beta-Rezeptorenblocker – in der Regel keine so fundierten Vergleichsdaten für alle Vertreter einer pharmakologischen Stoffgruppe, daß eine gültige Skalierung von Nutzen und Risiken all dieser Stoffe innerhalb der Gruppe möglich wäre, so daß womöglich der Widerruf der Zulassung für die am wenigsten unbedenklichen erfolgen könnte. Es gibt hier nur grobe, jedermann ins Auge fallende Maßstäbe: Denken wir an Practolol, das mit der Corneaulceration eine sonst bei Beta-Rezeptorenblockern nicht zu beobachtende gravierende Nebenwirkung hervorrief, denken wir an andere Stoffe dieser Gruppe, die aufgrund tierexperimentell ermittelter onkogener Potentiale gar nicht erst auf den Markt gelangten. In solchen Fällen ist es einfach, unvertretbare Risiken zu postulieren und entsprechende Entscheidungen zu treffen.

In vielen anderen Fällen ist der anwendende Arzt aufgerufen, aus der verfügbaren Palette vergleichbarer Therapeutika Nutzen und Risiken für seinen jeweiligen Patienten zu ermitteln. Leider ist dabei nicht selten zu beobachten, daß der Wunsch, helfen zu wollen, und die Möglichkeit, dies mit einem wirksamen Arzneimittel auch zu können, den Blick auf die therapeutischen Risiken verstellen kann, so daß diese unterbewertet – oder gar nicht erst gesehen werden.

Vielleicht muß sich in diesem Zusammenhang auch die Zulassungsbehörde die Frage gefallen lassen, wieweit ihre Tätigkeit – also die von ihr vor Marktzugang vorzunehmende Abwägung von Nutzen und Risiken – diese dennoch weiterhin notwendige sorgsame Abwägung in der ärztlichen Praxis mindert? Der Arzt muß sich bewußt bleiben, daß die von der Behörde kontrollierte Abwägung von Nutzen und Risiken, die der pharmazeutische Unternehmer für sein Produkt vorzunehmen und zu verantworten hat und deren Resultat die Vorschriften der Gebrauchsinformation sind, immer nur eine „Regelvorschrift“ darstellen kann, die den therapeutischen „Normalfall“ beschreibt, von dem sein Patient die Ausnahme sein kann. Die Formel: „soweit vom Arzt nicht anders verordnet“ ist nicht bloße Konzession an ärztliche Therapiefreiheit, sondern – wie jede Freiheit – auch Verpflichtung, Verpflichtung zur sorgfältigen Prüfung der besonderen Umstände seines ihm sich anvertrauenden Patienten und zum dementsprechenden angemessenen Einsatz eines prinzipiell tauglichen Mittels.

Auch die in jeder Gebrauchsinformation aufgeführten Gegenanzeigen und Wechselwirkungen stellen ja nur allgemeine Hinweise auf prinzipiell gegebene Risiken und Modifikationen von Wirkungen dar, die beachtet werden sollen. Aber auch sie sind als allgemeine Aussagen grobe Instrumente, die für den Therapeuten nur von relativer Bedeutung sind. Er allein kann das Ausmaß eines bei seinem Patienten bestehenden, die Therapie beschränkenden Gesundheitszustandes beurteilen und unter der Vielzahl unterschiedlicher, heute verfügbarer Beta-Rezeptorenblocker – oder eben auch anderer Therapeutika – das Arzneimittel auswählen, das trotz einer bezeichneten Gegenanzeige von diesem Patienten vertragen wird. Er wird dies in eigener Verantwortung tun, wenn er überzeugt ist, daß der Nutzen einer solchen Therapie die von ihm individuell ermittelten Risiken übersteigt.

Ich erinnere mich gut an die Not mancher Kollegen, die nach Rücknahme des Practolol vom Markt für ihre unter obstruktiven Atemwegserkrankungen leidenden anginösen Patienten darum baten, man möge ihnen trotz der bekannt gewordenen erheblichen Risiken, die sie und ihre Patienten damit eingingen, Practolol doch weiterhin zur Verfügung stellen. Damals gab es keinen Beta-Blocker vergleichbarer Selektivität auf dem Markt.

Dies Beispiel soll nur zeigen, daß die Wahl des kleinsten Risikos letztlich immer eine vom Therapeuten zu treffende individuelle Entscheidung verlangt. Der pharmazeutische Unternehmer kann nur prinzipielle, allgemeingültigen Grundsätzen folgende Entscheidungshilfen geben, und die Zulassungsbehörde kann nur ebensolche Entscheidungen treffen. Wie für die genannten Risikoaussagen gilt gleiches – und dort erst recht und wird dort wohl auch am ehesten so gesehen – für die Dosierungsanleitung der Gebrauchsinformation, über die Nutzen und Risiken der Therapie weitestgehend gesteuert werden. Die meist in großer Zahl in einer Gebrauchsinformation aufgeführten möglichen Nebenwirkungen treten bei einer Mehrzahl der Patienten kaum je in Erscheinung oder sind wegen ihrer geringgradigen Ausprägung zu vernachlässigen. Wäre dies nicht so, müßte wahrscheinlich manche Entscheidung über die Zulassung eines Arzneimittels überdacht werden. Tatsächlich geben ja erst nach Markteinführung feststellbare Inzidenzen oft Anlaß zur Revision. Dabei drängt sich nicht selten der Gedanke auf, ob eine solche nicht unnötig wäre, wäre der Umgang mit dem Arzneimittel professioneller erfolgt und wären Risiken dadurch minimiert worden. Deshalb ist als Risikomaßnahme der Behörde nicht immer der Widerruf der Zulassung, sondern evtl. die Unterstellung unter eine ärztliche Verschreibungspflicht geboten.

Auch dies Beispiel soll zeigen, welch hoher Stellenwert der individuellen Nutzen-/Risiko-Abwägung durch den Arzt zukommt. Auf eines sollte noch hingewiesen werden: Die Gebrauchsinformation stellt u. a. einen Spiegel dessen dar, was heute an Risiken akzeptiert wird, um den mit den Anwendungsgebieten beschriebenen Nutzen zu erreichen. Diese Akzeptanz, die Frage der Zumutbarkeit von Risiken wird – anders als deren Ermittlung – nicht im wissenschaftlichen, sondern im politischen Raum entschieden [3] und ist stetigem Wechsel unterworfen. Als Grundtendenz kann man heute eine stetige Abnahme der Risikobereitschaft feststellen, die sich u. a. in der Neigung äußert, „unschädlichere", „harmlosere" Arzneimittel einnehmen zu wollen.

Auch hier ist ausschließlich der behandelnde Arzt gefordert, der nicht nur ermessen muß, ob „Kalium chloratum" in beliebiger Verdünnung oder eben doch ein Beta-Rezeptorenblocker für seinen anginösen Patienten angezeigt ist, und er muß die therapeutischen Risiken der möglicherweise nicht angezeigten Therapie seinem Patienten ebenso klarmachen, wie diejenigen, die dieser in der Gebrauchsinformation des ihm verordneten Arzneimittels finden wird. Auch das Risiko der Nichtbehandlung ist als therapeutisches Risiko in die Nutzen-/Risiko-Abwägung immer einzubeziehen.

Literatur

[1] Gesetz zur Neuordnung des Arzneimittelrechts vom 24. August 1976 (BGBl. I, S. 2445, 2448), zuletzt geändert durch das Zweite Gesetz zur Änderung des Arzneimittelgesetzes vom 16. August 1986 (BGBl. I, S. 1296).

[2] Kloesel-Cyran: Arzneimittelrecht-Kommentar, Deutscher Apotheker-Verlag, Stuttgart, 24. Ergänzungslieferung vom 1. 6. 1984; Kommentar zu § 31 Arzneimittelgesetz.

[3] Lewandowski, G.: Probleme des Restrisikos im Arzneimittelbereich, ZfU 4/80, 865 – 872.

Aufbereitung von Beta-Blockern – ein Modell für eine Bewertung einzelner Vertreter einer Stoffgruppe im therapeutischen Gesamtspektrum

R. Mecklenburg

Neue Fertigarzneimittel dürfen mit Inkrafttreten des Arzneimittelgesetzes (AMG) von 1976 seit dem 01. 01. 1978 nur in den Verkehr gebracht werden, wenn sie ein behördliches Zulassungsverfahren erfolgreich durchlaufen haben und auf Qualität, Wirksamkeit und Unbedenklichkeit geprüft worden sind.

Aufgrund des Artikel 3 § 7 der Übergangsbestimmungen zum Arzneimittelgesetz können aber vorerst noch ca. 140 000 Humanarzneimittel sowie ca. 5000 Tierarzneimittel auf dem Arzneimittelmarkt der Bundesrepublik Deutschland bleiben, wenn

- sie sich bei Inkrafttreten des geltenden Arzneimittelgesetzes im Verkehr befanden und wenn
- sie bis zum 1. Juli 1978 fristgerecht unter Mitteilung der Bezeichnung der wirksamen Bestandteile und der Anwendungsgebiete dem Bundesgesundheitsamt in Berlin (BGA) angezeigt wurden.

Durch diese Anzeigeaktion wurden folgende Arzneimittelgenerationen erfaßt:

- *Altarzneimittel,* d. h. Arzneimittel, die bereits vor Inkrafttreten des ersten Arzneimittelgesetzes vom 16. 05. 1961 (AMG 1961) im Verkehr waren und nicht registriert wurden.
- *Arzneispezialitäten*, d. h. vom Bundesgesundheitsamt von den Altarzneimitteln aufgerufene und nach den formalen Kriterien des Arzneimittelgesetzes 1961 registrierte Arzneimittel,
- während der Geltungsdauer des Arzneimittelgesetzes 1961 neu auf den Markt gekommene Arzneispezialitäten,
- *Altgenerika*, d. h. während der Geltungsdauer des Arzneimittelgesetzes 1961 auf den Markt gekommene Arzneimittel ohne besondere Bezeichnung, d. h. kein geschützter Markenname; sie waren aufgrund der Definition „Arzneispezialität" nicht registrierungspflichtig.

Für diese angezeigten Fertigarzneimittel hat in der Regel eine Prüfung von Unterlagen zur Qualität, Wirksamkeit und Unbedenklichkeit durch die Behörde noch nicht stattgefunden. Sie gelten daher als „fiktiv zugelassen".

In der Bundesrepublik Deutschland befinden sich somit seit 1978 mit dem nach dem Arzneimittelgesetz 1976 zugelassenen und den als „zugelassen geltenden" Arzneimitteln hinsichtlich der behördlichen Überprüfung von Qualität, Wirksamkeit und Unbedenklichkeit unterschiedliche Arzneimittel auf dem Markt. Diese Heterogenität bedarf einer Homogenisierung, um Wirksamkeit, Unbedenklichkeit und Qualität zur Erhöhung der therapeutischen Transparenz zu gewährleisten. Zur Erreichung dieses Zieles steht eine Reihe gesetzlicher Grundlagen bereit. So sind die EG-Migliedstaaten verpflichtet, bis zum 31. 12. 1989 alle Arzneimittel, die aufgrund früherer Vorschriften auf den Markt gebracht wurden, an die Bestimmungen der EG-Richtlinien anzupassen. Dieser Verpflichtung wurde im Arzneimittelgesetz von 1976 Rechnung getragen. Es muß für die in der ersten Hälfte des Jahres 1978 angezeigten Fertigarzneimittel bis spätestens zum 31. 12. 1989 ein Antrag auf Verlängerung der Zulassung gestellt werden. Diesem Antrag auf Verlängerung der Zulassung („Nachzulassung") sind Unterlagen über die pharmazeutische Qualität wie bei einem Neuzulassungsantrag beizufügen. Auf die Vorlage von pharmakologisch-toxikologischen und klinischen Unterlagen kann daher bei der Nachzulassung verzichtet werden. Dieser Regelung liegt die Vorstellung zugrunde, daß es sich bei den „fiktiv zugelassenen" Fertigarzneimitteln um Arzneimittel mit bekannten Arzneistoffen handelt, die langjährig praktisch therapeutische Verwendung fanden, von denen wissenschaftliche Veröffentlichungen in der medizinischen Literatur vorhanden sowie fachliches Erfahrungswissen verfügbar ist.

Die Bedeutung wissenschaftlichen Erkenntnismaterials als Beurteilungsgrundlage für die Wirksamkeit und Unbedenklichkeit von Fertigarzneimitteln findet auch darin ihren Ausdruck, daß der Gesetzgeber das Bundesgesundheitsamt verpflichtet hat, für Arzneimittel, die nicht der automatischen Verschreibungspflicht (§ 49 AMG) unterliegen – d. h. keine neuen, in der medizinischen Wissenschaft bisher unbekannten Substanzen enthalten –, das Material durch Kommissionen aufbereiten zu lassen und die Ergebnisse bekanntzumachen. Das Bundesgesundheitsamt hat sodann auf der Grundlage der veröffentlichten Ergebnisse zu entscheiden; weicht das Amt davon ab, so hat es die Gründe für die abweichende Entscheidung darzulegen. Aus dem Arzneimittelgesetz geht hervor, daß es sich bei dieser Erfassung und Bewertung wissenschaftlichen Erkenntnismaterials nicht um eine vorübergehende Aufgabenstellung – zur Aufbereitung gegenwärtig vorhandenen Wissens – handelt, sondern um eine permanente Aufgabe zur bestmöglichen Nutzung jeweils vorhandener Erkenntnisse im Sinne der Erreichung größtmöglicher Arzneimittelsicherheit.

Die Aufbereitungsarbeit selbst hat durch Kommissionen zu erfolgen, deren Mitglieder auf dem Gebiet der jeweiligen Stoffgruppe und in der jeweiligen Therapierichtung über wissenschaftliche Kenntnisse verfügen und praktische Erfahrungen gesammelt haben.

Der Bundesminister für Jugend, Familie, Frauen und Gesundheit beruft die Mitglieder auf Vorschlag der Kammern der Heilberufe, der Fachgesellschaften sowie der pharmazeutischen Unternehmer. Insgesamt 14 Aufbereitungskommissionen (Tab. 1) sollen das Erkenntnismaterial für die Arzneimittel der unterschiedlichen Therapierichtungen erarbeiten; die letzten Aufbereitungskommissionen haben ihre Arbeit Ende 1985 aufgenommen.

In der Regel bestehen die Kommissionen aus 9 Mitgliedern und einer gleichen Anzahl von Stellvertretern (Bundesanzeiger Nr. 16 vom 24. 01. 1985); jeweils einem

Tabelle 1 Aufbereitungskommissionen

B 1	Angiologie, Kardiologie, Nephrologie
B 2	Rheumatologie
B 3	Neurologie, Psychiatrie
B 4	Endokrinologie, Gynäkologie
B 5	Gastroenterologie, Stoffwechsel
B 6	Infektionskrankheiten, Onkologie, Immunologie
B 7	Dermatologie, Hämatologie
B 8	Balneologie
B 9	Zahnheilkunde
B 10	Infusion und Transfusion
C	Anthroposophische Therapierichtung und Stoffgruppe
D	Homöopathische Therapierichtung und Stoffgruppe
E	Phytotherapeutische Therapierichtung und Stoffgruppe
F	Veterinärmedizinischer Bereich

Sachverständigen für Toxikologie/Pharmakologie, für klinische Pharmakologie, für medizinische Statistik, für Pharmazie sowie 5 weiteren Sachverständigen aus dem praktisch-ärztlichen Bereich.

Grundlage für das Procedere der Aufbereitung ist das vom Bundesminister für Jugend, Familie, Frauen und Gesundheit veröffentlichte „Arbeitskonzept zur Aufbereitung des Erkenntnismaterials über Unbedenklichkeit und Wirksamkeit von Arzneimitteln ...“ vom 15. Januar 1985 (Bundesanzeiger Nr. 16 vom 24.01.1985). Abb. 1 gibt die wesentlichen Abläufe wieder. Danach besteht in Phase I der erste Schritt in der Zusammenstellung des wissenschaftlichen Erkenntnismaterials (§22 Abs. 3 AMG). Dieses Material besteht in der Regel aus (Bundesanzeiger Nr. 16 vom 24. 01. 1985) den in Tab. 2 genannten Quellen.

Erkenntnismaterial, das von Firmen nach entsprechendem Aufruf im Bundesanzeiger beim Bundesgesundheitsamt eingereicht wird.

In der Zwischenzeit sind 17 Aufrufe erfolgt, womit alle therapeutischen Teilgebiete erfaßt wurden. Zusätzlich hat es 3 Aufrufe für Tierarzneimittel gegeben.

Die Einsendung allen wissenschaftlichen Erkenntnismaterials ist zweckdienlich; dabei kann die Arbeit der Aufbereitungskommission wesentlich durch Vorarbeiten erleichtert werden, wenn pharmazeutische Unternehmer bzw. ihre Verbände durch Koordination der Aktivitäten Betroffener das Erkenntnismaterial zusammenführen und ordnen.

Erkenntnismaterial aus Zulassung und Risikomaßnahmen.

Hierbei greift das Bundesgesundheitsamt auf die von seiten der Ärzte, Apotheker, der Industrie und den Arzneimittelkommissionen der Ärzteschaft und der Apotheker zugegangenen Spontanberichte zurück. Auch die Meldungen aus den vom Bundesgesundheitsamt geförderten Projekten zur Erfassung unerwünschter Arzneimittelwirkungen werden erfaßt.

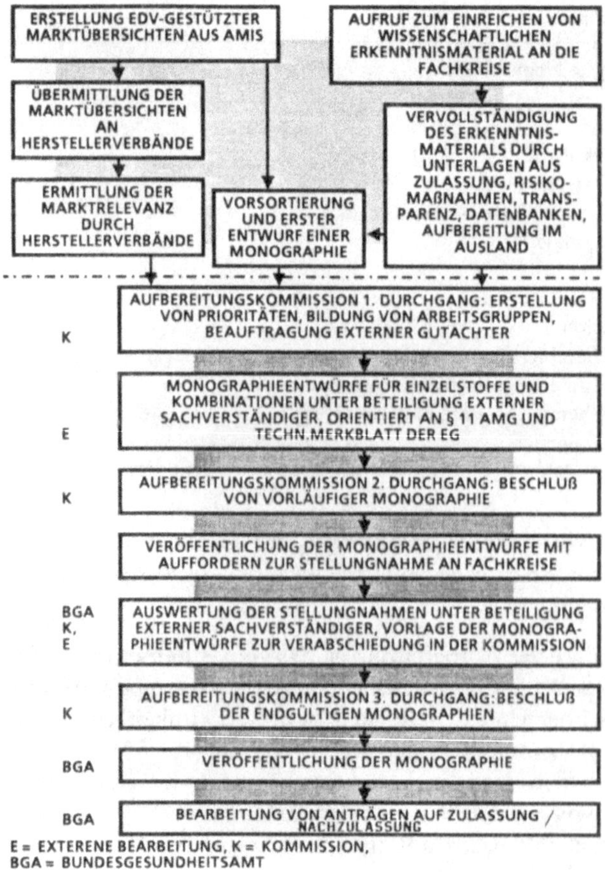

Abb. 1 Ablaufplan für die Erstellung von Monographien

Tabelle 2 Quellen für die Aufbereitung und Nachzulassung

Vom Hersteller eingereichte Unterlagen nach Aufruf
Amis-Datenbank des Bundesgesundheitsamtes
Ergänzende Literatur aus anderen Datenbanken (z. B. DIMDI)
Fachliteratur
Material der Transparenzkommission
Zulassungsunterlagen und Risikomaßnahmen
Aufbereitungsergebnisse anderer Staaten

Allgemein verfügbares Erkenntnismaterial der Transparenzkommission.

Aufbereitungsergebnisse anderer Staaten.

Erkenntnismaterial externer Datenbanken (z. B. DIMDI, dem Deutschen Institut für Medizinische Dokumentation und Information).

Parallel zur Zusammenstellung von Erkenntnismaterial erstellt das Bundesgesundheitsamt aus seinem EDV-gestützten Arzneimittelinformationssystem (AMIS) Listen der für die jeweilige Kommission relevanten Stoffe sowie eine Aufschlüsselung der betroffenen Mono- und Kombinationspräparate.

Es ist mit großem Aufwand gelungen, die chemisch definierten, aufbereitungspflichtigen Stoffe herauszufiltern und diese auf die einzelnen Kommissionen mit Untergruppen zu verteilen. Nach einer ersten Übersicht ist mit etwa 2800 chemisch definierten Grundsubstanzen zu rechnen, die etwa 6000 – 7000 Derivate, z. B. verschiedene Salze und Ester, umfassen. Außerdem befinden sich etwa 900 pflanzliche Grundstoffe für phytotherapeutische sowie rund 4500 homöopathische Grundstoffe auf dem Markt.

Für die Kommission B 1 – Angiologie, Kardiologie, Nephrologie – beträgt die Anzahl der zu bearbeitenden Stoffe 250; diese 250 Stoffe sind in rund 1750 Mono-Arzneimitteln und einer großen Anzahl von Kombinationspräparaten enthalten (Tab. 3).

Die Prioritäten werden von den Kommissionen aufgrund der vom Bundesgesundheitsamt vorgelegten Marktübersichten nach therapeutischen Gesichtspunkten getroffen. Als Ergebnis der Aufbereitung sollen für Arzneistoffe bzw. Arzneistoffkombinationen Monographien erstellt werden. Dies sind Arzneistoffbeschreibungen, die in ihrem Informationsumfang der Packungsbeilage (§ 11 AMG), ergänzt um Angaben im Technischen Merkblatt der EG bzw. den Angaben der Fachinformationen nach § 11 a des zweiten Gesetzes zur Änderung des Arzneimittelgesetzes vom 16. August 1986, entsprechen.

Zur Erstellung dieser Monographien bedienen sich die Kommissionen fachkompetenter Gutachter. Diese Gutachter können Mitglieder der Kommission, aber auch anerkannte externe Wissenschaftler sein. Auf der Basis der in Phase I erstellten Dokumentation erarbeitet der Gutachter, zum Teil auch eine Arbeitsgruppe, einen Monographie-Entwurf zur Beratung in der Kommission. In einem kurzen internen Gutachten für die Kommissionsmitglieder begründet der Gutachter die im Monographie-Entwurf erarbeiteten Angaben.

Nach Diskussion und vorläufiger Verabschiedung wird der Titel des Monographie-Entwurfes in mehreren allgemein verfügbaren Fachzeitschriften veröffentlicht und die Fachöffentlichkeit zur Stellungnahme binnen einer Frist von drei bis vier Monaten aufgefordert. Der vollständige Monographie-Entwurf kann beim Bundesgesundheitsamt angefordert werden. Die eingegangenen Stellungnahmen werden dem Gutachter bzw. der Kommission zur erneuten Diskussion vorgelegt; die Monographie wird gegebenenfalls überarbeitet, anschließend endgültig verabschiedet und im Bundesanzeiger veröffentlicht.

Tabelle 3 Kommission B 1 (Angiologie, Kardiologie, Nephrologie)

	Anzahl der Stoffe
Antiarrhythmika	26
Antihypotonika	33
Antisympathotonika	6
α-Blocker	21
β-Blocker	26
CA-Antagonisten	9
Herzglykoside	20
Ödemprotektive Stoffe	3
Organische Nitrate	7
Diuretika	43
Antiangiosa (Koronarmittel)	26
Urologika	6
Renin-Angiotensin-Aldostsin-System	2
Vasodilatatoren (Muskulatrope)	18
Vasokonstriktoren (außer Sympathomimetika)	4
	250

Diese 250 Stoffe sind enthalten in:

Nach Art. 3 § 7 AMNG		Zugelassen nach AMG 1976	
Mono-Arzneimittel	Kombi-Arzneimittel	Mono-Arzneimittel	Kombi-Arzneimittel
1022	5397	725	577

Der derzeitige Stand der Aufbereitung ist der Tab. 4 zu entnehmen (siehe auch Abb. 2). Besonderes Augenmerk sei auf die Kommission B 1 – Angiologie, Kardiologie, Nephrologie – gerichtet, in der bereits 12 Monographien, die insgesamt 74 Mono-Arzneimittel und diverse Kombinationspräparate umfassen, endgültig bearbeitet worden sind; 8 Monographien, die insgesamt 108 Mono-Arzneimittel und diverse Kombinationspräparate umfassen, zur Vorveröffentlichung verabschiedet wurden und weitere 94 Stoffe sich in der gutachterlichen Bearbeitung befinden. Es darf heute angenommen werden, daß bis 1990 die etwa 110 wichtigsten Stoffe der Herz-Kreislauftherapie sowie die entsprechenden fixen Kombinationen aufbereitet sein werden. Die 12 endgültig verabschiedeten Monographien und die 8 zur Vorveröffentlichung freigegebenen Monographien sind in Tab. 5 aufgeführt.

Insgesamt 26 Stoffe, die zur Herstellung von Beta-Blockern verwendet werden, sind ebenfalls in den nächsten Jahren aufzubereiten. Hierbei handelt es sich um die aus der Tab. 6 zu entnehmenden Stoffe. Die überwiegende Anzahl dieser Stoffe wird von der Kommission B 1 bearbeitet. Jedoch sind auch einige Monographien in Zusammenarbeit mit der Kommission B 3 – Neurologie und Psychiatrie – bei neurologischen bzw. psychiatrischen Indikationen, mit der Kommission B 4 – Endo-

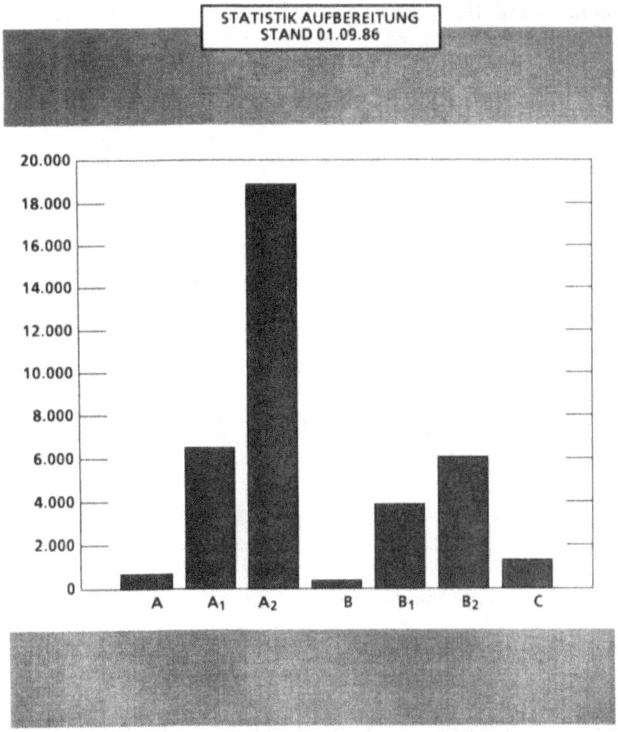

Abb. 2

krinologie, Gynäkologie – bei endokrinologischen Indikationen und mit der Kommission B 6 – Infektionskrankheiten, Onkologie, Immunologie, Pulmologie – bei Ophthalmologischen Indikationen zu erstellen. Für diese 26 Stoffe liegt bisher weder eine endgültige Monographie vor, noch hat die Kommission B 1 eine derartige Monographie zur Vorveröffentlichung verabschiedet. Insgesamt befinden sich jedoch von diesen 26 Stoffen 14 Stoffe in der gutachterlichen Bearbeitung. Sie sind in der Tab. 6 mit einem Kreuz gekennzeichnet.

Die im Bundesanzeiger bekanntgemachten Monographien können für die genannten Arzneistoffe/Arzneistoffkombination als Beleg der Wirksamkeit und Unbedenklichkeit verwendet werden. Unter Bezugnahme auf diese Monographien kann der pharmazeutische Hersteller einen Antrag auf Verlängerung der Zulassung eines Fertigarzneimittels, für das die erwähnte Übergangsregelung gilt, einreichen.

Die baldmögliche Anpassung auf dem Markt befindlicher Arzneimittel durch eine Zulassung entsprechend den Kriterien Wirksamkeit, Unbedenklichkeit und Qualität und gleichzeitigem Verzicht auf die „fiktive Zulassung“ dienen der Arzneimittelsicherheit. Das Erfordernis der Anpassung an den jeweiligen wissenschaftlichen Erkenntnisstand ist unstrittig. Die Einsicht in die Notwendigkeit, diese Anpassung so schnell wie möglich zu vollziehen, ist rasch gewachsen und mit ihr die Bereitschaft zur

Tabelle 4 Statistik Aufbereitung (Stand 01.09.86)

Kommission	A	A_1	A_2	B	B_1	B_2	C
B 1	12	74	206	8	108	297	94
B 2	11	333	–	35	122	250	30
B 3	9	247	3616	13	237	1986	157
B 4	–	–	–	1	4	–	165
B 5	1	69	1685	2	4	25	42
B 6	–	–	–	–	–	–	105
B 7	–	–	–	4	140	2880	55
B 8	–	–	–	–	–	–	9[1]
B 9	–	–	–	4	63	–	7[1]
B 10	126	1322	–	8	N.B.	N.B.	104
C	150	660	–	44	194	–	60
D	302	3698	13190	240	2980	–	384
E	89	N.B.	N.B.	44	N.B.	N.B.	34
F	11	100	190	20	50	650	98
Summe	711	6503[2]	18887[2]	423	3898[2]	6084[2]	1344

N.B. = Nicht ohne größeren DV-Einsatz bestimmbar
[1] = Sammelmonographien
[2] = Ohne AM, die durch Monographien der Kommission E betroffen sind
A = Im Bundesanzeiger veröffentlicht bzw. zur Veröffentlichung verabschiedet
A_1 = Von Monographien nach A abgedeckte Fertigarzneimittel
A_2 = Von Monographien nach A betroffene fixe Arzneimittel-Kombinationen
B = Vorveröffentlicht bzw. zur Vorveröffentlichung verabschiedet
B_1 = Von Monographien nach B abgedeckte Fertigarzneimittel
B_2 = Von Monographien nach B betroffene fixe Arzneimittel-Kombinationen
C = Stoffe, die sich in gutachterlicher Bearbeitung befinden

Tabelle 5 Kommission B 1 (Angiologie, Kardiologie, Nephrologie)

Endgültig verabschiedete Monographien	Zur Vorveröffentlichung freigegebene Monographien
Bendroflumethiazid	Acetazolamid
Butizid	Amilorid
Clopamid	Bumetanid
Cyclothiazid	Chlortalidon
Etozolin	Etacrynsäure
Furosemid	Raubasin
Hydrochlorothiazid	Tolazolin
Mefrusid Methylclothiazid	Yohimbin
Triamteren	
Trichloromethiazid	
Polythiazid	

Tabelle 6 Substanzen zur Herstellung von Beta-Blockern

	Beta-Blocker	Gesamt-AM	Art. 3 §7/AMG 1976	AMG 1976	In Zusammen-Arbeit mit Kommission
X	1. Acebutolol	12	4	8	
X	2. Alprenolol	3	3	–	
X	3. Atenolol	8	2	6	
	4. Befundolol	2	–	2	B 6
	5. Betaxolol	2	–	2	B 6
	6. Bisoprolol	2	–	2	
X	7. Bunitrolol	4	2	2	
X	8. Bupranolol	17	3	14	B 3, B 6
X.	9. Carazolol	2	–	2	
	10. Carteolol	5	–	5	B 6
	11. Celiprolol	4	–	4	
	12. Labetalol	4	2	2	
	13. Levobunolol	4	–	4	B 6
X	14. Metipranolol	13	6	7	B 3, B 6
X	15. Metoprolol	18	2	16	B 3
	16. Mepindolol	5	–	5	
	17. Nadolol	5	1	4	
	18. Nifenalol	1	1	–	
	19. Oxprenolol	8	5	3	B 3
X	20. Penbutolol	7	–	7	
X	21. Pindolol	31	4	27	B 6
	22. Practolol	2	2	–	
X	23. Propranolol	96	11	85	B 3, B 4
X	24. Sotalol	7	2	5	
X	25. Timolol	10	4	6	B 6
	26. Toliprolol	Gelöscht			
	Insgesamt	272	54	218	

B 3 Neurologische bzw. psychiatrische Indikation
B 4 Endokrinologische Indikation
B 6 Ophthalmologische Indikation

X = In der Bearbeitung befindliche Monographien

Zusammenarbeit aller beteiligten Kreise bei der Aufbereitung wissenschaftlichen Erkenntnismaterials.

Bereits heute könnte aufgrund der geschilderten bisherigen Bilanz der Aufbereitungsarbeit für Tausende von Arzneimitteln die Nachzulassung beantragt werden. Es ist die Aufgabe des Bundesgesundheitsamtes, auch auf diese Möglichkeit ständig hinzuweisen, nicht zuletzt um die Flut der Nachzulassungsanträge im Jahre 1989 zu mindern.

Zur Markttransparenz bei Beta-Rezeptorenblockern

K. Quiring

Abstract

Transparency on drug markets can be achieved by adequate arrangement, ranking and classification procedures with respect to the cardinal parameters of drug products, i. e. drug entities and indications. Drug products thus assessed to be comparable are subject to price comparison on the basis of daily doses. In the case of beta adrenoceptor blockers, particular pharmacological properties must be taken into account, and the considerably high therapeutic index of this class of drugs may create problems in defining daily doses for the different indication areas. Solutions found by the German Transparency Commission are outlined.

In den letzten 10 Jahren wird in allen westlichen Industriestaaten in unterschiedlichem Maße, aber zunehmend versucht, die industrielle Produktinformation durch Maßnahmen zu ergänzen, die eine rationale und kostenbewußte Arzneimittel-Verordnung ermöglichen oder erzwingen sollen. Sofern solche Maßnahmen staatlicherseits institutionalisiert werden, entstehen im Extremfall Positiv- oder Negativlisten, d. h. verbindliche Kataloge verordnungsfähiger Arzneimittel oder verbindliche Kataloge geringfügiger Gesundheitsstörungen mit den zugehörigen Arzneimitteln, deren Verordnung zumindest für diese Gesundheitsstörungen untersagt ist. Daneben – oder dazwischen – gibt es Bestrebungen staatlicher oder privater Art, dem verordnenden Arzt durch systematisierte, bewertende Verzeichnisse Entscheidungshilfen zu geben, die ihm mehr oder weniger großen Handlungsspielraum lassen oder ihm zumindest in begründeten Fällen Abweichungen erlauben.

Allein in der Bundesrepublik Deutschland gibt es ein breites Spektrum derartiger Ansätze, die von Behörden, Körperschaften und anderen Institutionen bis hin zu Privatunternehmen initiiert worden sind und die von „Fast-Positiv"-Listen mit ausgeprägten Vor-Wertungen bis hin zu Negativlisten reichen. Den folgenden Ausführungen liegt die Sicht einer solchen Institution, nämlich der Transparenzkommission, zugrunde. Die Transparenzkommission ist eine Kommission unabhängiger Sachverständiger, die auf Vorschlag der Verbände der Marktbeteiligten vom Bundesminister für Jugend, Familie, Frauen und Gesundheit berufen werden und deren Aufgabe, pharmakologisch-therapeutische und preisliche Transparenz auf dem Arzneimittelmarkt herzustellen, kürzlich in der 2. Novelle zum Arzneimittelgesetz gesetzlich verankert worden ist.

Die von der Transparenzkommission herausgegebenen Transparenzlisten (Abb. 1) ordnen den Arzneimittelmarkt in die durch Indikationen gebildeten Teilmärkte und

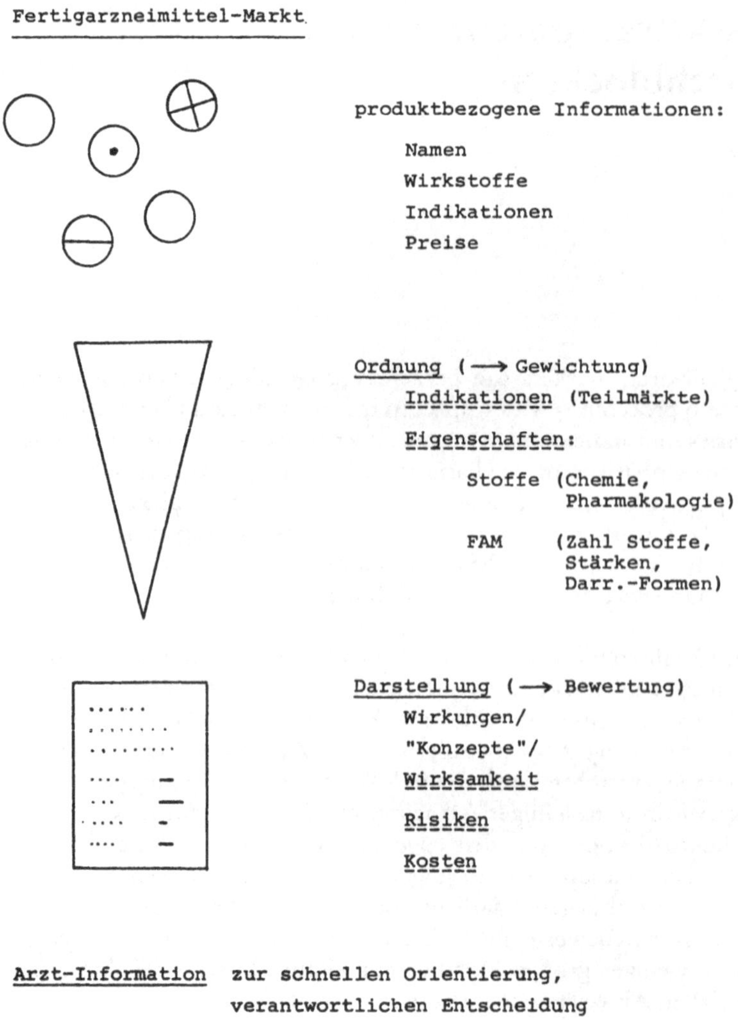

Abb. 1 Methoden und Ziele der Arbeit der Transparenzkommission.

diese wiederum gemäß den für einen Produktvergleich wesentlichen Eigenschaften der Stoffe und Fertigarzneimittel. Aus dieser Ordnung ergibt sich für den Listenbenutzer bereits eine Gewichtung, die ergänzt wird durch die Darstellung der wertbestimmenden Parameter, insbesondere der Wirksamkeit und der wesentlichen Risiken, denen schließlich die Behandlungskosten gegenübergestellt werden. Dadurch soll der Arzt in die Lage versetzt werden, die für den einzelnen Behandlungsfall notwendigen Abwägungen und vergleichenden Bewertungen rasch und verantwortlich vorzunehmen.

Charakteristische Probleme beim Erstellen solcher Listen ergeben sich aus der Interdependenz von Indikationsdefinition und Wirksamkeitsurteil, aus der Frage der Zulässigkeit von Plausibilitätserwägungen und Analogieschlüssen, aber auch aus weniger abstrakten Problemen, wie z. B. der Bioverfügbarkeit von Fertigarzneimitteln. Kompliziert wird die Situation durch die in der Bundesrepublik institutionalisierte Wissenschaftspluralität im Arzneimittelbereich, die einigen „besonderen Therapierichtungen" aus wissenschaftstheoretischen Gründen mehr oder weniger geschützte Markt-Reservate zuweist.

Derartige Probleme gibt es bei den Beta-Rezeptorenblockern glücklicherweise nicht: Die Wirksamkeit dieser Stoffgruppe für verschiedene Indikationen ist mit dem heute üblichen „schulmedizinischen" Instrumentarium nachgewiesen, unerwünschte Wirkungen und Gegenanzeigen sind ganz überwiegend bereits aus dem pharmakologischen Wirkungsprofil abzuleiten, die biologische Verfügbarkeit und andere pharmakokinetische Unterschiede spielen eine nachgeordnete Rolle. Probleme für die Markttransparenz ergeben sich im wesentlichen aus der Frage der Gewichtung bestimmter pharmakologischer Eigenschaften und – paradoxerweise – der großen therapeutischen Breite der Beta-Rezeptorenblocker.

Aus der breiten Palette von mehr als 20 Beta-Rezeptorenblockern heben sich zwei Stoffe heraus: Das Labetalol, ein Zwittermolekül mit einer Alpha-Rezeptoren blockierenden Wirkungskomponente, und das Sotalol, das gleichzeitig ein Klasse-III-Antiarrhythmikum ist. Diese besonderen Eigenschaften sollten bereits bei der Ordnung des Teilmarktes berücksichtigt werden, was aber nicht regelmäßig geschieht.

Ein Beispiel dafür ist die Anordnung der Beta-Rezeptorenblocker in British National Formulary 1986 (Tab. 1): Die Gliederung beginnt mit der „Ursubstanz" Propranolol und läuft dann in alphabetischer Reihenfolge, in die auch Labetalol und Sotalol eingeordnet sind. Die notwendigen Informationen über die Besonderheiten dieser Stoffe werden aber zusätzlich vermittelt.

Weitere pharmakologische Eigenschaften, die eine erhebliche Rolle insbesondere in der Werbung spielen, sind Kardioselektivität und intrinsische sympathomimetische

Tabelle 1 Anordnung von Beta-Rezeptorenblockern (1)

Beta-adrenoceptor blocking drugs

▷ Propranolol
Acebutolol
Atenolol
Betaxolol
▷ Labetalol
Metoprolol
Nadolol
Oxprenolol
Penbutolol
Pindolol
▷ Sotalol
Timolol

(British National Formulary, 1986)

Aktivität (ISA). Ob diese besonderen Eigenschaften besondere Ordnungsstrukturen in Arzneimittelkompendien für verordnende Ärzte begründen können, ist ausschließlich anhand der Antwort auf die Frage zu entscheiden, ob oder inwieweit diese besonderen pharmakologischen Eigenschaften therapeutisch relevant sind. Kardioselektive Beta-Rezeptorenblocker können eventuell bei extrakardial bedingten Indikationseinschränkungen verwendet werden, wenn bessere Alternativen nicht zur Verfügung stehen – allerdings nur in einem begrenzten Dosierungsbereich. Die Eigenschaft ISA verhindert exzessive Frequenzsenkungen, kann also bei bestehender Bradykardie von Vorteil sein – aber es gibt Hinweise darauf, daß eine ISA bei bestimmten Indikationen nachteilig sein kann.

Die Berücksichtigung dieser Eigenschaften für die Ordnungsstruktur wird daher zu einer Ermessensfrage; die Transparenzlisten der Transparenzkommission berücksichtigen Kardioselektivität und ISA bei der Gliederung bisher nicht. Dagegen werden in dem derzeit aktuellen Entwurf der Preisvergleichsliste des Bundesausschusses der Ärzte und Krankenkassen die kardioselektiven Beta-Rezeptorenblocker gesondert gestellt (Tab. 2). Verbliebene Ungereimtheiten sind dem Entwurfscharakter dieser Liste zuzuschreiben und werden wohl bei Vorlage der definitiven Fassung bereinigt sein.

Tabelle 2 Anordnung von Beta-Rezeptorenblockern (2)

„Beta-Rezeptorenblocker, kardioselektiv"

Acebutolol ◁
Atenolol
Betaxolol
Bisoprolol
Metoprolol

„Beta-Rezeptorenblocker, unselektiv, z. T. mit ... ISA"

Alprenolol (ISA)
Bunitrolol
Bupranolol
Carazolol
Carteolol ◁
Labetalol ◁
...

(Preisvergleichsliste, Entwurf vom September 1986)

Unter dem Gesichtspunkt funktionierender Marktmechanismen ist es wesentlich zu wissen, welche Beta-Rezeptorenblocker auf den verschiedenen, durch Indikationen gebildeten Teilmärkten tatsächlich konkurrieren. Es ist nämlich durchaus nicht so, daß Beta-Rezeptorenblocker für alle Indikationen der Beta-Rezeptorenblockade zugelassen sind (d. h. ihre Wirksamkeit insoweit behördlich anerkannt ist). Abb. 2 zeigt die Verhältnisse bei oralen Arzneiformen für den Markt der Bundesrepublik Deutschland. Es ist zu ersehen, daß alle 22 am Markt befindlichen Beta-Rezeptorenblocker für die Indikation arterielle Hypertonie zugelassen sind, bei zweien ist dies aber die einzige Indikation. Fünf weitere Stoffe sind außer für Bluthochdruck nur noch für die koronare Herzkrankheit (Angina pectoris) zugelassen. Alle anderen für Angina pectoris zugelassenen Beta-Rezeptorenblocker sind auch für Herzrhythmusstörungen zugelassen, die Hälfte davon zusätzlich für die Indikation Streß. Zwei Stoffen ist

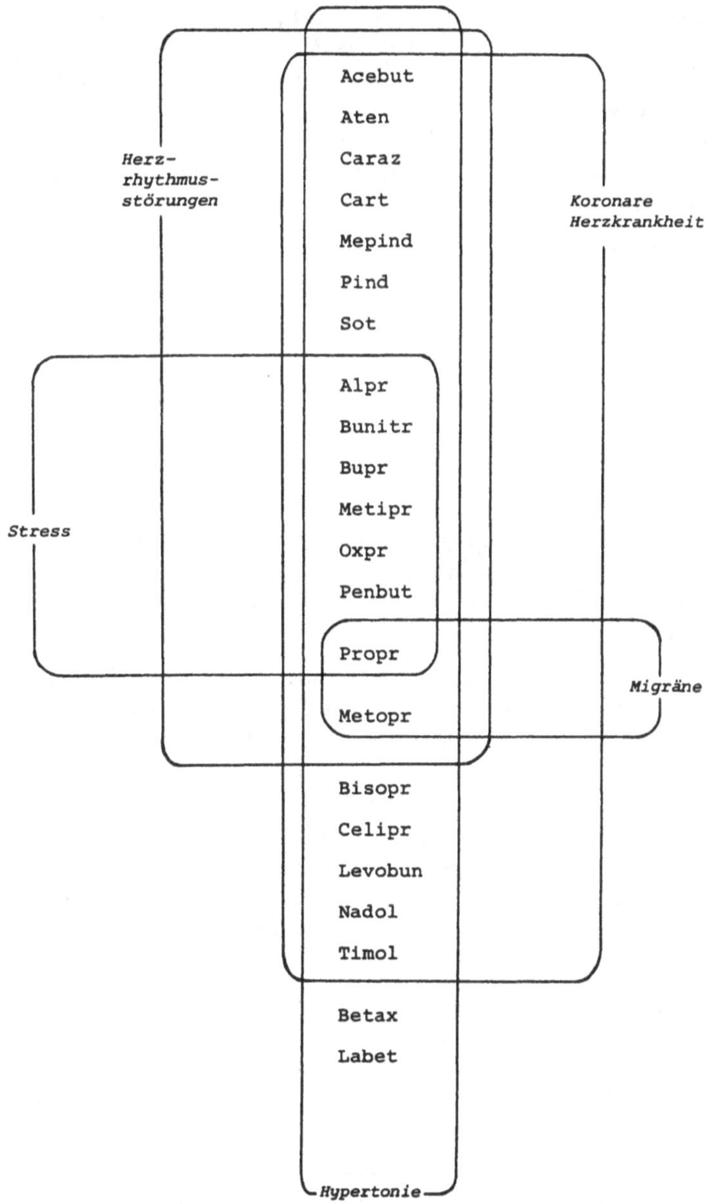

Abb. 2 Zuordnung von Beta-Rezeptorenblockern zu Transparenzlisten entsprechend der Zulassung für verschiedene Indikationsgebiete.

bislang die Zulassung für die Intervallbehandlung der Migräne erteilt worden, und nur Propranolol ist für alle fünf hier aufgeführten Indikationen zugelassen.

Die Abb. 2 gibt nicht den Stand der wissenschaftlichen Erkenntnisse, sondern den administrativen Status wieder, der aus mancherlei Gründen vom aktuellen Erkenntnisstand abweicht, insbesondere hinter ihm zurückbleiben kann. Der administrative Status ist aber wesentlich für die gesetzliche Regelung des sog. „Zweitanmelderschutzes“, die ebenfalls Bestandteil der 2. Novelle des bundesdeutschen Arzneimittelgesetzes ist. Für den verordnenden Arzt ergeben sich aus dieser sehr differenzierten Situation – die übrigens nur von der Transparenzkommission adäquat transparent gemacht wird – keine besonderen Probleme: Er darf nämlich im Rahmen seiner Therapiefreiheit von den gesetzlichen Vorgaben abweichen, und er kann dies wohl gerade bei den Beta-Rezeptorenblockern grundsätzlich ohne großes Risiko tun.

Eine wichtige, wenn nicht die wichtigste arzneipolitische Funktion von Arzneimittelkompendien ist es, eine kostenbewußte Verordnung zu ermöglichen und so den Preiswettbewerb auf den durch Indikationen gebildeten Teilmärkten zu fördern. Dies geschieht durch Angabe der Tagesbehandlungskosten auf der Basis einer mittleren therapeutischen Dosierung. Die Ermittlung solcher rechnerischer Tagesdosen ist bei den Beta-Rezeptorenblockern aufgrund ihrer großen therapeutischen Breite erschwert. Eine systematische Ermittlung von therapeutischen Äquivalenzdosen würde den klinischen Prüfungsaufwand in unvertretbarem Maße steigern.

Die durchgehende Verwendung von „definierten Tagesdosen“ (DDD), wie sie z. B. von der Weltgesundheitsorganisation für Verbrauchsstatistiken herangezogen werden, scheitert gewissermaßen an der innovationsfreundlichen Zulassungspraxis in der Bundesrepublik: Die Zahl der Stoffe auf diesem Markt eilt ihrer internationalen Verbreitung und Erfassung voraus.

Soll ein einheitliches Berechnungsverfahren verwendet werden, so bleibt mithin nur der Bezug auf die Dosierungsangaben der Herstellerfirmen, die im Zulassungsverfahren und bei Änderungen vom Bundesgesundheitsamt überprüft werden und somit auch nicht willkürlich verändert werden können. In Tab. 3 ist dargestellt, daß die Berechnungs-Tagesdosen aus den Angaben für die am Markt befindlichen Fertigarzneimittel ermittelt werden. Eine gewisse Fehlerquelle kann aus unterschiedlichen Angaben für verschiedene „Stärken“ erwachsen: Manche Firmen beziehen die Dosierung sämtlicher Mite- oder Forte-Formen einheitlich auf einen mittleren Tagesbedarf, andere Firmen schneiden die Empfehlung bereits auf den (niedrigeren oder höheren) individuellen Bedarf zu.

Nimmt man die Angaben (hier aus der Roten Liste 1986) wie sie sind, so kommt man zu den in Tab. 4 auszugsweise dargestellten rechnerischen mittleren Tagesdosen für die Indikationen Herzrhythmusstörungen, Angina pectoris und Bluthochdruck. Ein Vergleich mit den definierten Tagesdosen (DDD) des Nordic Drug Index zeigt, daß die so ermittelten Dosierungen im Zweifelsfall etwas niedriger liegen.

Der auf der Basis dieser Berechnungsdosen angestellte Kostenvergleich zeigt für die meisten noch patentgeschützten Beta-Rezeptorenblocker keine erheblichen Unterschiede – zwischen verschiedenen Stoffen besteht weniger ein Preis- als ein Produktwettbewerb. Eine Ausnahme ist das Bisoprolol (Abb. 3): Hier wird durch den Herstel-

Tabelle 3 Ermittlung von „Berechnungsdosen“ (rechnerische mittlere Tagesdosen = rmTD) aus Firmenangaben (Beispiele für die Indikation Hypertonie)

	(Rote Liste 1986)	rmTD
Acebutolol		
PRENT	400 mg (↗)	
PRENT 400	400 mg (↗)	400 mg
Alprenolol		
APTIN	200 mg	
APTIN DURILES	400 mg (↗)	300 mg
Carteolol		
ENDAK	(5–) 10 (–20) mg	10 mg
Metoprolol		
BELOC	100 mg (↗)	
BELOC DURILES	100–200 mg	
PRELIS	100 (–200) mg	
PRELIS MITE	50 (–150) mg	100 mg
Propranolol		
DOCITON 40/80	160–320 mg	
DOCITON RETARD	160 (–320) mg	200 mg

Tabelle 4 Vergleich indikationsbezogener „Berechnungsdosen“ (aus Firmenangaben) mit den nicht indikationsbezogenen „defined daily doses“ (DDD) des Nordic Drug Index 1985 (Auszug)

Substanz	HRS[1]	KHK[2]	AH[3]	DDD
Acebutolol	400	400	400	600
Alprenolol	300	300	300	400
Atenolol	87,5	87,5	75	100
Betaxolol	–	–	20	20
Bisoprolol	–	7,5	7,5	–
Bunitrolol	25	25	25	–
Bupranolol	170	190	130	–
Carazolol	12,5	12,5	7,5	–
Carteolol	10	10	10	–
Celiprolol	–	200	200	–
Levobunolol	–	2,25	3	–
Mepindolol	5	5	5	5
Metipranolol	20	25	50	–
usw.				

1 Herzrhythmusstörungen
2 Koronare Herzkrankheit (Angina pectoris)
3 Arterielle Hypertonie

ler ersichtlich auch ein Preiswettbewerb mit dem Ziel angestrebt, den Markt zu „penetrieren“. Einen lebhaften Preiswettbewerb beobachtet man dagegen bei nicht mehr patentgeschützten Stoffen wie dem Propranolol (Abb. 4).

HANDELSNAME Firma	Zusammensetzung (mg)		Darr.-Form	Packung Inhalt	Preis	Kosten (DM) pro rmTD 1)
3.1	**Acebutolol (rechnerische mittlere Tagesdosis 400 mg Base)**					
NEPTAL* Röhm Pharma	Acebutolol-HCl	221,6	Tbl	30	27,15	1,81
				50	41,50	1,66
				100	75,30	1,51
NEPTAL 400* Röhm Pharma	Acebutolol-HCl	443,3	Tbl	28	40,00	1,43
				56	76,40	1,36
				98	122,70	1,25
PRENT* Bayer	Acebutolol-HCl	221,6	Tbl	30	29,45	1,96
				50	45,75	1,83
				50	37,02	1,48 2)
				50	37,96	1,52 3)
				50	39,96	1,60 4)
				50	40,26	1,61 5)
				100	86,90	1,74
				100	69,97	1,40 2) 3)
				100	75,72	1,51 4)
				100	76,48	1,53 5)
PRENT 400* Bayer	Acebutolol-HCl	443,3	Tbl	30	46,40	1,55
				50	73,40	1,47
				100	138,05	1,38
3.2	**Alprenolol (rechnerische mittlere Tagesdosis 300 mg Hydrochlorid)**					
APTIN Astra Chemicals	Alprenolol-HCl	50	Tbl	50	20,70	2,48
APTIN DURILES Astra Chemicals	Alprenolol-HCl	200	Tbl	30	29,80	1,49
				50	46,10	1,38
				100	82,30	1,23
3.3	**Atenolol (rechnerische mittlere Tngesdosis 87,5 mg)**					
TENORMIN 50* ICI-Pharma	Atenolol	50	Tbl	30	34,35	2,00
				50	54,02	1,89
				56	60,48	1,89
				100	100,25	1,75
TENORMIN 100* ICI-Pharma	Atenolol	100	Tbl	30	55,20	1,61
				50	84,05	1,47
				56	94,15	1,47
				100	150,75	1,32
3.4	**Bisoprolol (rechnerische mittlere Tagesdosis 5 mg Fumarat)**					
CONCOR 5* Merck	Bisoprololfumarat	5	Tbl	30	22,05	0,74
				50	33,85	0,68
				100	62,15	0,62
CONCOR 10*	Bisoprololfumarat	10	Tbl	30	32,25	0,54
				50	54,15	0,54
				100	98,10	0,49
3.5	**Bunitrolol (rechnerische mittlere Tagesdosis 25 mg Hydrochlorid)**					
STRESSON 10 mg Boehringer Ingelheim	Bunitrolol-HCl	10	Tbl	20	15,23	1,90
				50	33,49	1,67
TILCANT* Boehringer Ingelheim	Bunitrolol-HCl	30	Tbl	20		
				50		
				100		

1) rechnerische mittlere Tagesdosis ermittelt aus Dosierungsangaben der Herstellerfirmen
2) re- oder parallelimportiert durch Firma Pharma-Westen
3) re- oder parallelimportiert durch Firma Beragena
4) re- oder parallelimportiert durch Firma Eura Med
5) re- oder parallelimportiert durch Firma Eurim-Pharm

Abb. 3 Kostenvergleich für verschiedene patentgeschützte Beta-Rezeptorenblocker-Präparate (Auszug aus Entwurf der Transparenzliste Koronare Herzkrankheit, 1986).

HANDELSNAME Firma	Zusammensetzung (mg)		Darr.- Form	Packung Inhalt	 Preis	Kosten (DM) pro rmTD 1)
PROPRANUR 40 *	Propranolol-HCl	40	Tbl	20	11,80	1,77
Henning				50	23,70	1,42
				98	39,34	1,20 2)
				100	40,50	1,22
PROPRA	Propranolol-HCl	40	Tbl	50	16,70	1,00
RATIOPHARM 40 *				100	31,00	0,93
Ratiopharm						
SAGITTOL 40 *	Propranolol-HCl	40	Tbl	20	9,95	1,49
Sagitta				50	18,90	1,13
13.2 ... in Arzneiformen zu 80 mg						
BETA TABLINEN 80 *	Propranolol-HCl	80	Tbl	25	9,59	0,58
Beiersdorf				50	15,13	0,45
				100	28,75	0,43
DOCITON 80 *	Propranolol-HCl	80	Tbl	30	33,15	1,66
Rhein-Pharma				50	49,60	1,49
				100	90,55	1,36
EFEKTOLOL 80 *	Propranolol-HCl	80	Tbl	50	26,03	0,78
Efeka				100	43,08	0,65
EFEKTOLOL 80	Propranolol-HCl	80	Kps	28	21,53	1,15
RETARD *				56	35,06	0,94
Efeka				98	53,81	0,82
ELBROL 80 *	Propranolol-HCl	80	Tbl	50	20,95	0,63
Pfleger				100	38,70	0,58
INDOBLOC 80 *	Propranolol-HCl	80	Tbl	30	30,65	1,53
Degussa				50	45,60	1,37
Pharma Homburg+Asta				100	81,40	1,22
PRANO-PUREN 80 *	Propranolol-HCl	80	Tbl	20	13,00	0,98
Klinge-Nattermann-Puren				50	28,75	0,86
				100	49,90	0,75
PROPABLOC 80 *	Propranolol-HCl	80	Tbl			
Azuchemie						
PROPRANOLOL–	Propranolol-HCl	80	Tbl	20	13,79	1,03
GRY–80 *				50	24,33	0,73
Gry Pharma				100	42,81	0,64
PROPRANOLOL	Propranolol-HCl	80	Tbl	50	21,10	0,63
80 RIKER *				100	39,80	0,60
Kettelhack Riker						

1) rechnerische mittlere Tagesdosis
2) wird laut Mitteilung der Herstellerfirma nicht mehr in den Verkehr gebracht

Abb. 4 Kostenvergleich für Fertigarzneimittel, die 80 mg Propranolol enthalten (Auszug aus Entwurf der Transparenzliste Herzrhythmusstörungen, 1986).

Literatur

[1] Arzneimittelgesetz: Zweites Gesetz zur Änderung des Arzneimittelgesetzes, 1986, §§ 24 a und 39 a – e, Bundesanzeiger, Nr. 41, Bonn.

[2] British National Formulary, 1986, S. 81 – 86. British Medical Association/Pharmaceutical Press, London.

[3] Nordic Drug Index with DDD, 1985, S. 90 – 91, Nordic Council on Medicines, Uppsala.

[4] Preisvergleichsliste (Entwurf), 1986, S. 43 – 47, Bundesausschuß der Ärzte und Krankenkassen, Köln.

[5] Rote Liste 1986 (Hg. Bundesverband der Pharmazeutischen Industrie), Kap. 26.1, Editio Cantor, Aulendorf.

[6] Transparenzliste Angina pectoris, 1981, Bundesanzeiger Nr. 223 a, bzw. Transparenzliste Koronare Herzkrankheit (Entwurf), 1986.

[7] Transparenzliste Arterielle Hypertonie, 1982, Bundesanzeiger Nr. 44 a, bzw. Neufassung (Entwurf), 1986.

[8] Transparenzliste Herzrhythmusstörungen, 1979, Bundesanzeiger Nr. 205 a, bzw. Neufassung (Entwurf), 1986.

[9] Transparenzliste Migräne, 1987, Bundesanzeiger Nr. 107a.

Schlußbemerkung – Prinzipien therapeutischer Entscheidungsfindung, dargestellt am Beispiel der Beta-Blocker*

P. Schölmerich

Am Ende dieses interessanten Symposiums über Beta-Blocker war in der ersten Planung ein Resümee der Referate vorgesehen. Angesichts der Vielgestaltigkeit des Themas, die von molekular-biologischen Grundlagen der Beta-Blockerwirkung bis zur Kosten-Nutzenproblematik ihrer Anwendung reicht, könnte eine solche Zusammenfassung den plakativen Charakter verkürzter Wahrheiten kaum verbergen. Anstelle eines solchen reduktionistischen Konzeptes ist mir die Aufgabe zugefallen, im Schlußvortrag einige allgemeinere Gesichtspunkte therapeutischer Entscheidungsfindung zu vermitteln.

Therapeutisches Handeln stand, soweit medikamentöse Verfahren zur Diskussion stehen, bis vor wenigen Jahrzehnten in einem einfach strukturierten Zusammenhang mit der Krankheitsdiagnose. Die Anzahl der verfügbaren Präparate war relativ begrenzt, die therapeutische Strategie angesichts einer geringeren Anzahl von Alternativen leichter übersehbar, die Risiko/Nutzenabwägung auf eine Ebene geringerer Komplexität verschoben.

Diese Situation hat sich seither deutlich gewandelt. Die Fortschritte in der medikamentösen Therapie mit gesteigerter Wirksamkeit, häufig aber auch mit erhöhtem Risikopotential haben den Anstoß gegeben, über Indikation und Kontraindikation therapeutischer Verfahren, insbesondere auf dem medikamentösen Sektor, in größerem Umfang zu reflektieren [9, 27]. Hinzu kommt eine stärkere Differenzierung therapeutischer Methoden im Zusammenhang mit erweiterten Kenntnissen der Wirkung von Medikamenten, die vielfach auf molekularer Ebene erfaßbar geworden ist. Schließlich beeinflussen Wertvorstellungen die Indikation zu therapeutischem Handeln – oder aber auch zur Unterlassung einer Therapie, die gleichfalls als therapeutische Entscheidung begriffen werden kann [4, 10, 13, 21]. Unter sozioökonomischen Gesichtspunkten sind schließlich auch Kosten/Nutzenerwägungen, selten im Einzelfall, wohl aber in den Allokationsentscheidungen der Gesellschaft Anlaß, über Kriterien therapeutischer Entscheidungsfindung nachzudenken [1, 12, 22].

Der diagnostische Prozeß

Grundlage einer therapeutischen Entscheidung ist eine Krankheitsdiagnose, die als Zustandsdiagnose einen Krankheitsprozeß als nosologische Einheit charakterisiert,

* Herrn Prof. Dr. Dr. h. c. G. W. Löhr zum 65. Geburtstag

als Bedeutungsdiagnose die Projektion dieses Zustandsbildes auf den konkreten Patienten darstellt. Die Diagnosefindung als vielfach konditionierter Erkenntnisprozeß soll hier nicht im einzelnen erörtert werden. Es sei nur an die Vielfalt diagnostischer Endpunkte erinnert, die von der Erfassung kausal definierter Krankheiten, z. B. bei genetischen Defekten über multifaktoriell bedingte und daher häufig sehr variable Krankheitsbilder bis zur Grenzzone von Befindensstörungen reicht. Damit ist auch der dynamische Charakter des diagnostischen Prozesses besonders deutlich gemacht [2, 8, 9, 29].

Prognostische Perspektiven

Neben der Diagnose stellt die prognostische Abschätzung des zu erwartenden Krankheitsverlaufes eine weitere wesentliche Grundlage der therapeutischen Entscheidung dar [11, 24, 29]. Es ist der natürliche Verlauf einer Krankheit, insbesondere im Hinblick auf Folgewirkungen und Komplikationen, abzuwägen gegen den möglichen oder wahrscheinlichen Verlauf unter therapeutischer Entwicklung. Hierbei sind auch mögliche Folgewirkungen unerwünschten Charakters durch die angewandte medikamentöse Therapie zu beachten.

Die vergleichende Analyse vom natürlichen Verlauf und therapeutisch beeinflußter Krankheitsentwicklung beantwortet auch die Frage, ob überhaupt eine therapeutische Beeinflussung möglich ist, und speziell, ob eine kausale oder eine symptomatische Behandlung erfolgen kann.

Diese Überlegung legt die Frage nach dem therapeutischen Endpunkt, nach der Zieldefinition nahe, die je nach Diagnose und Behandlungsfähigkeit sehr unterschiedlich sein kann. Wenn man eine Skala möglicher Zieldefinitionen aufstellt, die sich an der steigenden existentiellen Betroffenheit orientiert [19], so kann das therapeutische Ziel sein, die Fähigkeit wiederherzustellen, die vor der Erkrankung wahrgenommene Rolle in Beruf, Familie und gesellschaftlichem Leben wieder auszufüllen, d. h. die altersadäquate Gesundheit wiederherzustellen. Therapeutisches Ziel kann aber auch bei Unerreichbarkeit des eben genannten Endpunktes eine Verbesserung des reduzierten gesundheitlichen Status quo unterhalb der Schwelle der Genesung sein, z. B. die Linderung subjektiver Beschwerden. Auch die Aufrechterhaltung eines beeinträchtigten gesundheitlichen Status quo, d. h. die Vermeidung fortlaufender Verschlechterung, die ohne Therapie zu erwarten wäre, kann als Ziel definiert werden.

Damit können, je nach Krankheitsform Lebenserwartung und Lebensqualität positiv beeinflußt werden.

Therapeutische Entscheidungen unter Sicherheit

Der Darstellung liegt ein rational gesteuertes Schema der therapeutischen Entscheidung zugrunde. Es besteht aber kein Zweifel, daß die ganz überwiegende Mehrzahl solcher Entscheidungen in der Praxis ohne systematisierten Erkenntnisprozeß verläuft. Sie gründen sich, wie übrigens auch vielfach die diagnostischen Festlegungen, auf schlichte Empirie in dem überschaubaren Bereich alltäglicher Krankheitsformen in der Praxis, die etwa 90% aller Interaktionen zwischen Arzt und Patient ausmachen. Hierbei ist keine Zwischenschaltung einer verzweigten Entscheidungslogik notwendig. Dieser Bereich soll uns hier nicht weiter beschäftigen.

Therapeutische Entscheidungen unter Risiko

Für unser Thema sind Entscheidungen unter Risiko, Entscheidungen bei therapeutischen Alternativen von größerem Interesse. Hier stellen sich die wichtigen Fragen 1. nach der Effektivität einer therapeutischen Handlung und 2. nach ihrer Effizienz.

Die beiden Begriffe, die in der Gesundheitsökonomie eine große Rolle spielen, werden häufig synonym verwandt, so daß eine kurze Definition zweckmäßig ist.

Die meisten Autoren, die sich mit Analysen des Systems der sozialen Sicherung befassen, haben die Terminologie von Cochrane [6] übernommen. Dabei wird unter Effektivität der Umfang der Erreichung des therapeutischen Zieles verstanden, also der Zielerreichungsgrad, z. B. die Heilungsziffer bei der Antibiotikatherapie einer bakteriellen Pneumonie oder die Verminderung des Nitratverbrauches bei einer Angina pectoris durch Behandlung mit Beta-Blockern oder Kalziumantagonisten oder die Normalisierung eines gesteigerten arteriellen Druckes bei einer Therapie mit Antihypertensiva.

Effizienz bedeutet dagegen die Bewertung der Effektivität oder der Wirksamkeit unter Berücksichtigung des Aufwandes, der zur Erreichung des therapeutischen Zieles notwendig ist. Dieser Aufwand kann in sehr unterschiedlichen Dimensionen gemessen werden. Man kann in der einfachsten Stufe lediglich die unerwünschten Wirkungen erfassen und dann eine Nutzen/Risikoanalyse vornehmen. In einer weitergehenden Bewertung lassen sich aber Nutzen und Kosten auf monetärer, d. h. ökonomischer Ebene vergleichen [3, 17, 26, 28]. Schließlich läßt sich die Effizienz auch unter Einschluß monetärer und nichtmonetärer Größen definieren. Darauf wird noch einzugehen sein.

Effektivität therapeutischer Maßnahmen

Die Bewertung der Effektivität einer therapeutischen Maßnahme stellt ein Zentralproblem der therapeutischen Entscheidung auch in der Arzneimittelgesetzgebung dar. Sie wird im AMG unter Wirksamkeit erfaßt [30]. Die Kriterien der Effektivität sind dabei je nach therapeutischer Zielsetzung sehr unterschiedlich. Sie können die prozentuale Heilungsziffer, die Letalität oder Mortalität, die Lebenserwartung, die Linderung subjektiver Beschwerden oder auch sozialmedizinische Daten wie Häufigkeit von Krankmeldungen, Dauer der Arbeitsunfähigkeit, Anzahl und Zeitaufwand für stationäre Behandlungen, vorzeitige Berentung oder einen so schwer definierbaren Begriff wie die Lebensqualität darstellen.

Für vergleichende Therapiestudien sind verständlicherweise möglichst harte Daten wie Sterblichkeit, Lebenserwartung oder die Anzahl krankheitsspezifischer Komplikationen wie apoplektischer Insult, Herzinfarkt oder Herzinsuffizienz bei Hypertonie oder Reinfarkt oder plötzlicher Herztod nach einem ersten Infarkt erwünscht.

Unter den Bedingungen einer Randomisierung, vor allem unter Berücksichtigung der Lebensalterssituation, sind solche Daten bei entsprechend großen Grundgesamtheiten verwertbar. Einen sehr wichtigen Gesichtspunkt stellt dabei die veränderte Absterbekurve der Gesamtbevölkerung dar, die eine Rektangularisierung mit Kompression der Morbidität erkennen läßt. Der Begriff Rektangularisierung bedeutet, daß bei Anerkennung einer definierten maximalen Lebenserwartung, die im statistischen Mittel bei 90 Jahren liegt, eine Reduktion der vermeidbaren Mortalität zustande kommt, womit notwendigerweise der Grenznutzen erhöhter Aufwendungen für das Gesundheitswesen geringer wird.

Die Referate des gestrigen und heutigen Tages haben zahlreiche Beispiele der Bewertung therapeutischer Verfahren in großen medizinischen Interventionsstudien bei Hypertonie und bei der koronaren Herzkrankheit vermittelt. Die Probleme sind aber auch bei solcher Bewertung nicht gering. Die Lebenserwartung ist zwar ein hartes und statistisch verwertbares Datum, sie sagt aber naturgemäß nichts aus über die Lebensqualität der gewonnenen Jahre. Unter diesem Gesichtspunkt hat es sich als zweckmäßig erwiesen, die Zahl der gewonnenen Lebensjahre zu gewichten, wobei als Bewertungskriterium das Ausmaß in der Einschränkung des subjektiven Befindens oder der objektiv erfaßbaren Begrenzung beruflicher oder sozialer Kommunikation zugrunde gelegt wird. Wilkins und Adams [34] haben sich mit einer solchen Gewichtung befaßt. Dabei wird die tatsächlich erfaßte Lebensverlängerung in Jahren mit einem Faktor multipliziert, der zwischen 1,0 bei Erhaltung des altersentsprechenden Gesundheitszustandes und einem gegen Null tendierenden Wert schwankt, wenn eine zunehmende Einschränkung körperlicher und/oder geistiger Leistungsfähigkeit vorliegt. Dieser Faktor wird durch Bewertung von Experten oder aber auch durch Selbsteinschätzung festgelegt. Es ist verständlich, daß das letztere Verfahren nur in begrenztem Umfang bei vergleichenden Wertungen verwendbar ist. Der Faktor beträgt in der Expertenmeinung z. B. bei einer dialysepflichtigen chronischen Niereninsuffizienz 0,7, bei schwerem Ausfall zerebraler Funktionen liegt er zwischen 0,5 und 0,1.

Die qualitätsgewichtete Lebenserwartung stellt einen ersten Ansatz zu einer quantitativen Vergleichsbasis z. B. in der Bewertung alternativer Therapieverfahren dar.

Jüngst haben Croog et al. [7] versucht, auch den Begriff der sogenannten Lebensqualität unabhängig von der Lebenserwartung zu quantifizieren. Die Autoren legen der Bewertung 8 Gruppen von Kriterien zugrunde. Sie umfassen subjektives Befinden, körperliche Aktivität, Belastbarkeit, emotionalen Status, kommunikative Funktionen und sexuelle Aktivität. Die Erhebung erfolgt mit Hilfe eines Fragenkatalogs, bei dem die Antworten in skalierter Form gegeben werden. Der Gesamtbewertung liegt der Begriff des „life satisfaction“ zugrunde, unter der alle Einzelangaben in einem Score zusammengefaßt werden. Auch hier ist die Problematik beim Vergleich verschiedener Populationen, z. B. unterschiedlichen Lebensalters, differenter sozioökonomischer Position oder beruflicher Stellung, oder auch bei unterschiedlichen Wertvorstellungen nicht gering. Es handelt sich aber ohne Zweifel um einen interessanten Ansatz auf einem Gebiet, das unter dem Gesichtspunkt der therapeutischen Entscheidungsfindung größeres Gewicht bekommt.

Effizienz therapeutischer Verfahren

Sind die Kriterien der Effektivität schon schwierig festzulegen, so kompliziert sich die Bewertung therapeutischer Verfahren erheblich, wenn man Aussagen über die Effizienz solcher Handlungen machen will. Unter Effizienz wird dabei, wie schon gesagt, das Verhältnis vom Zielerreichungsgrad, also Effektivität, zum dazu notwendigen Aufwand verstanden [20, 23].

Bewertungen von Nutzen wie Aufwand sind dabei auf verschiedenen Ebenen möglich. Sie können sich auf monetäre Größen beziehen. Dabei wird der Nutzen z. B. in der Verwertung des von den Gesundheitsökonomen sogenannten Humankapitals gemessen, dessen Produktivität in Jahreseinkommen ausgedrückt wird [12, 16, 19, 22]. Als Kosten werden Ausgaben für ärztliche Behandlung in der Praxis, ärztliche und pflegerische Betreuung in der Klinik, Ausgaben für Arzneimittel etc. aufgelistet. Gesundheitsökonomische Analysen können aber auch einen höheren Grad an Komplexität erfahren, wenn auf der Kostenseite die Gesamtinvestitionen in das System der Gesundheitssicherung bzw. Krankenbehandlung berücksichtigt werden, auf der Nutzenseite neben der durch Wiederherstellung der Arbeitsfähigkeit möglichen Arbeitsproduktivität die Vermeidung von Ausgaben für Krankengeld, vorzeitige Berentung usw.

Diese Kriterien haben für die Gesamtbewertung sozialer Sicherungssysteme große Bedeutung. Sie tangieren aber in der Regel nicht die ärztliche Entscheidung im Einzelfall.

Hier ist eine weitere Bewertungsebene bedeutsam, die sich auf die sogenannten intangiblen, also nicht monetär erfaßbaren Werte bezieht. Darunter versteht man die Fülle subjektiver Belastungen, die mit Krankheit verbunden sind, also Schmerz, psychische Alteration, Angst, Depression, soziale Isolierung, Störung des Selbstwertgefühls auf der Negativseite und die reziproken Werte auf der Nutzenseite. In diesen Bereich gehören auch unerwünschte Wirkungen der Therapie, z. B. das Schadenspotential von Pharmaka. Die Nutzen/Risikoabschätzung ist ein Teil dieser Bewertung.

In der Einzelbeziehung zwischen Patient und Arzt sind Effektivität und Risikopotential die bestimmenden Determinanten therapeutischen Handelns. Gross [8, 9] hat eine Nutzenfunktion formuliert, bei der die Größe des Nutzens einer Therapie direkt proportional ist den positiven Einwirkungen auf einen Krankheitsprozeß multipliziert mit dem Schaden einer unterlassenen Behandlung, umgekehrt proportional aber dem Nutzen einer unterlassenen Therapie multipliziert mit dem Schaden der durchgeführten Therapie.

Effektivität und Effizienz von Beta-Blockern

Legt man das geschilderte Bewertungsraster zugrunde, so ist auf Grund klinischer Erfahrungen und großer epidemiologischer Studien [14, 15, 31, 33], über die auch im Verlauf dieses Symposiums ausführlich berichtet wurde, kein Zweifel, daß Beta-Blockern eine Wirksamkeit bei koronarer Herzkrankheit, gesteigertem arteriellem Druck, Rhythmusstörungen, hyperkinetischem Herzsyndrom, Hyperthyreose und bei bestimmten neurologisch-psychiatrischen Erkrankungen zukommt. Dieser positive Aspekt erfährt, wie bei allen wirksamen Medikamenten, eine Einschränkung durch unerwünschte Wirkungen und Kontraindikationen.

Unerwünschte Wirkungen von Beta-Blockern

Unerwünschte Wirkungen von Beta-Blockern bewegen sich, wenn Kontraindikationen zu ihrer Anwendung sorgfältig berücksichtigt sind, in der Mehrzahl in den Grenzen zwischen Symptomen von tatsächlichem Krankheitswert und Beeinträchtigungen des Befindens, die objektiv wenig bedeutsam sind, in ihrer subjektiven Ausprägung aber höchst unterschiedlich erlebt werden. Es handelt sich z. B. um Müdigkeit bis zur Lethargie, Kopfdruck, Schwindelneigung, Schlafstörungen usf. An dieser Stelle ist ein kritisches Wort zur Bewertung therapeutischer Einflüsse mit der Skala der „Life satisfaction" auf Grund der vorhin genannten skaliert erfaßten Kriterien angebracht. Dieses Verfahren offenbart seine Grenzen, soweit subjektive Einschätzungen zur Diskussion stehen. Von einer Therapie wird normalerweise eine Verbesserung der Lebensqualität erwartet. Jeder hat aber die Erfahrung gemacht, daß sich z. B. bei der Behandlung der Hypertonie fast bei allen Antihypertensiva im Beginn der Behandlung Symptome einstellen, die zumindest einige der genannten Parameter wie Aktivität, soziale Kommunikationsfähigkeit oder sexuelle Funktionen negativ beeinflussen. Diese Tatsache ist als Negativfaktor, insbesondere unter dem Aspekt der Compliance, umso bedeutsamer, als ihm kein unmittelbar erlebtes positives Phänomen gegenübersteht, außer der epidemiologisch begründeten Erwartung auf ein längeres Leben und auf weniger krankheitsspezifische Komplikationen im späteren Verlauf. Die erhöhten Anforderungen an eine adäquate Compliance lassen sich in dieser Situation nur bei einem großen Maß an Einsicht und Vertrauen erfüllen.

Unerwünschte Wirkungen werden leichter toleriert, wenn die Therapie zu einer unermittelbaren Linderung von Beschwerden, etwa der Zahl und der Schwere von Angina-pectoris-Anfällen oder der lästigen Palpitationen bei hyperkinetischem Herzsyndrom führt. Die Frage der Compliance spielt in der therapeutischen Entscheidung eine besondere Rolle. Sie bedarf der individuellen Berücksichtigung. Ellen Weber [32] hat darauf hingewiesen, daß dieser auf die Bereitschaft des Patienten, der Therapieempfehlung zu folgen, bezogene Begriff vielfach konditioniert ist. In diesem Zusammenhang ist auch die Überzeugungskraft des Therapeuten ein wichtiger Faktor, der in die Compliance eingeht.

Kontraindikationen

Es ist in den Referaten dieses Symposiums deutlich geworden, daß in den Entscheidungsprozeß die Berücksichtigung von wohldefinierten Kontraindikationen eingehen muß. Dazu gehören Herzinsuffizienz, AV-Überleitungsstörungen, sick sinus syndrome, Neigung zu Bronchospastik, Diabetes, Schock, Azidose.

Optimierungsschritte der Therapie

Eine besondere Präferenz für die Anwendung von Beta-Blockern ergibt sich bei der häufigen Kombination von Hypertonie mit koronarer Herzkrankheit ebenso wie bei der Neigung einer koronaren Herzkrankheit zu bestimmten Rhythmusstörungen. Das pharmakodynamische Wirkprofil legt auch die Anwendung bei gesteigertem Belastungshochdruck nahe. Die Berücksichtigung von Kardioselektivität und sympathikomimetischer Eigenwirkung vermag die Anwendung weiter zu differenzieren. Differentialtherapeutische Gesichtspunkte sind auch bei der Festlegung der Behandlung z. B. der Hypertonie in verschiedenen Altersstufen zweckmäßig. Bühler [5] hat darauf hingewiesen, daß die antihypertensive Wirksamkeit der Beta-Blocker bei jüngeren Patienten ausgeprägter ist als bei älteren und daß Rauchen den Effekt deutlich vermindert.

Kosten/Nutzen-Bewertungen in der Beta-Blocker-Therapie

Einen geringen Stellenwert haben in der Individualtherapie Kosten/Nutzen-Erwägungen, wie sie von seiten der Gesundheitsökonomen bei zahlreichen epidemiologisch bedeutsamen Krankheiten diskutiert werden. Angesichts der Komplexität der Problematik gehen solche Analysen in die Individualentscheidung zur Therapie in der Regel nicht ein. Auch Preisvergleichslisten vermögen zwar das Kostenbewußtsein zu erhöhen, angesichts der differenzierten Symptomatik der meisten Krankheitsbilder können sie aber keine Basis für Individualindikationen der Therapie zu geben. Das gilt insbesondere dann, wenn eine Multimorbidität besteht, die Indikation und Kontraindikationen auf Grund der vielfachen Symptomatologie besonders kompliziert gestaltet.

Die Bedeutung von Kosten/Nutzen-Analysen unter Heranziehung der Bewertung auch aller sozialen Folgelasten und ihrer möglichen Vermeidung durch eine erfolgreiche Therapie hat Bedeutung für die Allokationsentscheidungen im Gesamtsystem der sozialen Sicherung, etwa bei der Zuteilung von Mitteln für Prävention, kurative Medizin und Rehabilitation. Unter diesem Aspekt werden die Ergebnisse in der derzeitigen Gesundheitspolitik lebhaft diskutiert. Dabei hängt die Bilanz von den Prämissen ab. Vergleicht man die Aufwendung für Diagnostik und Therapie mit der möglichen Steigerung der Produktivität und der Vermeidung sozialer Folgelasten durch eine erfolgreiche Behandlung, so ist die Bilanz in hohem Maße positiv. Erfaßt man etwa bei der Hypertonie die Aufwendungen für ein generelles Screeningverfahren und vergleicht sie mit den zu erwartenden Entlastungen auf dem Sektor sozialer Folgelasten nicht erfaßter und damit nicht behandelter Hypertoniefälle, so ist die Bilanz im monetären Sinn stark negativ. Die Konsequenz ist, Risikogruppen zu erfassen oder die tatsächlich festgestellten Fälle von Hypertonie adäquat zu therapieren. Auf diese Fragen soll aber an dieser Stelle nicht weiter eingegangen werden.

Schlußbemerkungen

Eine therapeutische Entscheidung beruht in der Mehrzahl aller Interaktionen zwischen Arzt und Patient auf empirischen Daten, die dem einzelnen Arzt zur Verfügung stehen. Sie erlauben eine Festlegung ohne differenzierte Abwägung von Alternativen. Je höher das Risikopotential einer Krankheit, und je differenzierter der mögliche therapeutische Ansatz ist, in desto stärkerem Umfang muß die vorrationale Empirie durch eine rational gesteuerte Entscheidungslogik in Form von Optimierungsschritten ersetzt werden. Dazu gehören neben der elementaren diagnostischen Erfassung prognostische Bewertung unter den Bedingungen möglicher alternativer Therapien, die Bewertung von unerwünschten Wirkungen, von Risiken, von Kontraindikationen und schließlich die Frage der Akzeptanz der Therapie, die in der Regel ein sehr individuelles Problem darstellt. Die Vielfalt von therapeutischen Alternativen, auch der gezielten Kombination von Pharmaka, hat in der Behandlung der Hypertonie ebenso wie bei koronaren Herzkrankheiten und bei Arrhythmien wesentliche Fortschritte ermöglicht, an denen Beta-Blocker einen großen Anteil haben.

Literatur

[1] Andreae, C. A.: Anmerkungen zum Stellenwert ökonomischer Überlegungen im Gesundheitswesen. Steiner, Wiesbaden 1981.

[2] Anschütz, F.: Indikation zum ärztlichen Handeln. Springer, Berlin-Heidelberg-New York 1982.

[3] Beuermann, G.: Grenzen der Nutzen-Kosten-Analyse in der Medizin. Med. Welt **29** (1978) 115.

[4] Bock, H. E.: Ärztliche Ethik am Krankenbett aus internistischer Sicht. In: Ärztliche Ethik (R. Gross, H. H. Hilger, W. Kaufmann, et al., Hg.). Schattauer, Stuttgart-New York 1978.

[5] Bühler, R., W. Kiowski, L. H. Block et, al.: Adrenerge Rezeptoren und Herzkreislaufregulation: Bedeutung für eine pathophysiologisch-orientierte antihypertensive Therapie. In: Kardiovaskuläre Rezeptoren (P. Schölmerich, H. J. Holtmeier, Hg.). Thieme, Stuttgart-New York 1986.

[6] Cochrane, A. L.: Effectiveness and efficiency. Random reflections on health services. Nuffield Provincial Hosp. Trust 1971.

[7] Croog, S. H., S. Levine, M. A. Testa, et al.: The effects of antihypertensive therapy on the quality of life. New Engl. J. Med. **314** (1986) 1657.

[8] Gross, R.: Medizinische Diagnostik, Grundlagen und Praxis. Springer, Berlin-Heidelberg-New York 1969.

[9] Gross, R.: Über diagnostische und therapeutische Entscheidungen. Klin. Wschr. **53** (1975) 293.

[10] Gross, R., H. Hilger, W. Kaufmann, et al., Hg.: Ärztliche Ethik. Schattauer, Stuttgart-New York 1978.

[11] Hartmann, F.: Der Arzt als Prognostiker. Internist, **22** (1981) 111.

[12] Herder-Dorneich, P.: Gesundheitsökonomik. Enke, Stuttgart 1980.

[13] Jonas, H.: Das Prinzip Verantwortung. Insel, Frankfurt 1983.

[14] Laaser, U., P. Allhoff: Cardiovascular intervention studies: Problems and perspectives. In: Primary hypertension (W. Kaufmann, G. Bönner, R. Lang, et al., Hg.). Springer, Berlin-Heidelberg-New York 1986.

[15] May, G. S., K. A. Eberlein, C. D. Furberg, et al.: Secondary prevention after myocardial infarction: a review of long-term trials. In: Secondary prevention of coronary heart disease. (K. Pyörälä et al., Hg.) Thieme, Stuttgart-New York 1973.

[16] Metze, L.: Gesundheitspolitik. Ökonomische Instrumente zur Steuerung von Angebot und Nachfrage im Gesundheitswesen. Kohlhammer, Stuttgart-Berlin-Köln-Mainz 1982.

[17] Mildner, R.: Zur Anwendung von Nutzen-Kosten-Untersuchungen im Gesundheitswesen. Öff. Gesundh.-Wes. **46** (1984) 320.

[18] Münnich, F. E.: Wie teuer darf die Gesundheit sein? Pharmadioalog **76** (1981) Frankfurt.

[19] Münnich, F. E.: Kosten und Nutzen des Arzneimitteleinsatzes. Pharm. Ind. **46** (1984) 234.

[20] Schaefer, H.: Effektivität und Effizienz der Medizin: Grundbegriffe und Prioritätensetzung. Medica **2** (1982) 473.

[21] Schaefer, H.: Medizinische Ethik. Fischer, Heidelberg 1983.

[22] Schicke, R. K.: Ökonomie des Gesundheitswesens. Vandenhoeck u. Rupprecht, Göttingen 1981.

[23] Schipperges, H.: Effektivität und Effizienz in der Medizin. Die Suche nach den Prioritäten. Medica **2** (1981) 328.

[24] Schölmerich, P.: Prognostische Indices als Entscheidungshilfen in der inneren Medizin. Leopoldina **27** (1981) 150.

[25] Schölmerich, P.: Probleme der Gesundheitsökonomie. Therapiewoche **34** (1984) 27.

[26] Schölmerich, P.: Zur Bewertung der therapeutischen Effizienz. Med. Welt **36** (1985) 662.

[27] Schölmerich, P.: Therapeutische Entscheidungsfindung. Arzneimitteltherapie **3** (1985) 1.

[28] Schölmerich, P.: Effektivität und Effizienz in der kurativen Medizin. Gesundheitsökonomica, **2** (1985) 33.

[29] Schölmerich, P.: Grundlagen ärztlicher Entscheidungsprozesse. Steiner, Wiesbaden 1985.

[30] Schuster, J.: Definition von „Wirkung", „Wirksamkeit" und „therapeutischer Nutzen". In: Rationale Therapie-Grundfragen der Arzneiverordnung. MPS, Mainz 1985.

[31] Staessen, J., R. Fagard, P. Lijnen, et al.: Indications for antihypertensive treatment. In: Primary hypertension (W. Kaufmann, G. Bönner, R. Lang, et al., Hg.) Springer, Berlin-Heidelberg-New York-Tokyo 1986.

[32] Weber, E.: Compliance-Meßmethoden. In: 3. Internationales Kolloqium über Patienten-Compliance der Bayer-AG. (G. P. Albus, W. Kaufmann, Hg.). Medical Tribune, Wiesbaden 1985.

[33] Wilhelmsen, L.: Treatment with Beta-Blockers after myocardial infarction. In: Secondary prevention of coronary heart disease (K. Pyörälä, et al. Hg.). Thieme, Stuttgart-New York 1983.

[34] Wilkins, R., O. B. Adams: Healthfulness of life. The Institute for Research on Public Policy, Montreal 1978.

Autorenverzeichnis

Alexander, M., Prof. Dr., Freie Universität Berlin, Universitätsklinikum Charlottenburg, Med. Klinik u. Poliklinik, Spandauer Damm 130, D-1000 Berlin 19

Benkert, O., Prof. Dr., Dir. der Psychiatrischen Klinik, Langenbeckstraße 1, D-6500 Mainz

Berger, C., Dr., Med. Hochschule Hannover, Dep. für Innere Medizin, Abt. für Kardiologie, Karl-Wiechert-Allee 9, D-3000 Hannover 61

Bolte, H. D., Prof. Dr., Zentralklinikum Augsburg, Medizinische Klinik, Stenglinstr. 2, D-8900 Augsburg

Cremer, P., Dr., Universität Göttingen, Zentrum Innere Medizin, Abt. für Klinische Chemie, Robert-Koch-Str. 40, D-3400 Göttingen

Diehm, C., Prof. Dr., Universität Heidelberg, Medizinische Klinik, Abt. für Kardiologie, Bergheimer Str. 58, D-6900 Heidelberg 1

Dienstl, F., Prof. Dr., Universitätsklinik für Innere Medizin, Anichstr. 35, A-6020 Innsbruck

Distler, A., Prof. Dr., Freie Universität Berlin, Klinikum Steglitz, Abt. für allgemeine Innere Medizin und Nephrologie, Hindenburgdamm 30, D-1000 Berlin 45

Eckerskorn, U., Dr., Rheinische Friedrich Wilhelms Universität Bonn, Universitäts-Augenklinik, Abt. für Exp. Ophthalmologie, Sigmund-Freud-Str. 25, D-5300 Bonn 1

Follath, F., Prof. Dr., Kantonsspital Basel, Departement Innere Medizin, Abt. für klinische Pharmakologie, Ch-4031 Basel

Freissmuth, M., Dr., Universität Wien, Pharmakologisches Institut, Währinger Str. 13a, A-1090 Wien

Frölich, J. C., Prof. Dr., Medizinische Hochschule Hannover, Institut für klinische Pharmakologie, Konstanty-Gutschow-Str. 8, D-3000 Hannover 61

Göthert, M., Prof. Dr., Universität Bonn, Institut für Pharmakologie und Toxikologie, Reuterstr. 2b, D-5300 Bonn 1

Gramer, E., Priv. Doz. Dr., Universitäts-Augenklinik, Joseph-Schneider-Str. 11, D-8700 Würzburg

Gülker, H., Prof. Dr., Medizinische Universitätsklinik, Albert-Schweitzer-Str. 33, D-4400 Münster

Gundert-Remy, U., Prof. Dr., Bundesgesundheitsamt, Institut für Arzneimittel, Seestr. 10, D-1000 Berlin 65

Haeusler, G., Prof. Dr., E. Merck, Pharmazeutische Forschungsabteilung, Postfach 4119, D-6100 Darmstadt

Hasenfuß, G., Dr., Medizinische Universitätsklinik, Abt. Innere Medizin III, Hugstetter Str. 55, D-7800 Freiburg/Br.

Hausleithner, V., Dr., Universität Wien, Pharmakologisches Institut, Währinger Str. 13a, A-1090 Wien

Hjalmarson, Å., M. D., Ph. D., Universität Göteborg, Sahlgren's Hospital, Departement of Medicine I, Sahlgrenska Sjukhuset, S-41345 Göteborg

Hockwin, O., Prof. Dr., Rheinische Friedrich Wilhelms Universität Bonn, Universitäts-Augenklinik, Abt. für Exp. Ophthalmologie, Sigmund-Freud-Str. 25, D-5300 Bonn 1

Holz-Slomczyk, M., Dr., Bundesgesundheitsamt, Institut für Arzneimittel, Seestr. 10, D-1000 Berlin 65

Janka, H. U., Priv. Doz. Dr., Akademisches Lehrkrankenhaus München-Schwabing, III. Med. Abteilung, Kölner Platz 1, D-8000 München 40

Just, H., Prof. Dr., Medizinische Universitätsklinik, Abt. Innere Medizin III, Hugstetter Straße 55, D-7800 Freiburg/Br.

Kemkes, B., Dr., Ludwig-Maximilians-Universität, Klinikum Großhadern, Herzchirurgische Klinik, Marchionistr. 15, D-8000 München 70

Krawietz, W., Prof. Dr., Ludwig Maximilians-Universität München, Zentralklinikum Augsburg, Medizinische Klinik I, D-8900 Augsburg

Krämer, B., Prof. Dr., Med. Universitätsklinik, Abt. Innere Medizin III (Kardiologie), Bergheimer Str. 58, D-6900 Heidelberg

Krämer, G., Dr., Med. Universitätsklinik, Abt. Innere Medizin III (Kardiologie), Bergheimer Str. 58, D-6900 Heidelberg

Kreuzer, H., Dr., Universität Göttingen, Zentrum Innere Medizin, Abt. für Kardiologie und Pulmologie, Robert-Koch-Str. 40, D-3400 Göttingen

Kübler, W., Dr., Med. Universitätsklinik, Abt. Innere Medizin III (Kardiologie), Bergheimer Str. 58, D-6900 Heidelberg

Lehnert, T., Dr., Bundesgesundheitsamt, Institut für Arzneimittel, Seestr. 10, D-1000 Berlin 65
Lichtlen, P., Prof. Dr., Med. Hochschule Hannover, Dept. für Innere Medizin, Abt. für Kardiologie, Karl-Wiechert-Allee 9, D-3000 Hannover 61
Lüderitz, B., Prof. Dr., Universität Bonn, Abt. Innere Medizin, Kardiologie, Sigmund-Freud-Str. 25, D-5300 Bonn 1
Matthys, H., Prof. Dr., Albert-Ludwigs-Universität, Klinikum, Abt. Pulmologie, Hugstetter Str. 55, D-7800 Freiburg
Mecklenburg, R., Bundesgesundheitsamt, Institut für Arzneimittel, Seestr. 10, D-1000 Berlin 65
Meesmann, W., Prof. Dr., Direktor des Instituts für Pathophysiologie, Universitätsklinikum Essen, Hufelandstr. 55, D-4300 Essen
Meinertz, T., Prof. Dr., Universität Freiburg, Medizinische Klinik, Abt. Innere Medizin III, Hugstetter Str. 55, D-7800 Freiburg
Mörl, H., Prof. Dr., Diakonissenkrankenhaus, Innere Abteilung, Speyerer Str. 91 – 93, D-6800 Mannheim
Nees, S., Dr., Universität München, Physiologisches Institut, Pettenkoferstr. 12, D-8000 München 2
Neubert, D., Prof. Dr., Freie Universität Berlin, Institut für Toxikologie und Embryonalpharmakologie, Garystr. 5, D-1000 Berlin 33
Palm, D., Prof. Dr., Klinikum der J. W. Goethe Universität, Zentrum Pharmakologie, Theodor-Stern-Kai 7, D-6000 Frankfurt
Paßfall, J., Dr., Freie Universität Berlin, Klinikum Steglitz, Abt. für allgemeine Innere Medizin und Nephrologie, Hindenburgdamm 30, D-1000 Berlin 45
Quiring, K., Prof. Dr., Bundesgesundheitsamt, Institut für Arzneimittel, Seestr. 10, D-1000 Berlin 65
Raberger, G., Prof. Dr., Universität Wien, Pharmakologisches Institut, Währinger Str. 13a, A-1090 Wien
Rafflenbeul, W., Prof. Dr., Med. Hochschule Hannover, Dep. für Innere Medizin, Abt. für Kardiologie, Karl-Wiechert-Allee 9, D-3000 Hannover 61
Rahn, K. H., Prof. Dr., Universität Limburg, Departement Innere Medizin, Abt. Nephrologie/Hypertonie/Klinische Pharmakologie, Postfach 1918, NL-6201 BX Maastricht
Schnieders, B., Prof. Dr., Bundesgesundheitsamt, Institut für Arzneimittel, Seestr. 10, D-1000 Berlin 65
Schölmerich, P., Prof. Dr., Akademie der Wissenschaften und der Literatur, Geschwister-Scholl-Str. 2, D-6500 Mainz
Schömig, A., Prof. Dr., Universität Heidelberg, Abt. Innere Medizin III, Bergheimer Str. 58, D-6900 Heidelberg
Scholz, H., Prof. Dr., Universitätskrankenhaus Eppendorf, Abt. Allgemeine Pharmakologie, Martinistr. 52, D-2000 Hamburg 20
Schröder, R., Prof. Dr., Freie Universität Berlin, Klinikum Steglitz, Abt. Innere Medizin/Schwerpunkt Pneumologie und Kardiologie, Hindenburgdamm 30, D-1000 Berlin 45
Schuster, J., Dr., Bundesgesundheitsamt, Institut für Arzneimittel, Seestr. 10, D-1000 Berlin 65
Schütz, W., Dr., Universität Wien, Pharmakologisches Institut, Währinger Str. 13a, A-1090 Wien
Seidel, D., Prof. Dr., Universität Göttingen, Zentrum Innere Medizin, Abt. für Klinische Chemie, Robert-Koch-Str. 40, D-3400 Göttingen
Sleight, P., Prof. Dr., Universität Oxford, John Radcliffe Hospital, Abt. Kardiologie, U.K. Headington, Oxford OX9 DU
Spieckermann, P. G., Prof. Dr., Universität Wien, Institut für med. Physiologie, Schwarzspanierstr. 17, A-1090 Wien
Stolle, A., Dr., Universität Göttingen, Zentrum Innere Medizin, Abt. für Klinische Chemie, Robert-Koch-Str. 40, D-3400 Göttingen
Strasser, R. H., Dr., Universität Heidelberg, Med. Klinik, Abt. Innere Medizin III, Bergheimer Str. 58, D-6900 Heidelberg
Stumpe, K. O., Prof. Dr., Universität Bonn, Medizinische Poliklinik, Wilhelmstr. 35 – 37, D-5300 Bonn
Wellstein, A., Dr., Klinikum der J. W. Goethe Universität, Zentrum Pharmakologie, Theodor-Stern-Kai 7, D-6000 Frankfurt
Wendtlandt, W., Dr., Biomedizinische Forschungsgesellschaft m.b.H., St.-Peter-Str. 25, A-4020 Linz
Wetzel, H., Dr., Psychiatrische Klinik, Langenbeckstr. 1, D-6500 Mainz